职业院校教学用书

电力拖动
（第6版）

李效梅　主　编

电子工业出版社
Publishing House of Electronics Industry
北京·BEIJING

内 容 简 介

本书主要内容包括常用低压电器的结构、原理、安装、检测与维修，三相异步电动机的基本控制线路及其安装与检修，直流电动机的基本控制线路及其安装与检修，常用生产机械控制线路和典型机床控制线路，以及电动机基本控制线路实训等。

本书适合作为职业院校电子信息类专业"电力拖动"课程的教材，也可以作为工程技术维修人员的自学和参考用书。

图书在版编目（CIP）数据

电力拖动 / 李效梅主编. —6 版. —北京：电子工业出版社，2024.2

ISBN 978-7-121-47372-2

Ⅰ. ①电… Ⅱ. ①李… Ⅲ. ①电力传动 Ⅳ.①TM921

中国国家版本馆 CIP 数据核字（2024）第 042481 号

责任编辑：蒲 玥　　特约编辑：徐 震
印　　刷：北京雁林吉兆印刷有限公司
装　　订：北京雁林吉兆印刷有限公司
出版发行：电子工业出版社
　　　　　北京市海淀区万寿路 173 信箱　邮编 100036
开　　本：880×1 230　1/16　印张：15　字数：345 千字
版　　次：2011 年 7 月第 1 版
　　　　　2024 年 2 月第 6 版
印　　次：2024 年 2 月第 1 次印刷
定　　价：42.80 元

前　言

党的二十大报告明确指出，教育、科技、人才是全面建设社会主义现代化国家的基础性、战略性支撑。

当前，科学技术飞速发展，科技创新空前活跃。科技引领未来，人工智能、脑机接口、机器人、自动驾驶、太空探索等前沿科技进入新的发展阶段。科技为人们的生产和生活带来了全新体验，将梦想照进现实。从家用智能机器人到高端工业自动化装备，电动机都是不可或缺的重要组件，智能、高效的电力拖动技术必将得到更加高速的发展和更加广泛的应用。

本书依据职业院校电子信息类专业的教学要求编写而成，采用最新的国家标准、行业标准，保证本书内容的科学性和规范性。为了更好地适应岗位对人才的需求，全面提升教学质量，在充分调研生产实践和教学实际的基础上，书中明确了学生应具备的知识水平和能力结构，尽可能全方位地提高学生的职业素养。同时，本书结合新技术、新理念，补充新知识、新技能，增加了新实例，强化了理论知识与实践技能的有机结合，以提高学生的学习兴趣，提升教学效果，强化职业技能培养。

本书主要内容包括常用低压电器的结构、原理、安装、检测与维修，三相异步电动机和直流电动机的基本控制线路及其安装与检修，常用生产机械控制线路和典型机床控制线路，以及电动机基本控制线路实训等。

此次再版对本书内容进行了较大的调整，增加了习题和实训。本书内容由浅入深，技能训练由易到难，更加贴近职业情境，突出实用性，也更加注重学生动手能力、综合素质的培养，以及知识和能力的更新与拓展。为了方便教学，本书还配有教学指南、电子教案及习题答案，请有此需要的教师登录华信教育资源网免费注册后再进行下载，有问题时可与电子工业出版社联系（E-mail: hxedu@phei.com.cn）。

本书由李效梅担任主编，李圣军参与编写，谢京军提出了宝贵的意见和建议，在此表示感谢。

编者在本书编写过程中力求精益求精，但由于水平有限，书中难免存在不足之处，敬请广大读者批评指正。

编　者

目　　录

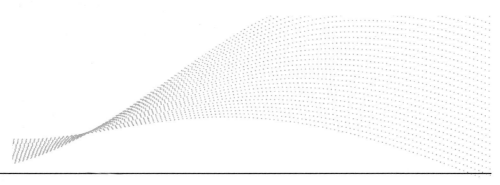

绪　　论

电力拖动是指使用电动机作为原动机拖动机械设备运动的一种拖动方式。

我们知道，电能是目前应用较为广泛的一种能量形式。这种能量形式具有许多优点，它的产生和变换比较经济，传输和分配比较容易，使用和控制比较方便。因此，以电动机作为原动机拖动各类生产机械的方式被广泛采用。

学好电力拖动，有利于培养学生的创新思维，提升发现问题、分析问题和解决问题的能力，培养敢为人先、精益求精、一丝不苟的工匠精神。

让我们一起努力学习、自主创新、精益求精，以技术报国、奉献社会。

1. 电力拖动系统的应用

我们在日常生活中经常使用的各种家用电器、电梯、电动车等，以及在工业企业中所应用的各类机床和各种生产机械，都是电力拖动系统的主要拖动对象。因为设备的功能不同，所以对电力拖动系统的要求也不一样，但最终不外乎是对各类交流、直流电动机的控制，也就是对电动机的启动、制动、调速、正转和反转等各种工作状态的控制。

2. 电力拖动系统的特点

电力拖动系统自产生就得到了广泛应用，这是因为电力拖动系统具有以下优点。

（1）电能的输送方便。电能可远距离输送，既简单经济，又便于分配，同时还具有检测方便、价格低等特点。

（2）效率高。因为电动机与生产机械的连接简单，能量损耗小，所以电力拖动系统的效率高，同时拖动性能好，方便控制。

（3）易于实现生产过程的自动化。电力拖动系统可以做到远距离控制及测量，便于实现自动化。

（4）适应能力强。因为电动机的种类繁多，且各自具有不同的特点，所以能适应各种不同生产机械的控制要求。又因为电动机的启动、制动、调速、正转和反转的控制简单迅速，所以可达到理想的控制要求。

（5）有发展前途。因为电子技术的发展，大功率半导体器件和集成电路等电子器件的出现，使电气控制线路的自动化程度不断提高，所以电力拖动比其他拖动形式更加受欢迎。

3．电力拖动系统的主要组成部分

如图 0-1 所示为普通车床加工示意图。从图中可看出，电力拖动系统由四个基本部分组成：控制装置——控制电动机运转的电气部分；原动机——电动机；传动装置——机械变速装置；生产机械——车床。

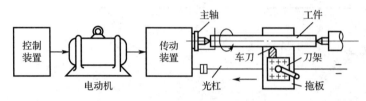

图 0-1　普通车床加工示意图

（1）控制装置。控制装置是为了满足一定的加工工艺或运动要求，使电动机完成启动、制动、反转、调速等运动状态自动控制的电气操作部分。一般电气操作部分由各种控制电器如按钮开关、熔断器、接触器、继电器等组成。

随着数控技术的发展和电子计算机及微处理器的广泛应用，控制装置的发展达到了更新、更高的水平。自动控制的电气系统可以不断地处理大规模复杂生产过程中的大量数据，计算出最佳运行参数，并且通过控制装置使之始终保持在最合理的工作状态，从而使系统高效率、高质量地运行。

（2）电动机。电动机是电力拖动的原动机，它是将电能转换成机械能的部件，通过对电动机的控制，可以得到所需要的转矩、转向及转速。电动机有交流电动机和直流电动机之分，并且具有很多的类型和型号，能够满足不同运动机械的需求。用户可根据生产机械的实际要求，合理选择电动机的类型及型号。

（3）传动装置。传动装置是电动机与生产机械之间的能量传递装置，常见的有减速箱、传动带、联轴器等。传动装置的选择要根据生产机械的具体要求而定。选择合理的传动装置，可以使生产机械达到理想的工作状态。

（4）生产机械。生产机械是直接进行生产、加工的机械设备，如车床、印刷机、纺织机、吊车等。它们是电动机的负载，其种类繁多，对电力拖动系统的要求也有很大的差异。例如，机床设备特别是精密机床要求有精度很高的拖动；大型镗床要求具有较宽的调整范围；各种生产线要求实现自动联锁和集中控制，多数生产机械要求可逆运行、自动往返等。因此，在选用电力拖动的电动机种类及控制线路时，要根据生产机械的工作特点及具体要求合理选择。

巩固练习

1．什么是电力拖动？电力拖动系统的特点是什么？

2．电能这种能量形式的优点是什么？

第1章

常用低压电器

凡是根据外界指定的信号或要求，手动或自动接通和分断电路，断续或连续地实现对电路或非电对象的转换、控制、保护、检测和调节的电工器械都属于电器的范围。

电器的用途广泛，结构各异，功能多样，种类繁多。以下是几种常用的电器分类。

1. 按照工作电压等级，分为高压电器和低压电器

（1）高压电器是用于交流电压 1 000 V、直流电压 1 500 V 及以上电路中的电器，如高压断路器、高压隔离开关、高压熔断器等。

（2）低压电器是用于交流电压 1 000 V、直流电压 1 500 V 及以下的电路中的电器，如接触器、继电器等。

2. 按照低压电器的用途和所控制的对象，分为配电电器和控制电器

（1）配电电器包括低压开关、低压熔断器等，主要用于低压配电系统及动力设备中。

（2）控制电器包括接触器、继电器、电磁铁等，主要用于电力拖动及自动控制系统中。

3. 按照低压电器的动作方式，分为自动切换电器和非自动切换电器

（1）自动切换电器是指依靠电器本身参数的变化或外来信号的作用，自动完成接通或分断电路等动作的电器，如接触器、继电器等。

（2）非自动切换电器是指主要依靠外力（如手动控制）直接操作进行切换电路的电器，如按钮开关、低压开关等。

4. 按照低压电器的执行机构，分为有触头电器和无触头电器

（1）有触头电器具有可分离的动触头和静触头。动触头是指随执行机构动作的触头；静触头是指不随执行机构动作的触头。有触头电器主要利用触头的接触和分离来实现电路的接通或分断控制，如接触器、继电器等。

（2）无触头电器没有可分离的触头，主要利用半导体元器件的开关效应来实现电路的通断控制，如接近开关、固态继电器等。

5．按照工作原理，分为电磁式电器和非电量控制电器

（1）电磁式电器是依据电磁感应原理来工作的，如接触器和各类电磁式继电器等。

（2）非电量控制电器是依靠外力或某种非电物理量的变化而动作的电器，如负荷开关、行程开关、按钮开关、速度继电器、温度继电器等。

本章主要介绍常用低压电器，如低压开关、主令电器、熔断器、接触器和继电器等。

1.1 低压开关

低压开关一般为非自动切换电器，主要用作隔离、转换、接通和分断电路，如用作机床电路的电源开关和局部照明电路的控制开关，有时也可用来直接控制小容量电动机的启动、停止和正转和反转。常见的低压开关有负荷开关、组合开关和低压断路器。

1.1.1 负荷开关

负荷开关可分为开启式负荷开关和封闭式负荷开关两种，另外还有两极和三极之分。两极开关适用于交流频率 50 Hz、额定电压 500 V 以下的小电流电路，主要用作照明、电阻和电热等回路的控制开关；三极开关在适当降低容量后，可用作小型电动机的手动不频繁操作控制开关，并且具有短路保护作用。

1．开启式负荷开关

开启式负荷开关又称瓷底胶盖刀开关，简称刀开关。HK 系列开启式负荷开关的结构、外形及符号如图 1-1 所示。

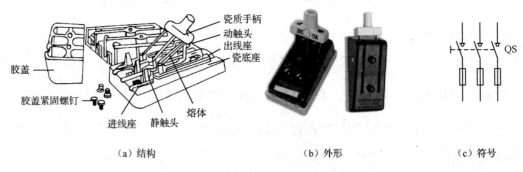

（a）结构　　　　　（b）外形　　　　　（c）符号

图 1-1　HK 系列开启式负荷开关的结构、外形及符号

开启式负荷开关的瓷底座上装有进线座、静触头、熔体、出线座和带瓷质手柄的刀式动触头，上面盖有胶盖，以防止人员操作时触及带电体或开关分断时产生的电弧飞出伤人。

开启式负荷开关因其内部装设了熔体，所以当它所控制的电路发生短路故障时，可通过熔体的熔断迅速切断故障电路，从而起到保护电路中电气设备的作用。

HK 系列开启式负荷开关用于一般照明电路和功率小于 5.5 kW 的电动机控制电路中。这种开关不设专门的灭弧装置，所以常见的故障是动触头和静触头被电弧灼伤而引起的接触不良，此时应修整或更换触头，也因此不适用于操作频繁的电路。开启式负荷开关在操

作时，要求动作迅速，使电弧较快熄灭，以减轻电弧对刀片和触座的灼伤。

开启式负荷开关用于照明和电热负载时，应选用额定电压 220 V 或 250 V，额定电流不小于电路所有负载额定电流之和的两极开关，还要装接熔断器，用作短路保护；开启式负荷开关用于控制电动机的直接启动和停止时，应选用额定电压 380 V 或 500 V，额定电流不小于电动机额定电流 3 倍的三极开关，还要将开关的熔体部分用铜导线直接连接，并在出线端另外加装熔断器，用作短路保护。HK 系列开启式负荷开关的型号含义如下。

HK1 系列开启式负荷开关的基本技术参数见表 1-1。

表 1-1　HK1 系列开启式负荷开关的基本技术参数

型　号	极　数	额定电流（A）	额定电压（V）	可控电动机最大容量（kW）		熔体线径 ϕ（mm）
				220 V	380 V	
HK1-15/2	2	15	220	–	–	1.45～1.59
HK1-30/2	2	30	220	–	–	2.30～2.52
HK1-60/2	2	60	220	–	–	3.36～4.00
HK1-15/3	3	15	380	1.5	2.2	1.45～1.59
HK1-30/3	3	30	380	3.0	4.0	2.30～2.52
HK1-60/3	3	60	380	4.5	5.5	3.36～4.00

 特别提示

- 开启式负荷开关必须垂直安装，且在合闸状态时手柄应向上，不可倒装或平装，以防发生误合闸事故。
- 接线时，应注意将电源进线装在静触头一边的进线座上，将用电负荷接在动触头一边的出线座上。这样当开关断开时，闸刀和熔体均不带电，保证更换熔体安全。
- 更换熔体时，必须在闸刀断开的情况下按原规格更换。

2. 封闭式负荷开关

封闭式负荷开关的触头系统全部封装在铁壳内，并带有灭弧室以保证安全，因此又称铁壳开关。HH 系列封闭式负荷开关的结构及外形如图 1-2 所示。

封闭式负荷开关采用弹簧储能分合闸方式，其手柄转轴与底座之间装有速断弹簧，使分合闸动作都很迅速且和操作者的手动速度无关，产生的电弧被迅速熄灭，从而保证了人员和设备的安全。另外，封闭式负荷开关的铁壳上装有机械联锁装置，当罩盖打开时，不能合闸，合闸之后，罩盖不能打开，罩盖还可以加锁，以确保操作安全。

封闭式负荷开关适用于交流频率 50 Hz、额定电压 380 V、额定电流 400 A 的电路中，用于手动不频繁地接通或分断带负载的电路及用作电路末端的短路保护，或控制 15 kW 以下小容量交流电动机的直接启动或停止，还可用作机床的电源开关，或用作工矿企业电气装置、农村电力排灌及电热照明等各种配电设备的开关，以及用作短路保护。

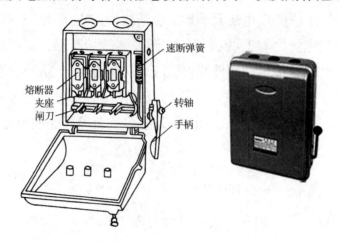

图1-2　HH系列封闭式负荷开关的结构及外形

HH系列封闭式负荷开关的型号含义如下。

HH系列封闭式负荷开关与可控电动机容量的配合见表1-2。

表1-2　HH系列封闭式负荷开关与可控电动机容量的配合

额定电流（A）	可控电动机最大容量（kW）		
	220 V	380 V	500 V
10	1.5	2.7	3.5
15	2.0	3.0	4.5
20	3.5	5.0	7.0
30	4.5	7.0	10
60	9.5	15	20

封闭式负荷开关用来控制照明电路时，其额定电流可按该电路的额定电流选择。封闭式负荷开关用来控制不频繁启动的小型电动机时，其额定电流可按表1-2进行选择，但不适宜用60 A以上的开关来控制电动机，否则可能发生电弧烧手等事故。

 特别提示

- 封闭式负荷开关不允许随意放在地面上使用，必须垂直安装于无强烈振动和冲击的场合，安装高度一般离地不低于1.3～1.5 m，外壳必须可靠接地或接零。
- 接线时，应将电源进线接在静触座的接线端上，封闭式负荷开关接在熔断器一端。
- 操作时，操作者应在封闭式负荷开关的手柄侧面，不要面对开关，以免造成意外伤人事故。
- 运行时，应注意检查机械联锁装置是否正常，速断弹簧有无锈蚀变形，压线螺钉是否完好，发现问题应及时修复或更换。

1.1.2　组合开关

组合开关又称转换开关，属于刀开关类型，其结构特点是用动触片代替闸刀，以左右旋转操作代替开启式负荷开关的上下分合操作。

组合开关的特点是体积小、触头对数多、接线方式灵活、操作方便。组合开关有许多系列，如 HZ1、HZ2、HZ4、HZ5 和 HZ10 等。

1. 组合开关的结构及工作原理

HZ10-10/3 型组合开关的外形、结构及符号如图 1-3 所示。

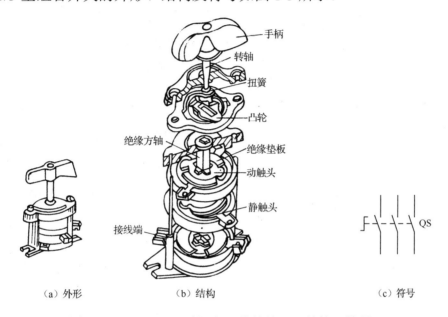

（a）外形　　　　　　　（b）结构　　　　　　　（c）符号

图 1-3　HZ10-10/3 型组合开关的外形、结构及符号

组合开关由三对动、静触头组成，每个静触头的一端固定在绝缘垫板上，另一端则伸出盒外，并附有接线端，以便和电源线及用电设备的导线相连接。三个动触头由两个磷铜片或硬紫铜片和消弧性能良好的绝缘钢板铆合而成，和绝缘垫板一起套在附有手柄的绝缘方轴上，手柄能沿任何一个方向每次旋转 90°，带动三个动触头分别与三个静触头接通或分断。

组合开关的顶盖部分由凸轮、扭簧及手柄等构成操作机构，这个操作机构由于采用了扭簧储能使组合开关快速闭合或分断，保证组合开关在切断负荷电流时所产生的电弧能迅速熄灭，其分断或闭合的速度和手柄的旋转速度无关。

2. 组合开关的技术参数及选用

HZ 系列组合开关的型号含义如下。

$$
\begin{array}{c}
\text{HZ } \square - \square / \square \\
\end{array}
$$

组合开关 ——┘　│　　└── 极数
设计序号 ───┘　　　└──── 额定电流

组合开关有单极、双极和多极之分，其主要技术参数有极数、额定电流、额定电压等。HZ10 系列组合开关的技术参数见表 1-3。

表 1-3　HZ10 系列组合开关的技术参数

型　　号	极　　数	额定电流（A）	额定电压（V）
HZ10-10	2，3	6，10	直流 220 或交流 380
HZ10-25	2，3	25	
HZ10-60	2，3	60	
HZ10-100	2，3	100	

选用组合开关时，要根据电源种类、电压等级、所需触头数、电动机的容量等进行选择，组合开关的额定电流一般是电动机额定电流的 1.5～2.5 倍。

当组合开关用于电动机控制时，其启动、停止的操作频率应小于 20 次/时；当组合开关用于控制电动机正转和反转时，必须使电动机先经过完全停止的位置，然后才能接通反向运转电路，否则会因为反向启动电流较大而损坏开关。

3．组合开关的常见故障及维修

组合开关在使用过程中，如果固定螺钉松动、旋转操作频繁，引起导线压接松动，可能造成外部连接点放电、打火、灼烧或断路。此时应紧固螺钉，保证导线连接完好。

如果组合开关内部转轴上的扭簧松软或断裂，可能造成组合开关动触头无法转动，改变接点位置，那么此时应修复或更换扭簧。

如果组合开关内部的动、静触头接触不良，或组合开关的额定电流小于负荷回路电流，那么会造成组合开关内部接点被电弧灼烧，此时应检查排除动、静触头的接触不良，及时更换额定电流不符的组合开关。

组合开关在使用过程中，如打火烧坏，应及时更换。

工程应用

组合开关适用于交流频率 50 Hz、电压 380 V 及以下，或直流 220 V 及以下的电气控制线路中，用于手动不频繁接通和分断电路、换接电源和负载，或用于控制 5 kW 以下的小容量电动机不频繁启动、停止和正转和反转。

特别提示

- 组合开关应安装在控制箱（或壳体）内，其操作手柄最好伸出到控制箱的前面或侧面。组合开关为断开状态时，应使手柄处于水平旋转位置。
- 若需要在控制箱内操作，组合开关应安装在控制箱内右上方，并且在它的上方不安装其他电器，否则应采取隔离或绝缘措施。
- 组合开关的通断能力较低，不能用来分断故障电流。
- 当操作频率过高或负载功率因数较小时，应降低组合开关的容量使用，以延长其使用寿命。

1.1.3 低压断路器

低压断路器又称自动空气断路器或自动空气开关，是一种既可以接通或分断电路，又可以对负荷电路进行自动保护的低压电器。当电路发生严重过载、短路及失压故障时，低压断路器能够自动切断故障电路，保护电气设备。低压断路器常用于不频繁接通或分断的电路及控制电动机等。

低压断路器具有操作安全、安装使用方便、动作值可调整、分断能力较强等优点，还具有短路保护和过载保护功能，并且动作后不需要更换零部件，因而得到广泛应用。

低压断路器种类很多，按结构形式可分为塑壳式低压断路器（又称装置式低压断路器）、万能式低压断路器（又称框架式低压断路器）、限流式低压断路器、直流快速式低压断路器、灭磁式低压断路器和漏电保护式低压断路器等；按操作方式可分为人力操作式低压断路器、动力操作式低压断路器和储能操作式低压断路器；按极数可分为单极式低压断路器、二极式低压断路器、三极式低压断路器和四极式低压断路器；按安装方式可分为固定式低压断路器、插入式低压断路器和抽屉式低压断路器；按用途可分为配电用低压断路器、电动机保护用低压断路器、漏电保护用低压断路器和其他负载（如照明）用低压断路器等。

在电力拖动系统中常用的是 DZ 系列塑壳式低压断路器。例如，DZ5-20 型塑壳式低压断路器属于容量较小的一种低压断路器，其额定工作电流为 20 A。

1. 低压断路器的主要结构及工作原理

（1）主要结构。如图 1-4 所示为 DZ5-20 型塑壳式低压断路器的外形和结构，它由触头系统、灭弧装置、操作机构、热脱扣器、电磁脱扣器及绝缘外壳等部分组成。

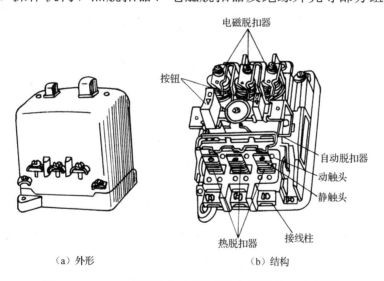

（a）外形　　　　　　　　（b）结构

图 1-4 DZ5-20 型塑壳式低压断路器的外形和结构

电器的触头系统用于接通或分断电路，有"常开触头"和"常闭触头"之分。"常开""常闭"是指当电器的操作机构未受外力作用或电磁系统未通电动作的情况下其触头的状态。常开触头（又称动合触头）是指当电器的操作机构未受外力作用或电磁系统未通电动作时，该电器的动、静触头处于断开状态；当电器的操作机构受到外力作用或电磁系统通电动作后，其动、静触头处于闭合状态。常闭触头（又称动断触头）是指当电器的操作机构不受外力作用或电磁系统未通电动作时，该电器的动、静触头处于闭合状态；当电器的操作机构受到外力作用或电磁系统通电动作后，其动、静触头处于断开状态。

灭弧装置常使用的灭弧方式有窄缝灭弧和金属栅片灭弧。

操作机构用于实现低压断路器动、静触头的闭合或断开。低压断路器采用连杆机构，通过尼龙支架与触头系统的导电部分连接在一起。在操作机构上，有过载脱扣电流调节盘，用于调节整定电流。若需手动脱扣，则按下红色按钮，使操作机构动作，断开主触头。

热脱扣器是一种双金属片式热继电器，其发热元件串接在主电路中。当电路发生过载时，过载电流流过发热元件，使双金属片受热弯曲，操作机构动作，断开主触头。

电磁脱扣器是一个电磁铁，其电磁线圈串接在主电路中。当电气控制线路发生短路故障时，短路电流超过整定值，衔铁吸合，使操作机构动作，将主触头断开，从而起到短路保护的作用。电磁脱扣器带有调节螺钉，用来调节整定电流的大小。

欠电压脱扣器是当电路电压低于整定值或降为零时，衔铁释放，切断电路，从而起到欠电压或失压保护的作用。

（2）工作原理。如图 1-5 所示为低压断路器的原理图及符号。

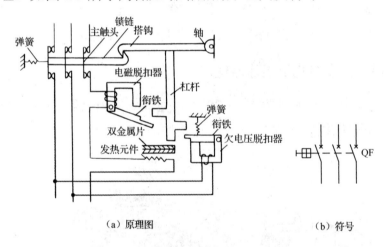

（a）原理图　　　　　　　　（b）符号

图 1-5　低压断路器的原理图及符号

低压断路器有三对主触头、一对常开辅助触头和一对常闭辅助触头。使用时，将三对主触头串联在三相电路中，用于接通或分断主回路的大电流，如图 1-5（a）所示。

接通电路时，通过手动或者电动等操作使断路器合闸，锁链扣住搭钩，三对主触头闭合，使三相电路接通；分断电路时，通过手动或者电动等操作使断路器分闸，锁链与搭钩脱扣，在弹簧作用下分断，使三相电路断开。

当电路发生短路故障时，电磁脱扣器动作，迅速吸合衔铁使其撞击杠杆，将搭钩顶上去，锁链与搭钩脱扣，三对主触头在弹簧作用下迅速分断，切断电路，起到短路保护作用；当电路发生过载时，过载电流使双金属片受热弯曲，撞击杠杆使锁链与搭钩脱扣，三对主触头在弹簧作用下分断，切断电路，起到过载保护作用；当电路中的电压过低或失去电压时，欠电压脱扣器的吸力减小或失去吸力，衔铁被弹簧拉动，撞击杠杆，将搭钩顶开，三对主触头在弹簧作用下分断，切断电路，起到欠压和失压保护作用。

2. 低压断路器的技术参数及选用

（1）低压断路器的型号含义如下。

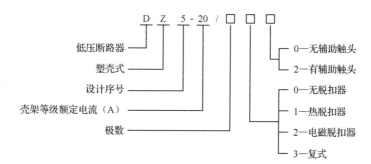

（2）DZ5-20 型塑壳式低压断路器的技术参数见表 1-4。

表 1-4 DZ5-20 型塑壳式低压断路器的技术参数

型 号	额定电压（V）	额定电流（A）	极 数	脱扣器形式	热脱扣器额定电流（A）	电磁脱扣器瞬时动作电流（A）
DZ5-20/330 DZ5-20/230	交流 380 直流 220	20	3 2	复式	0.15（0.10～0.15） 0.20（0.15～0.20）	为热脱扣器额定电流的 8～12 倍（出厂时整定为 10 倍）
DZ5-20/320 DZ5-20/220			3 2	电磁式	0.30（0.20～0.30） 0.45（0.30～0.45）	
DZ5-20/310 DZ5-20/210			3 2	热脱扣器式	0.65（0.45～0.65） 1（0.65～1） 1.5（1～1.5） 2（1.5～2） 3（2～3） 4.5（3～4.5） 6.5（4.5～6.5） 10（6.5～10） 15（10～15） 20（15～20）	
DZ5-20/300 DZ5-20/200			3 2	无脱扣器式		

（3）低压断路器的选用。选用低压断路器时，应保证其额定电压和额定电流不小于电路的正常工作电压和工作电流；热脱扣器的整定电流应与所控制电动机的额定电流或者负载额定电流一致；电磁脱扣器的瞬时脱扣电流应大于负载电路正常工作时的峰值电流。

对于单台电动机，DZ 系列塑壳式低压断路器电磁脱扣器的瞬时脱扣整定电流 I_z 可按下式计算：

$$I_z \geqslant K I_{st}$$

式中，K 为安全系数，可取 1.5～1.7；I_{st} 为电动机的启动电流。

对于多台电动机，DZ 系列塑壳式低压断路器电磁脱扣器的瞬时脱扣整定电流 I_z 可按下式计算：

$$I_z \geqslant K I_{stmax} + 电路中其他电器的工作电流$$

式中，I_{stmax} 为最大一台容量的电动机的启动电流。

例 1.1 某机床电动机的额定功率为 5.5 kW，额定电压为 380 V，额定电流为 11.25 A，启动电流为额定电流的 7 倍。请选择低压断路器的型号和规格。

解：

根据电动机的额定电流为 11.25 A，由表 1-4 查出，热脱扣器的额定电流应选 15 A，相应的热脱扣器的整定电流调节范围为 10～15 A。

电磁脱扣器的瞬时动作整定电流为额定电流的 10 倍，即 10×15=150 A。

根据公式 $I_z \geq KI_{st}$=1.7×7×11.25≈134 A，所以选择 150 A 符合要求。

由于控制三相异步电动机，且有电磁脱扣器和热脱扣器进行保护，根据电动机电压、电流和脱扣器的形式，由表 1-4 可确定选用 DZ5-20/330 型塑壳式低压断路器。

低压断路器在安装时，应使向上合闸为接通电路；接线应遵循"上进下出"的原则。

3．低压断路器的常见故障及排除

（1）低压断路器不能合闸，应检查欠电压脱扣器有无电压或线圈有无损坏，若有则应检查电压或更换线圈；检查储能弹簧有无变形，若有则应更换储能弹簧；检查反作用弹簧的弹力是否过大，若有则应重新调整；检查操作机构是否不能复位再扣，若有则应调整再扣接触面至规定值；检查低压断路器内部的连杆是否断裂，若有则应更换连杆。

（2）失压脱扣器不能自动分断，应检查反作用弹簧，若弹力变小，则需重新调整反作用弹簧；检查是否存在机构卡死，若有则排除卡死原因。

（3）启动电动机时，低压断路器立即分断，应检查电磁脱扣器，若瞬时动作整定电流太小，则应调整瞬时整定弹簧。

（4）低压断路器闭合一定时间后自行分断，一般是由于热脱扣器的脱扣整定电流过小造成的，应调高热脱扣器的脱扣整定电流至规定值。

（5）低压断路器温升过高，应检查触头压力，若压力较低，则应调整压力或更换弹簧；检查触头表面，若磨损较重或接触不良，则应更换触头或更换低压断路器。

巩固练习

1．什么是低压电器？低压电器的动、静触头和常开、常闭触头的含义分别是什么？

2．低压电器是怎样进行分类的？

3．开启式负荷开关（刀开关）的作用是什么？如何选择开启式负荷开关（刀开关）？

4．封闭式负荷开关的操作机构有什么特点？

5．在安装和使用封闭式负荷开关时，应注意哪些问题？

6．低压断路器有哪些保护功能？这些保护功能分别由低压断路器的哪些部件完成？

7．简述低压断路器的选用原则。

8．如果低压断路器不能合闸，可能的故障原因有哪些？

9．组合开关的用途有哪些？如何选用组合开关？

10．画出低压断路器、负荷开关、组合开关的图形符号，并注明文字符号。

1.2　主令电器

主令电器是用作接通或分断控制电路，以发出指令或用于程序控制的开关电器。常用的主令电器有按钮开关、行程开关、万能转换开关、倒顺开关、主令控制器等。

1.2.1　按钮开关

按钮开关简称按钮，是一种手动操作并具有弹簧储能复位功能的、短时接通的小电流开关电器。它适用于交流电压 500 V 或直流电压 440 V，电流为 5 A 及以下的电路中。

一般情况下，按钮开关不直接操纵主电路（大电流电路）的通断，而是在控制电路（小电流电路）中发出指令或信号，控制接触器、继电器等电器，再由它们去控制主电路的通断、功能转换或电气联锁。

1．按钮开关的结构及工作原理

按钮开关通常由按钮帽、复位弹簧、桥式动触头、静触头、支柱连杆和外壳等组成。按照不受外力作用（即静态）时触头的分合状态，按钮开关分为常开按钮、常闭按钮和复合按钮（即常开、常闭触头组合为一体的按钮）。

按钮开关的外形、内部结构及符号如图 1-6 所示。

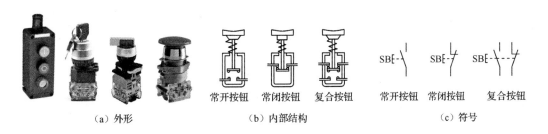

图 1-6　按钮开关的外形、内部结构及符号

常开按钮是指按下按钮帽时触头闭合，松开按钮帽后触头自动断开复位；常闭按钮是指按下按钮帽时触头断开，松开按钮帽后触头自动闭合复位；复合按钮是指当按下按钮帽时，常闭触头先断开，常开触头再闭合，当松开按钮帽时，常开触头先断开复位，常闭触头再闭合复位。

2．按钮开关的技术数据及选用

按钮开关的型号含义如下。

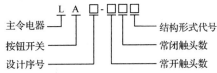

当常闭触头数和常开触头数一样时，可以省略常闭触头数标注。

其中结构形式代号的含义如下。

K——开启式，嵌装在操作面板上；

H——保护式，带保护外壳，可防止内部零件受机械损伤或人偶然触及带电部分；

S——防水式，带密封外壳，可防止雨水浸入；

F——防腐式，能防止腐蚀性气体进入；

J——紧急式，带有红色大蘑菇钮头（突出在外），用作紧急切断电源；

X——旋钮式，用旋钮旋转进行操作，有通和断两个位置；

Y——钥匙操作式，用钥匙插入进行操作，可防止误操作或供专人操作；

D——光标式，按钮内装有信号灯，兼作信号指示。

按钮开关的选用原则如下。

（1）根据使用场合和具体用途选择按钮开关的种类。例如，嵌装在操作面板上的按钮开关可选用开启式；需要显示工作状态时，可选用光标式；在需要防止无关人员误操作的重要场合，宜选用钥匙操作式；在有腐蚀性气体的场所，要使用防腐式。

（2）根据工作状态指示和工作情况要求选择按钮开关或指示灯的颜色。

（3）根据控制回路的需要选择按钮开关的数量，如单联钮、双联钮和三联钮等。

LA10按钮开关的主要技术数据见表1-5。

表1-5　LA10按钮开关的主要技术数据

型　号	规　格	结构形式	触头对数		按钮数	颜　色
			常　开	常　闭		
LA10-1K		开启式	1	1	1	或黑、或绿、或红
LA10-2K		开启式	2	2	2	黑、红或绿、红
LA10-3K	电压：AC380 V DC220 V 电流：5 A 功率：AC300 V·A DC60 W	开启式	3	3	3	黑、绿、红
LA10-1H		保护式	1	1	1	或黑、或绿、或红
LA10-2H		保护式	2	2	2	黑、红或绿、红
LA10-3H		保护式	3	3	3	黑、绿、红
LA10-1S		防水式	1	1	1	或黑、或绿、或红
LA10-2S		防水式	2	2	2	黑、红或绿、红
LA10-3S		防水式	3	3	3	黑、绿、红
LA10-1F		防腐式	1	1	1	或黑、或绿、或红
LA10-2F		防腐式	2	2	2	黑、红或绿、红
LA10-3F		防腐式	3	3	3	黑、绿、红

工程应用

- 在实际运用中，为了避免误操作，通常在按钮开关上做出不同标记或涂以不同的颜色加以区分，其颜色有红、黄、蓝、白、绿、黑等。一般红色表示停止按钮；绿色表示启动按钮；急停按钮必须使用红色蘑菇头式按钮，且红色不应依赖于其灯光的照度。
- 启动按钮必须有金属防护挡圈，且挡圈要高于按钮帽，以防意外触动而产生误动作。
- 安装按钮开关的按钮板和按钮盒的材料必须是金属，并与生产机械的总接地母线相连。

1.2.2 行程开关

在电力拖动系统中，有时要求根据生产机械运动部件位置的变化改变电动机的工作状态。例如，当运动部件移动到某一位置时，要求能自动停止、反向或改变速度等，如建筑工地上的吊车、机工车间的行车等，用户可以使用行程开关来实现这些要求。

1. 行程开关的功能及分类

行程开关又称位置开关，是一种自动控制电器，它是指利用生产机械的某些运动部件的碰撞来发出控制指令的主令电器，用于控制生产机械的运动方向、速度、行程大小或位置。

行程开关按结构或运动形式可分为直动式（按钮式）、转动式（滚轮式）、微动式和组合式等；按触头性质可分为有触头式和无触头式；按动作后的复位方式可分为能自动复位式和不能自动复位式；按照动作方式可分为瞬动式、蠕动式和交叉从动式。

行程开关的结构形式有很多，但基本都是以某种行程开关元件为基础，装置不同的操作头以得到各种不同的形式。例如，LX19 系列行程开关是以 LX19K 型元件为基础，增设不同的滚轮和传动杆，得到各种不同的产品，如直动式、单轮式或双轮式。

2. 行程开关的结构、原理及符号

常用的行程开关有 LX19 和 JLXK1 等系列，各系列都有触头式行程开关的基本结构，与按钮开关大体相同，主要由操作机构、触头系统、反力系统和外壳等组成。行程开关的动作原理与按钮开关类似，区别在于它不是靠手指按压，而是利用生产机械运动部件的碰压使其触头动作，从而将机械信号转变为电信号，使运动机械按一定的位置或行程实现自动停止、反向运动、变速运动或自动往返运动等。

如图 1-7 所示为 JLXK1 系列的行程开关。其中，如图 1-7（c）所示的 JLXK1-211 型双轮旋转式行程开关是不能自动复位的，当运动机械反向移动时，挡铁碰撞另一个滚轮时才能复原。

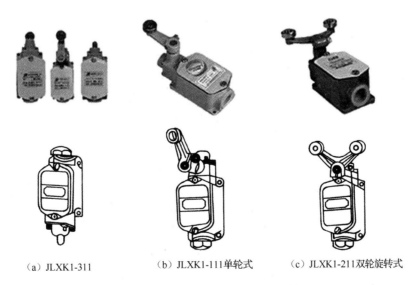

（a）JLXK1-311　　　　（b）JLXK1-111单轮式　　　　（c）JLXK1-211双轮旋转式

图 1-7 JLXK1 系列的行程开关

如图 1-8 所示为 LX19K 型直动式行程开关的结构图。LX19K 型直动式行程开关的工作原理是：当外界机械的挡铁碰压行程开关的顶杆时，顶杆向下移动，压迫触头弹簧，并通过该弹簧使接触桥动作，常闭触头断开，常开触头闭合。当外界机械的挡铁离开顶杆后，在恢复弹簧的作用下，接触桥自动恢复到原来的位置，各触头复位。

如图 1-9 所示为 JLXK1-111 型滚轮式行程开关的动作原理图。JLXK1-111 型滚轮式行程开关是指当运动机械的挡铁压到行程开关的滚轮上时，带动传动杠杆连同转轴一起转动，使凸轮推动撞块，当撞块被压到一定位置时，动触头推动微动开关快速动作，使其常闭触头断开，常开触头闭合；当滚轮上的挡铁移开后，复位弹簧使行程开关的动作机构自动复位，即常闭触头恢复闭合，常开触头恢复断开。

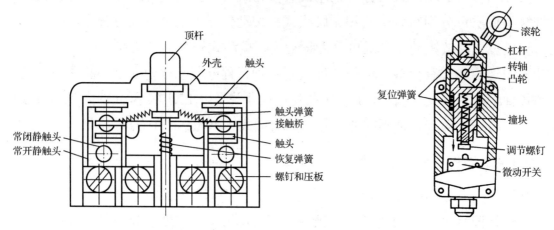

图 1-8　LX19K 型直动式行程开关的结构图　　图 1-9　JLXK1-111 型滚轮式行程开关的动作原理图

行程开关的符号如图 1-10 所示。

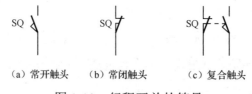

（a）常开触头　　（b）常闭触头　　（c）复合触头

图 1-10　行程开关的符号

3．行程开关的选用

行程开关广泛应用于机床、起重机械、运料机等工业生产设备中，可以与其他设备配合，实现生产过程的自动化控制。行程开关的型号含义如下。

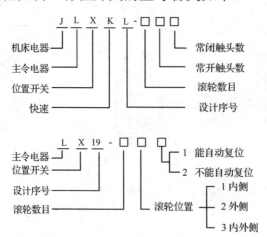

行程开关主要根据动作要求、安装位置及触头数量进行选择。常用行程开关的技术数据见表 1-6。

表 1-6　常用行程开关的技术数据

型　号	额定电压 额定电流	结　构　形　式	触　头　数　量		工作 行程	超行程
			常　开	常　闭		
LX19		基础元件	1	1	3 mm	1 mm
LX19-111		内侧单轮，自动复位	1	1	约30°	约20°
LX19-121		外侧单轮，自动复位	1	1	约30°	约20°
LX19-131	380 V 5 A	内外侧单轮，自动复位	1	1	约30°	约20°
LX19-212		内侧双轮，不能自动复位	1	1	约30°	约15°
LX19-222		外侧双轮，不能自动复位	1	1	约30°	约15°
LX19-232		内外侧双轮，不能自动复位	1	1	约30°	约15°
LX19-001		无滚轮，有径向传动杆，自动复位	1	1	<4 mm	3 mm
JLXK1-111		单轮防护式	1	1	12°～15°	≤30°
JLXK1-211	500 V 5 A	双轮防护式	1	1	约45°	≤45°
JLXK1-311		直动防护式	1	1	1～3 mm	2～4 mm
JLXK1-411		直动滚轮防护式	1	1	1～3 mm	2～4 mm

1.2.3　万能转换开关

万能转换开关是由多组相同结构的触头组件叠装而成的多回路控制电器，主要用于各种控制线路的转换、电气测量仪表的转换及配电设备的远距离控制，也可用于控制小容量电动机的启动、制动、换向及变速。由于它的触头挡数多、换接线路多、用途广泛，故被称为万能转换开关。

1. 万能转换开关的结构及符号

万能转换开关主要由接触系统、操作机构、转轴、手柄、定位机构等部件组成，用螺栓组装成一个整体。接触系统由许多接触元件组成，每一个接触元件均有一个胶木触头座，中间装有一对或三对触头，分别由凸轮通过支架操作。操作时，手柄带动转轴和凸轮一起旋转，凸轮即可推动触头接通或分断。

万能转换开关的结构如图 1-11（b）所示。从图中可以看出，万能转换开关的触头为双断点桥式结构，动触头设计成自动调整式，以保证通断时的同步性，静触头安装在触头座内，每组触头上均装有隔弧装置。由于凸轮的形状不同，当手柄处于不同的操作位置时，各触头的分合情况也不相同，从而达到换接电路的目的。

万能转换开关在电路图中的符号如图 1-11（c）所示。各触头在手柄转到不同挡位时的通断状态用黑点表示，有黑点的表示在对应操作位置时触头闭合，没有黑点的表示对应操作位置时触头断开。例如，手柄处于 I 位时，1 和 3 触头处于接通状态，而其他触头则处于断开状态。触头的通断也可用如图 1-11（d）所示的触头分合表来表示。表中符号"×"表示触头闭合，空白表示触头断开。

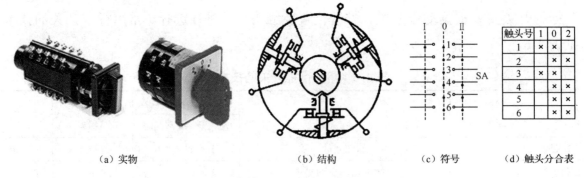

| | （a）实物 | | | （b）结构 | | （c）符号 | | （d）触头分合表 |

图 1-11　万能转换开关

2. 万能转换开关的分类及选用

万能转换开关主要根据用途、接线方式、所需触头挡数和额定电流来选择。

LW5 系列万能转换开关按用途分为主令控制和直接控制 5.5 kW 及以下的小容量电动机两种；按操作方式分为定位型和自复型两种；按接触系统节数分为 1～16，共 16 种；按操作机构外形分为旋钮式和球形捏手式两种。

用作主令控制的 LW5 系列万能转换开关的型号含义如下。

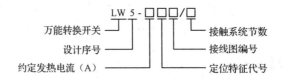

用于直接控制电动机的 LW5 系列万能转换开关的型号含义如下。

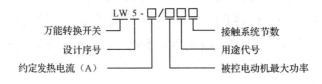

 **工程应用**

LW5 系列万能转换开关适用于交流频率 50 Hz、额定电压至 500 V 及以下，直流电压至 440 V 及以下电路中的转换电气控制线路（电磁线圈、电气测量仪表和伺服电动机等），也可直接控制 5.5 kW 及以下小容量的三相笼型异步电动机的可逆转换、变速等。

特别提示

- 万能转换开关的安装位置应与其他电气元件或机床的金属部件有一定间隙，以免在通断过程中因电弧喷出而发生对地短路故障。

- 万能转换开关的通断能力不强，用来控制电动机时，LW5 系列只能控制 5.5 kW 及以下容量的电动机。若用于控制电动机的正转和反转，则只能在电动机停止后才能反向启动。

- 万能转换开关本身不带保护，使用时必须与其他电器配合。

1.2.4 主令控制器

主令控制器是按照预定程序换接控制电路接线的主令电器。

1. 主令控制器的外形、符号及用途

主令控制器主要用于电力拖动系统中，按照预定的程序分合触头，向控制系统发出指令，通过接触器达到控制电动机的启动、制动、调速及反转的目的，同时也可实现控制电路的联锁作用。LK1-12/90 型主令控制器的外形、结构及符号如图 1-12 所示。

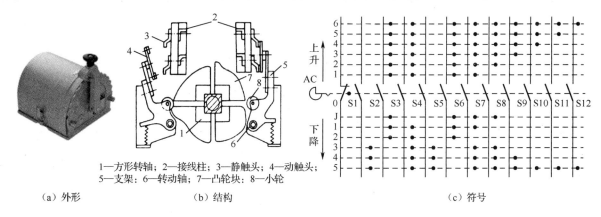

1—方形转轴；2—接线柱；3—静触头；4—动触头；
5—支架；6—转动轴；7—凸轮块；8—小轮

（a）外形　　　　　　（b）结构　　　　　　　　（c）符号

图 1-12　　LK1-12/90 型主令控制器的外形、结构及符号

2. 主令控制器的原理及分类

主令控制器的动作原理与万能转换开关相同，都是依靠凸轮来控制触头系统的关合。但与万能转换开关相比，它的触头容量大一些，操纵挡位也较多。

主令控制器按结构形式分为凸轮调整式和凸轮非调整式两种。LK1、LK5、LK16 系列属于凸轮非调整式主令控制器，LK4 系列属于凸轮调整式主令控制器。

凸轮调整式主令控制器的凸轮片上开有小孔和槽，使之能根据规定的触头关合图进行调整，因此其触头系统分合程序可随时按控制系统的要求进行编制及调整，不必更换凸轮片。凸轮非调整式主令控制器的触头系统分合顺序只能按指定的触头分合表的要求进行，用户不能自行调整，若需调整必须更换凸轮片。

LK1-12/90 型凸轮非调整式主令控制器触头分合表见表 1-7。

表 1-7　LK1-12/90 型凸轮非调整式主令控制器触头分合表

触头	下降						零位	上升					
	5	4	3	2	1	J	0	1	2	3	4	5	6
S1							×						
S2	×	×	×										
S3				×	×	×		×	×	×	×	×	×
S4	×	×	×	×	×	×		×	×	×	×	×	×
S5	×	×	×										
S6				×	×	×		×	×	×	×	×	×
S7	×	×	×	×	×			×	×	×	×	×	×

续表

触头	下降						零位	上升					
	5	4	3	2	1	J	0	1	2	3	4	5	6
S8	×	×	×			×			×	×	×	×	×
S9	×	×	×							×	×	×	×
S10	×										×	×	×
S11	×											×	×
S12	×												×

3. 主令控制器的选用

LK1 和 LK14 系列主令控制器的主要技术数据见表 1-8。

表 1-8　LK1 和 LK14 系列主令控制器的主要技术数据

型号	额定电压（V）	额定电流（A）	控制回路数	接通与分断能力（A）	
				接通	分断
LK1-12/90 LK1-12/96 LK1-12/97	380	15	12	100	15
LK14-12/90 LK14-12/96 LK14-12/97	380	15	12	100	15

主令控制器主要根据使用环境、所需控制的回路数、触头闭合顺序等进行选择。

主令控制器的型号含义如下。

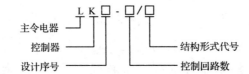

特别提示

- 安装前应操作主令控制器的手柄不少于 5 次，检查动、静触头接触是否良好，有无卡轧现象，触头的分合顺序是否符合分合表的要求。
- 主令控制器投入运行前，应使用 500～1 000 V 的兆欧表测量其绝缘电阻，一般应大于 0.5 MΩ，同时根据接线图检查接线是否正确。
- 主令控制器外壳上的接地螺钉应与接地网可靠连接。应注意定期清除主令控制器内的灰尘，所有活动部分应定期加润滑油。当主令控制器不使用时，其手柄应停在零位。

巩固练习

1. 主令电器的主要作用是什么？常用的主令电器有哪些？

2. 按钮开关由哪几部分组成？它是接在主电路上还是接在控制电路上？请画出常开按钮、常闭按钮和复合按钮的图形符号，并分别说出这三种按钮的功能。

3. 什么是行程开关？它与按钮开关有什么异同？请画出行程开关的符号。

1.3　熔断器

　　低压熔断器是一种在低压配电网和电力拖动系统中起短路保护作用的低压电器，简称熔断器。短路是指由于电气设备或导线的绝缘损坏而导致电路或电路中的一部分被短接的一种电气故障。熔断器具有结构简单、动作可靠、使用维护方便、体积小、重量轻、价格低等优点，因而得到了广泛的应用。

1.3.1　熔断器的结构及主要参数

1．熔断器的结构

　　熔断器主要由熔体（俗称保险丝）、熔管和熔座三部分组成。

　　（1）熔体是熔断器的主要组成部分，常做成片状或丝状。使用时，将熔体串联在被保护的电路中，在正常情况下，熔体就相当于一段导线；当电路或电气设备发生短路故障时，通过熔体的电流达到或超过某一规定值，熔体就会迅速熔断，从而分断电路，起到保护电路和电气设备的作用。

　　（2）熔管是熔体的保护外壳，用耐热绝缘材料制成，在熔体熔断时兼有灭弧作用。

　　（3）熔座是熔断器的底座，用于固定熔管和外接引线。

2．熔断器的主要参数

　　（1）额定电压：指熔断器长期工作所能承受的电压。这是从灭弧角度出发规定的熔断器所在电路工作电压的最高限额。如果电路的实际电压超过熔断器的额定电压，一旦熔体熔断，就有可能发生电弧不能及时熄灭的危险。

　　（2）额定电流：指保证熔断器能长期正常工作的电流。它的大小由熔断器各部分长期工作时允许的温升决定。熔断器的额定电流应不小于所选熔体的额定电流，且在额定电流范围内，不同规格的熔体可以装入同一熔壳内。

　　熔断器的额定电流与熔体的额定电流是两个不同的概念。熔体的额定电流是指在规定的工作条件下，长时间通过熔体而熔体不熔断的最大电流值。

　　通常，一个额定电流等级的熔断器可以配用若干个额定电流等级的熔体，但要保证熔体的额定电流值不大于熔断器的额定电流值。例如，型号为 RL1-15 的熔断器，其额定电流为 15 A，它可以配用额定电流为 2 A、4 A、6 A、10 A 和 15 A 的熔体。

　　（3）极限分断能力：指熔断器在额定电压下所能分断的最大短路电流值。极限分断能力的大小与熔断器的灭弧能力有关，而与熔体的额定电流值无关。熔断器的极限分断能力必须大于电路中可能出现的最大短路电流值。

　　（4）时间-电流特性：熔断器中的熔体串接于被保护电路中，电流通过该熔体时产生的热量与电流平方和电流通过的时间成正比，电流越大，则熔体的熔断时间越短，这种特性称为熔断器的保护特性或安-秒特性。熔体的熔断电流 I_s 与熔断时间 t 的关系见表 1-9。

表 1-9　熔体的熔断电流 I_S 与熔断时间 t 的关系

熔断电流 I_S（A）	$1.25I_N$	$1.6I_N$	$2.0I_N$	$2.5I_N$	$3.0I_N$	$4.0I_N$	$8.0I_N$	$10.0I_N$
熔断时间 t（s）	∞	3 600	40	8	4.5	2.5	1	0.4

根据对熔断器的要求，熔体在额定电流 I_N 下绝对不应熔断，通常以在 1～2 h 内能熔断的最小电流值作为最小熔断电流，所以最小熔断电流 I_{Rmin} 必须大于额定电流 I_N。

需要指出的是，熔断器对于过载反应是不灵敏的，当电气设备轻度过载时，熔断器熔断时间很长，甚至不熔断。因此熔断器在机床电气控制线路中不用作过载保护，只用作短路保护，而在照明电路中可用作短路保护和严重过载保护。

1.3.2　常用熔断器

熔断器常用的系列产品有 RC1A 系列瓷插式、RL 系列螺旋式、RM10 无填料封闭管式、RLS 系列和 RS 系列快速熔断器等。

1. 半封闭插入式熔断器（瓷插式熔断器）

半封闭插入式熔断器又称瓷插式熔断器，由瓷盖、瓷底座、动触头、静触头和熔体等部分组成。瓷插式熔断器具有价格低、尺寸小、更换方便等优点，广泛应用于照明及小容量电动机的短路保护。RC1A 系列瓷插式熔断器的外形、结构及符号如图 1-13 所示。

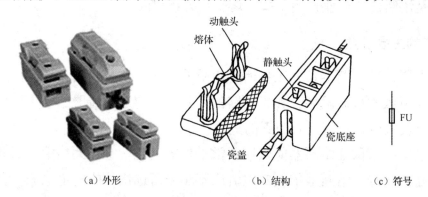

（a）外形　　　　　　　　（b）结构　　　　　　　　（c）符号

图 1-13　RC1A 系列瓷插式熔断器的外形、结构及符号

瓷底座和瓷盖由电工瓷制成，电源线及负载线分别接在瓷底座两端的静触头上。瓷底座中间的空腔与瓷盖的突出部分构成灭弧室。额定电流为 60 A 以上的熔断器，在灭弧室中还垫有石棉带，用来灭弧。熔体接在瓷盖内的两个动触头上，使用时，将瓷盖合于瓷底座上即可。

瓷插式熔断器的型号含义如下。

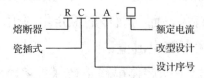

2. 螺旋式熔断器

螺旋式熔断器主要由瓷帽、熔断管、瓷套、上接线端、下接线端及瓷底座等部分组成，

RL 系列螺旋式熔断器的外形与结构如图 1-14 所示，常用型号有 RL1、RL2、RL6、RL7、RLS2 等。

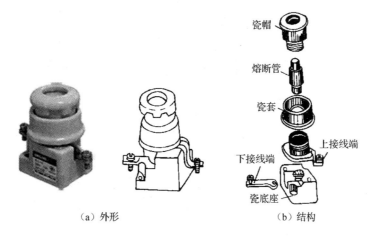

（a）外形　　　　　　　　（b）结构

图 1-14　RL 系列螺旋式熔断器的外形与结构

　　熔断管是一个瓷管，除了装有熔体，在熔体周围还填满石英砂，用于熄灭电弧。熔断管的上端有一个小红点，熔体熔断后，小红点自动脱落，显示熔体已熔断。使用时，将熔断管有小红点的一端插入瓷帽，瓷帽上有螺纹，将瓷帽连同熔断管一起拧进瓷底座，熔体便接通电路。

　　螺旋式熔断器有较好的抗震性能，灭弧效果与断流能力均优于瓷插式熔断器，而且熔体自身带有熔断指示，还具有体积小、安装面积小、更换熔体方便、安全可靠的优点，因此广泛应用于交流额定电压 500 V、额定电流 200 A 及以下的交流电路或电动机控制电路、机床电器控制设备中，作为短路保护电器。

　　螺旋式熔断器的型号含义如下。

3. 快速熔断器

　　快速熔断器主要用于半导体整流元件或整流装置的短路保护。由于半导体整流元件的过载能力很低，只能在极短的时间内承受较大的过载电流，因此要求短路保护装置具有快速熔断的能力。快速熔断器的主要特点是熔断时间短、分断能力强、负载设备所承受的冲击能量小。快速熔断器主要有 RLS 和 RS 系列，其中 RLS 系列是螺旋式快速熔断器。

 特别提示

● 快速熔断器的结构与有填料封闭式熔断器基本相同，但熔体的材料和形状不同，它是用银片冲制的有 V 形深槽的变截面熔体。
● 因为普通熔体不具备快速熔断特性，所以快速熔断器的熔体不能用普通熔体代替。

1.3.3 熔断器的选用

通常对熔断器的要求是：在电气设备正常运行时，熔断器应不熔断；在出现短路故障时，熔断器应立即熔断；在电流发生正常变动（如电动机启动过程）时，熔断器应不熔断；在用电设备持续过载时，熔断器应延时熔断。常用低压熔断器的技术数据见表1-10。

表 1-10　常用低压熔断器的技术数据

类　别	系 列	额定电压（V）	额定电流（A）	熔体额定电流等级（A）	分断能力（kA）	功率因数
插入式熔断器	RC1A	380	5	1、2、3、5	0.25	0.8
			10	2、4、6、10	0.5	
			15	10、12、15		
			30	15、20、25、30	1.5	0.7
			60	30、40、50、60	3	0.6
			100	60、80、100		
			200	100、120、150、200		
螺旋式熔断器	RL1	500	15	2、4、6、10、15	2	≥0.3
			60	20、25、30、35、40、50、60	3.5	
			100	60、80、100	200	
			200	100、125、150、200	50	
	RL2	500	25	2、4、6、10、15、20、25	1	
			60	25、35、50、60	2	
			100	80、100	3.5	

对熔断器的选用主要包括对熔断器类型、熔断器额定电压、熔断器额定电流和熔体额定电流的选用。

1. 熔断器类型的选择

熔断器的类型应根据使用环境、负载性质、电路要求、安装条件和短路电流的大小选用。例如，对于短路电流相当大的电路或有易燃气体的环境，应选用RT0系列有填料封闭管式熔断器；在机床控制电路中，多选用 RL 系列螺旋式熔断器；用于半导体功率元件及晶闸管的保护时，应选用 RS 系列快速熔断器。

熔断器的额定电压必须大于或等于电路的额定电压；熔断器的额定电流必须大于或等于所装熔体的额定电流；熔断器的分断能力应大于电路中可能出现的最大短路电流。

2. 熔体额定电流的选择

（1）对于照明和电热设备等电流较平稳、无冲击电流的电阻性负载电路的短路保护，熔体的额定电流应稍大于或等于负载的额定电流。

（2）因为电动机的启动电流很大，必须考虑在电动机启动时熔体不能熔断，所以应选择较大的熔体额定电流，可以参考以下几种情况。

① 对于单台不经常启动且启动时间不长的电动机的短路保护，熔体的额定电流 I_{RN} 应大于或等于 1.5～2.5 倍电动机的额定电流 I_N，即

$$I_{RN} \geqslant （1.5～2.5）I_N$$

② 对于多台电动机的短路保护，熔体的额定电流应大于或等于其中最大容量电动机的额定电流 I_{Nmax} 的 1.5～2.5 倍，再加上其余电动机额定电流的总和 $\sum I_N$，即

$$I_{RN} \geqslant （1.5～2.5）I_{Nmax} + \sum I_N$$

③ 对于降压启动电动机：

$$I_{RN} \geqslant （1.5～2.0）I_N$$

④ 对于直流电动机和绕线式电动机：

$$I_{RN} \geqslant （1.2～1.5）I_N$$

例 1.2 某机床电动机的型号为 Y112M-4，额定功率为 4 kW，额定电压为 380 V，额定电流为 8.8 A，该电动机正常工作时不需要频繁启动。如果要为该电动机提供短路保护，那么熔断器的型号规格应如何选择？

解：

（1）选择熔断器的类型。因为该电动机是在机床中使用，所以熔断器可选用 RL1 系列螺旋式熔断器。

（2）选择熔体额定电流。因为所保护的电动机不需要频繁启动，所以熔体额定电流为：

$$I_{RN} = （1.5～2.5）×8.8 \text{ A} \approx 13.2～22 \text{ A}$$

查表 1-10 可知，熔体额定电流为 I_{RN}=20 A 或 15 A，选取时应留有一定余量，故选取 I_{RN}=20 A。

（3）选择熔断器的额定电流和额定电压。查表 1-10 可知，应选取 RL1-60/20 型的螺旋式熔断器，其额定电流为 60 A，额定电压为 500 V，故可以满足电路要求。

1.3.4 熔断器的安装使用、故障分析与处理

1. 熔断器的安装使用

熔断器安装时应完好无损，接触紧密可靠，并标有额定电压、额定电流。熔断器内要安装合格的熔体，不能用多根小规格的熔体并联代替一根大规格的熔体。安装熔体时，注意不要把它碰伤，也不要将螺钉拧得太紧，应避免将熔体轧伤。

安装螺旋式熔断器时，电源进线应接在瓷底座中心点的接线端子上，被保护的用电设备应接在与螺口相连的接线端子上，以保证在更换熔体时，旋出瓷帽后，螺纹壳上不带电，操作者不会接触到熔断器的带电部分。

2. 熔断器的故障分析与处理

（1）熔体烧断后，应首先查明原因，排除故障。一般在过载电流下熔断时，响声不大，熔体仅在一两处熔断，管子内壁没有烧焦的现象，也没有大量的熔体蒸发物附着在管壁上。若在分断极限电流时熔断，则情况与上述相反。

（2）如果熔断器在电流正常时熔体出现了熔断现象，那么应分析以下原因。

① 由于熔体规格选择不当而造成的熔体熔断现象，如果熔体的额定电流等级选择过小，那么应更换熔体。

② 由于在熔断器的动、静触头之间、触片与插座之间、熔体与瓷底座之间存在着接触不良而引起过热，使熔体温度过高，出现正常运行下的熔体熔断现象，这时必须对上述部位进行检修，以保证接触良好。

③ 如果熔体氧化腐蚀或在安装时有机械损伤，使熔体截面变小而造成了熔体熔断现象，那么应更换熔体。

 安全贴示

- 在多级保护的场合，各级熔断器应相互配合，上级熔断器的额定电流等级以大于下级熔断器的额定电流等级两级为宜。
- 在安装熔体时，熔体应沿顺时针方向弯一圈，不要多弯。
- 更换熔体时必须断电，尤其不允许带负载操作，以免发生电弧灼伤事故。
- 熔断器兼作隔离目的使用时，应安装在控制开关的进线端；若仅作短路保护使用时，则应安装在控制开关的出线端。

巩固练习

1．熔断器主要由哪几部分组成？各部分的作用是什么？

2．什么是熔体的额定电流？它与熔断器的额定电流是否相同？

3．熔断器为什么一般不宜用作过载保护，而主要用作短路保护？

1.4 接触器

接触器是一种用来自动接通或分断大电流电路并可实现远距离控制的电器。它实际上是一种自动电磁式开关，用来接通或分断交、直流电路，可实现远距离自动控制。大多数情况下其控制的对象是电动机，也可用于其他电力负载，如电阻炉、电焊机等。

接触器具有控制容量大、过载能力强、有欠压和失压保护、能频繁操作、工作可靠、使用寿命长、设备简单经济等优点，在电气控制系统中得到了广泛的应用。

按照接触器主触头通过电流的种类，接触器可分为交流接触器和直流接触器两类。

1.4.1 交流接触器

交流接触器用于远距离接通或分断电压至380 V，电流至600 A 的 50 Hz 或 60 Hz 的交流电路。常用的交流接触器有 CJ10（CJT1）、CJ20 和 CJ40、CJX1（3TB 和 3TF）系列、CJX8（B）系列、CJX2 系列等。交流接触器的产品系列、品种很多，其结构和工作原理基本相同。

1．交流接触器的结构

交流接触器主要由电磁系统、触头系统、灭弧装置、辅助部件（如反作用弹簧、缓冲弹簧、触头压力弹簧）和传动机构等部分组成。交流接触器的外形、结构、符号及实物图如图 1-15 所示。

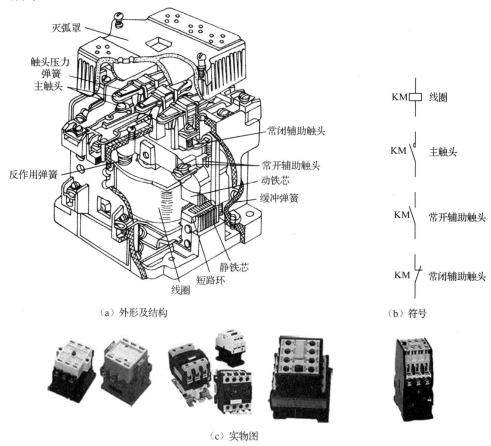

（a）外形及结构　　　　　　　　　　（b）符号

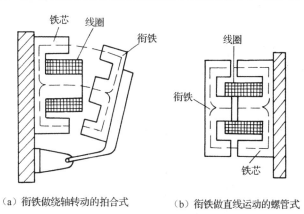

（c）实物图

图 1-15　交流接触器的外形、结构、符号及实物图

（1）电磁系统。

交流接触器的电磁系统由线圈、铁芯、衔铁等构成，用来操纵触头的闭合和断开。交流接触器电磁系统的结构形式主要取决于铁芯的形状和衔铁的运动方式，通常有两种基本形式，如图 1-16 所示。如图 1-16（a）所示的是衔铁做绕轴转动的拍合式（如 CJ12B 交流接触器），如图 1-16（b）所示的是衔铁做直线运动的螺管式（如 CJ10 系列交流接触器）。

（a）衔铁做绕轴转动的拍合式　　　　　（b）衔铁做直线运动的螺管式

图 1-16　交流接触器电磁系统的结构形式

交流接触器的铁芯一般用硅钢片叠压后铆成，以减少交变磁场在铁芯中产生的涡流与磁滞损耗，防止铁芯过热。交流接触器线圈的电阻较小，所以铜损引起的发热较小。为了增加铁芯的散热面积，线圈一般做成短而粗的圆筒状。E形铁芯的中柱较短，铁芯闭合时上下中柱间形成很小的空隙，以减少剩磁，防止线圈断电后铁芯粘连。

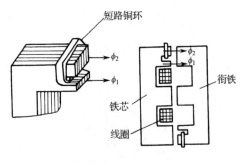

图1-17　短路环

交流接触器的铁芯上有一个短路铜环，称为短路环，如图1-17所示。短路环的作用是减少交流接触器吸合时产生的振动和噪声。当线圈中通以交流电流时，铁芯中产生的磁通也是交变的，对衔铁的吸力也是变化的。当磁通经过最大值时，铁芯对衔铁的吸力最大；当磁通经过零值时，铁芯对衔铁的吸力也为零，衔铁受反作用弹簧的反作用力有释放的趋势，这时衔铁不能被铁芯吸牢，造成铁芯振动，发出噪声，并使衔铁与铁芯发生磨损，造成触头接触不良，产生电弧灼伤触头。为了消除这种现象，用户需要在铁芯上安装短路环。

短路环能减轻接触器吸合时产生的振动和噪声，其原理是：当线圈通电后，线圈电流在铁芯中产生交变磁场，短路环中产生感应电流，线圈电流和短路环中的感应电流的相位不同，各自产生的磁通的相位也不同；当线圈电流产生的磁通为零时，短路铜环中的感应电流产生的磁通不为零，从而产生吸力，吸住衔铁，使衔铁始终被铁芯吸牢，这样，振动和噪声就会显著减小。

（2）触头系统。

交流接触器的触头用来接通或分断电路，其触头系统分为主触头和辅助触头。主触头体积较大，用来通断电流较大的主电路，一般由三对常开主触头组成；辅助触头体积较小，用来通断电流较小的控制电路，一般由两对常开辅助触头和两对常闭辅助触头组成。

交流接触器触头的常开、常闭是指电磁系统未通电前触头的状态。常开触头是指在线圈未通电时，其动、静触头为断开状态，线圈通电后就闭合；常闭触头是指在线圈未通电时，其动、静触头处于闭合状态，线圈通电后就断开。

常开、常闭触头是联动的。当线圈通电时，常闭触头先断开，常开触头随后闭合，中间有一个很短的时间差；当线圈断电后，常开触头先恢复断开，常闭触头随后恢复闭合，中间也存在一个很短的时间差。

交流接触器一般采用双断点桥式触头，如图1-18所示。

触头是用紫铜片制成的，由于铜的表面容易氧化而生成一层不易导电的氧化铜，故在主触头接触点部分镶有银基合金制成的触头块，以避免接触点由于产生氧化铜而影响其导电性能。

图1-18　双断点桥式触头

（3）灭弧装置。

交流接触器在断开大电流或高电压电路时，会在动、静触头之间产生很强的电弧。电弧是触头间气体在强电场作用下产生的放电现象，它一方面会造成触头灼伤，另一方面也会使电路的切断时间延长，影响电路正常工作甚至造成事故。因此，对容量较大的交流接触器要采用灭弧装置来尽快灭弧。灭弧装置的作用是熄灭触头分断时所产生的电弧，以减轻触头灼伤，保证可靠地分断电路。

容量较大的接触器常采用灭弧栅灭弧装置来灭弧。灭弧栅灭弧原理图如图 1-19 所示。灭弧栅由镀铜的薄板片组成，安装在石棉水泥制成的灭弧罩内或陶土耐弧塑料等绝缘材料上，各片之间是相互绝缘的。当动触头与静触头分断时，在电弧的周围产生磁场。由于薄铁片的磁阻比空气小得多，因此电弧上部的磁通容易通过电弧栅而形成闭合磁路，电弧上部的磁通非常稀疏，而电弧下部的磁通却非常稠密，这种上稀下密的磁通产生向上的运动力，把电弧拉到灭弧栅片当中去，灭弧栅片将电弧分割成很多短弧，每个灭弧栅片就成为短电弧的电极，灭弧栅片间的电弧电压低于燃弧电压，同时灭弧栅片将电弧的热量散发，促使电弧熄灭。

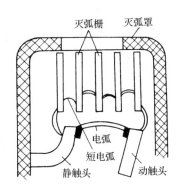

图 1-19　灭弧栅灭弧原理图

对于容量较小的（10 A 以下）交流接触器，一般采用双断口结构电动力灭弧装置灭弧的方法，即利用双断点桥式触头分断后将电弧分割成两段，同时利用两段电弧相互间的电动力使电弧向外侧拉长，在拉长过程中，电弧遇空气迅速冷却而很快熄灭，如图 1-18 所示。

（4）辅助部件。

交流接触器的辅助部件有反作用弹簧、缓冲弹簧、触头压力弹簧、传动机构和接线柱等。反作用弹簧的作用是当吸引线圈断电时，迅速使主触头和常开辅助触头复位分断；缓冲弹簧的作用是缓冲动、静铁芯吸合时对静铁芯及外壳的冲击力；触头压力弹簧的作用是增加动、静触头之间的压力，增大接触面以降低接触电阻，避免触头由于接触不良而造成的过热灼伤，并有减振作用。

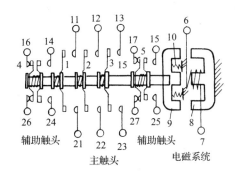

图 1-20　交流接触器的工作原理图

2．交流接触器的工作原理

如图 1-20 所示为交流接触器的工作原理图。当接触器电磁系统中的线圈 6、7 间通电后，铁芯 8 被磁化，产生足够的电磁吸力，克服反作用弹簧 10 的弹力，将衔铁 9 吸合，使常闭辅助触头首先断开，接着常开主触头 1、2 和 3 闭合，接通主电路，同时常开辅助触头闭合。当线圈断电或外加电压太低时，在反作用弹簧 10 的作用下，衔铁 9 释放，常开主触头断开，切断主电路；常开辅助触头首先恢复断开，接着常闭辅助触头恢复闭合。图中 11～17 和 21～27 为各触头的接线柱。

交流接触器的型号含义如下。

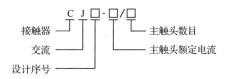

1.4.2　直流接触器

直流接触器主要用于远距离接通或分断额定电压至 440 V、额定电流 1 600 A 的直流电路，或频繁操作和控制直流电动机。常用的直流接触器有 CZ0 系列产品，另外还有 CZ1、CZ2、CZ3、CZ5～11 等系列产品，广泛应用于冶金、机械和机床的电气控制设备中。如图 1-21 所示为直流接触器的实物图。

CZ0　　　　　CZ10　　　　　CZX2

图 1-21　直流接触器的实物图

1．直流接触器的结构

直流接触器由触头系统、电磁系统和灭弧装置三大部分组成，其工作原理与交流接触器的工作原理基本相同。如图 1-22 所示为直流接触器的结构原理图。

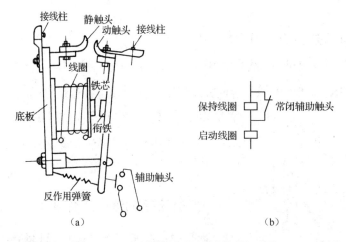

图 1-22　直流接触器的结构原理图

（1）触头系统。

直流接触器的触头系统有主触头和辅助触头之分。主触头的通断电流较大，故采用滚动接触的指形触头。辅助触头的通断电流较小，故采用点接触的双断点桥式触头。

（2）电磁系统。

直流接触器的电磁系统由铁芯、线圈和衔铁组成。因为线圈中通的是直流电，在铁芯中不会产生涡流，所以铁芯可用整块铸铁或铸铜制成，且不需要嵌装短路环，但在磁路中常垫有非磁性垫片，以减少剩磁的影响，保证线圈断电后衔铁能可靠释放。

直流接触器的线圈匝数较多、电阻大、铜损大，因此直流接触器发热以线圈本身发热为主。为了使线圈散热良好，通常将线圈做成长而薄的圆筒状。

为了减小直流接触器运行时的线圈功耗，延长线圈的使用寿命，对于容量较大的直流接触器的线圈往往采用串联双绕组——启动线圈与保持线圈串联，其接线如图 1-22（b）所示。把直流接触器的一个常闭辅助触头与保持线圈并联，在电路刚接通瞬间，保持线圈被常闭辅助触头短接，可使启动线圈获得较大的电流和吸力。当直流接触器动作后，启动线圈和保持线圈串联通电，因为电压不变，所以电流较小，但仍然可以保持衔铁被吸合，从而达到省电的目的。

（3）灭弧装置。

直流接触器的主触头在分断较大的直流电流中会产生强烈的电弧。因为直流电弧不像交流电弧那样有自然过零点，所以在同样的电气参数下，熄灭直流电弧比熄灭交流电弧困难。直流接触器一般采用磁吹式灭弧装置结合其他方法灭弧。

磁吹式灭弧装置如图 1-23 所示，主要由磁吹线圈、灭弧罩和灭弧角等组成。磁吹线圈由扁铜条弯成，中间装有铁芯，它们之间由绝缘套筒相隔。铁芯两端装有两片铁夹板，夹持在灭弧罩的两边，灭弧罩由石棉水泥板或陶土制成，动触头和静触头位于灭弧罩内。

磁吹式灭弧装置是依靠磁吹力的作用，将电弧拉长，在空气中很快冷却，从而使电弧迅速熄灭。如图 1-23 所示的工作状态是直流接触器的动、静触头已分断并形成了电弧的状态。因为磁吹线圈、主触头和电弧形成了串联电路，所以流过主触头的电

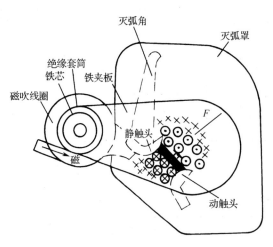

图 1-23　磁吹式灭弧装置

流就是磁吹线圈的电流，电弧电流在它的四周形成一个磁场，根据右手螺旋定则可以判定这个磁场的方向。

从图 1-23 中可以看出，电弧上方的磁场方向是离开纸面指向读者的，用符号"⊙"表示，电弧下方的磁场方向是进入纸面背离读者的，用符号"⊗"表示。在电弧周围还有一个由磁吹线圈中的电流所产生的磁场，它在铁芯中产生磁通，再从一块铁夹板穿过夹板间的空隙进入另一块铁夹板，形成闭合磁路，根据右手螺旋定则可以判定这个磁场的方向是进入纸面的，用符号"⊗"表示。

在电弧上方，磁吹线圈电流和电弧电流所产生的磁通方向是相反的，两者相互削弱，而在电弧下方两磁通方向相同，磁场增强，所以电弧将从强磁场的一边被拉向弱磁场的一边，迫使电弧向上方运动，静触头上的电弧便逐渐转移到灭弧角上，引导电弧向上运动，使电弧迅速拉长。当电源电压不足以维持电弧继续燃烧时，电弧便自行熄灭。

2．直流接触器的型号含义

直流接触器的型号含义如下。

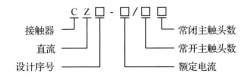

1.4.3 接触器的技术数据及选用

1．接触器的技术数据

CJ10 系列交流接触器的技术数据见表 1-11。

表 1-11　CJ10 系列交流接触器的技术数据

型号	触头额定电压（V）	主触头		辅助触头		线圈		可控制三相异步电动机的最大功率（kW）		额定操作频率（次/时）
		额定电流（A）	对数	额定电流（A）	对数	电压（V）	功率（V·A）	220 V	380 V	
CJ10-10	380	10	3	5	2 常开 2 常闭	36、 110、 220、 380	11	2.2	4	≤600
CJ10-20		20					22	5.5	10	
CJ10-40		40					32	11	20	
CJ10-60		60					70	17	30	

CZ0 系列直流接触器的技术数据见表 1-12。

表 1-12　CZ0 系列直流接触器的技术数据

型　号	额定电压（V）	额定电流（A）	额定操作频率（次/时）	主触头		最大分断电流值（A）	辅助触头		吸引电压（V）	吸引线圈消耗功率值（W）
				常开	常闭		常开	常闭		
CZ0-40/20	440	40	1 200	2	0	160	2	2	24、 48、 110、 220、 440	22
CZ0-40/02		40	600	0	2	100	2	2		24
CZ0-100/10		100	1 200	1	0	400	2	2		24
CZ0-100/01		100	600	0	1	250	2	1		24
CZ0-100/20		100	1 200	2	0	400	2	2		30
CZ0-150/10		150	1 200	1	0	600	2	2		30
CZ0-150/01		150	600	0	1	375	2	1		25
CZ0-150/20		150	1 200	2	0	600	2	2		40
CZ0-250/10		250	600	1	0	1 000	共有5对辅助触头，其中一对为固定常开，另外4对可任意组合成常开、常闭			31
CZ0-250/20		250	600	2	0	1 000				40
CZ0-400/10		400	600	1	0	1 600				28
CZ0-400/20		400	600	2	0	1 600				43
CZ0-600/10		600	600	1	0	2 400				50

2．接触器的选用

接触器的选用通常依据以下原则。

（1）接触器的类型。

应根据接触器所控制的负载性质来选择接触器的类型。通常，交流负载选用交流接触器，直流负载选用直流接触器。如果控制系统中的负载主要为交流负载，而直流负载容量较小时，也可以采用交流接触器控制直流负载，但是触头的额定电流应适当选大一些。

（2）接触器主触头的额定电压和额定电流。

接触器主触头的额定电压应大于或等于负载的额定电压。接触器主触头的额定电流不小于负载电路的额定电流，也可根据所控制的电动机的最大功率参照表 1-11 进行选择。接触器若使用在频繁启动、制动及正转和反转的场合，应将接触器主触头的额定电流降低一个等级使用。

（3）接触器吸引线圈电压的选择。

接触器吸引线圈的电压一般直接选用 220 V 或 380 V。若电路较复杂、使用电器的个数超过 5，则可选用 36 V 或 110 V 电压的线圈，以保证安全。

例 1.3　某三相异步电动机型号为 Y90L-2，额定功率为 2.2 kW，额定电压为 380 V，额定电流为 4.8 A，请选择接触器型号。

解：

因为要选用的接触器用于控制交流电动机，所以首先确定接触器的类型为交流接触器。

又由于被控制的电动机的额定功率为 2.2 kW，查表 1-11 可知，CJ10-10 型交流接触器可控制的电动机的最大功率为 4 kW，该交流接触器的额定电流为 10 A，大于电动机的额定电流。因此，根据接触器的类型、额定电压和额定电流，可选用 CJ10-10 型交流接触器。

1.4.4　接触器的安装及常见故障排除

1．接触器的安装

（1）交流接触器一般应安装在垂直面上，倾斜度不得超过 5°；若有散热孔，则应将有孔的一面放在垂直方向上，以方便散热，并按规定留有适当的飞弧空间，以避免飞弧烧坏相邻电器。

（2）安装和接线时，注意不要将零件掉入接触器内部。安装孔的螺钉应装有弹簧垫圈和平垫圈，并拧紧螺钉以防振动松脱。

（3）安装完毕，检查接线正确无误后，在接触器主触头不带电的情况下操作几次，然后测量产品的动作值和释放值，所测数值应符合产品的规定要求。

2．接触器的常见故障及排除

（1）电磁系统的故障及维修。

① 接触器通电后不能吸合。交流接触器是利用电磁吸力及弹簧反作用力配合动作使触头闭合与断开的。通电后不能吸合，应首先测量线圈两端电压是否正常。若无电压，则说明故障发生在控制回路；若有电压但低于线圈额定电压，则应调高或稳定电源电压；若线圈的技术参数与使用条件不符，则应更换线圈；若有额定电压，则应检查线圈是否断线、螺钉是否松脱。另外，机械机构及动触头发生卡阻也可能造成接触器通电后不能吸合，此时应维修机械机构。

② 接触器吸合不正常。接触器吸合不正常是指接触器吸合过于缓慢、触头不能完全闭

合、铁芯吸合不紧等现象。产生该类故障的原因通常有电源电压过低，触头压力弹簧的压力不合适，动、静铁芯间隙过大，机械卡阻及转轴生锈、歪斜等。若弹簧压力不合适，则应调整弹簧压力，必要时进行更换；若动、静铁芯间隙过大，则应重新装配；若机械可动部分被卡阻，则应修理受损零部件，排除卡阻现象；若铁芯磨损过大，则应更换铁芯；若转轴生锈或铁芯沾有油垢，则应及时清洗，必要时应调换部件。

③ 交流接触器电磁铁吸合后噪声大。交流接触器的线圈通电后，电磁铁吸合，若发现噪声较大，则应测量电源电压是否过低，若电压过低，则应提高操作回路电压，还应检查触头压力弹簧是否压力过大，若压力过大，则应调整触头压力弹簧的压力，再就是检查短路环是否断裂，若短路环断裂，则应更换短路环。

④ 触头缺相。发生触头缺一相电时，电动机仍能转动，但启动很慢，同时发出嗡嗡声，此时应立即停转，否则将烧毁电动机。产生触头缺相的原因可能是由于某相触头接触不良或连接螺钉松脱，排除故障的方法是检查触头的连接处，应保证可靠连接，螺钉必须拧紧，不得松动。

⑤ 相间短路。发生相间短路可能是由于接触器的正转和反转联锁控制失灵，或因误动作致使两台接触器同时投入运行；或由于接触器动作过快，转换时间太短，在转换过程中发生了电弧短路。为避免发生相间短路，应定期检查接触器各部件的工作情况，要求可动部件不卡阻，接线处无松脱，零部件如有损坏应及时修换，灭弧罩应完好，如有破碎，要及时更换。

（2）触头系统的故障及维修。

触头是接触器、继电器及主令电器等设备的主要部件，起着接通或分断电路电流的作用，是电器中比较容易损坏的部件。触头的故障一般有触头过热、磨损和熔焊等情况。

① 触头过热。触头通过电流会发热，其发热的程度与触头的接触电阻有关。动、静触头之间的接触电阻越大，触头发热就越厉害，原因主要有以下几个方面。

触头接触压力不足，造成过热。电器使用过程中由于受到机械损伤和高温电弧的影响，使弹簧产生变形、变软而失去弹性，造成触头压力不足；当触头磨损后变薄，使动、静触头完全闭合后触头之间的压力减小。处理的方法是调整触头上的弹簧压力，以增加触头间的接触压力。若调整后仍达不到要求，则应更换弹簧或触头。

触头表面接触不良，触头表面氧化或积有污垢，也会造成触头过热。对于银触头，氧化后影响不大；对于铜触头，则需要用小刀将其表面的氧化层刮去。触头表面的污垢可用汽油或四氯化碳清洗。

触头接触表面被电弧灼伤烧毛，使触头过热。此时要用小刀或什锦锉修整毛面，修整时不宜将触头表面锉得过分光滑，因为过分光滑会使触头接触面减小，接触电阻反而增大，同时触头表面锉得过多也影响使用寿命，但是不允许使用砂布或砂纸来修整触头的毛面。

此外，由于用电设备或电路产生的过电流故障，也会引起触头过热。此时应从用电设备和电路中查找故障并排除，避免触头过热。

② 触头磨损。触头在使用过程中，其厚度越来越薄，这是由于磨损而造成的。触头磨损有两种：一种是电磨损，由于触头间电弧或电火花的高温使触头产生磨损；另一种是机

械磨损，由于触头闭合时的撞击、触头接触面的相对滑动摩擦等产生的磨损。若发现触头磨损过快，则应查明原因，排除故障。当触头磨损到原厚度的 2/3～1/2 时，需要更换触头。

　　③ 触头熔焊。触头熔焊是指动、静触头表面被熔化后焊在一起而分断不开的现象。熔焊是由于触头闭合时，撞击和产生的振动在动、静触头之间的小间隙中产生短电弧，短电弧的温度很高，可使触头表面被灼伤以致烧熔，熔化后的金属使动、静触头焊在一起。当发生触头熔焊时，要及时更换触头。产生触头熔焊的原因大都是触头弹簧损坏，触头的初压力太小，此时应调整触头压力或更换弹簧。若是因为触头容量过小，则应调换容量较大的接触器。

巩固练习

1．接触器主要由哪些部分组成？接触器按主触头通过电流的种类可分为哪两类？
2．请画出接触器的图形符号并简述接触器的工作原理。
3．交流接触器和直流接触器的铁芯与线圈的结构各有什么特点？为什么？
4．交流接触器和直流接触器在灭弧方式上有什么区别？
5．选用接触器应主要考虑哪几个方面？
6．交流接触器在运行中有时产生很大的噪声，试分析产生该故障的原因。
7．为什么加在交流接触器线圈上的电压过高或过低都会造成线圈过热而烧毁？

1.5　继电器

　　继电器是一种根据电气量（如电压、电流等）或非电气量（如温度、时间、压力、转速等）的变化接通或分断控制电路，以实现自动控制和保护电力拖动装置的电器。

　　继电器一般由感测机构、中间机构和执行机构三个基本部分组成。感测机构把感测到的电气量或非电气量传递给中间机构，将它与整定值进行比较，当达到整定值（过量或欠量）时，中间机构便使执行机构动作，接通或分断被控电路。通常情况下，继电器不直接控制电流较大的主电路，而是通过控制接触器或其他电器的线圈来实现对主电路的控制。

　　接通和分断电路是继电器的根本任务，就这一点来说，它与接触器的作用是相同的。它们的主要区别是：继电器一般用于控制小电流电路，其触头额定电流不大于 5 A，所以不需要灭弧装置；而接触器一般用于控制大电流电路，其主触头额定电流不小于 5 A，有的需要加灭弧装置；不同的继电器可以在相应的各种电量或非电量的作用下动作，而接触器一般只是在一定的电压下动作。

　　继电器的种类很多，按用途可分为控制继电器和保护继电器；按输入信号的性质可分为电压继电器、电流继电器、时间继电器、速度继电器、压力继电器和温度继电器等；按输出方式可分为有触头继电器和无触头继电器；按工作原理可分为电磁式继电器、电动式继电器、感应式继电器、晶体管式继电器和热继电器等；按动作时间可分为瞬时继电器和延时继电器等。

1.5.1 电磁式电流、电压继电器及中间继电器

电磁式继电器的结构和工作原理与电磁式接触器相似，都是由电磁机构和触头系统组成。如图 1-24 所示为电磁式继电器典型结构图。铁芯和铁轭为一整体，减少了非工作气隙；极靴为一圆环，套在铁芯端部；衔铁制成板状，绕棱角（或绕轴）转动；线圈不通电时，衔铁靠反作用弹簧的作用而打开。衔铁上垫有非磁性垫片，在装设不同的线圈后，可分别制成电流继电器、电压继电器及中间继电器。这种继电器的线圈有交流和直流两种，其中直流继电器加装铜套后可以构成电磁式时间继电器。

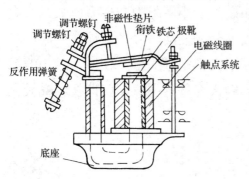

图 1-24　电磁式继电器典型结构图

1．电流继电器

反映输入量为电流的继电器称为电流继电器。使用时，将电流继电器的线圈串接在电路中，根据线圈中电流的大小而接通或分断电路。为了降低对原电路工作状态的影响，电流继电器线圈的匝数少、导线粗、阻抗小。

如图 1-25 所示为电流继电器的外形及符号。

（a）外形　　　　　　　　　　　　　　　　　（b）符号

图 1-25　电流继电器的外形及符号

电流继电器按线圈通入电流的种类分为交流电流继电器和直流电流继电器；按用途分为过电流继电器和欠电流继电器两种。

（1）过电流继电器。

线圈电流高于整定值时动作的继电器称为过电流继电器，过电流继电器的吸合电流为1.1～4 倍的额定电流。正常工作时，通过线圈的电流为额定值，线圈产生的吸力不足以克服反作用弹簧力，过电流继电器不吸合，各触头保持常态；当电路中发生短路或过载故障时，通过线圈的电流超过了整定值，线圈产生的吸力大于反作用弹簧力，铁芯吸引衔铁，使常闭触头断开，常开触头闭合。过电流继电器动作后有手动和自动两种复位方式。

常用的过电流继电器有 JT4、JL5、JL12 及 JL14 系列，主要用于频繁、重载启动场合，作为电动机或主电路的短路和过载保护。瞬动型过电流继电器常用于电动机的短路保护；延时动作型过电流继电器常用于过载兼具短路保护。

（2）欠电流继电器。

欠电流继电器是当线圈电流减小到低于整定值时释放的继电器，所以线圈电流正常时，

衔铁处于吸合状态。欠电流继电器的吸合电流一般为线圈额定电流的 0.3~0.65 倍，释放电流为额定电流的 0.1~0.2 倍。常用的欠电流继电器有 JL14-ZQ 等系列，用于直流电动机和电磁吸盘的失磁保护。

JT4 系列交流通用继电器和 JL14 系列交直流通用电流继电器的型号及含义如下。

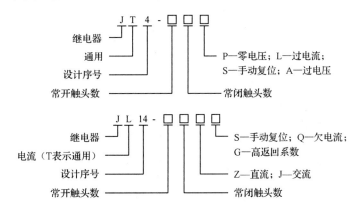

● 对于小容量直流电动机和绕线式异步电动机，继电器线圈的额定电流一般可按电动机长期工作的额定电流来选择。

● 对于频繁启动的电动机，电流继电器线圈的额定电流应选择得大一些。

● 过电流继电器的整定电流一般是电动机额定电流的 1.7~2 倍，频繁启动的场合可取电动机额定电流的 2.25~2.5 倍。

● 欠电流继电器的额定电流应不小于直流电动机的励磁电流，其释放电流应小于励磁电路正常工作范围内可能出现的最小励磁电流，一般整定为最小励磁电流的 0.8 倍。

JT4 系列交流通用继电器的技术数据见表 1-13。

表 1-13　JT4 系列交流通用继电器的技术数据

型号	可调参数调整范围	标称误差	返回系数	触头数量	吸引线圈 额定电压（或电流）	消耗功率	复位方式	机械寿命（万次）	电气寿命（万次）
JT4-□□A 过电压继电器	吸合电压 $(1.05\sim1.20)U_N$		0.1~0.3	1 常开 1 常闭	110 V、220 V、380 V			1.5	1.5
JT4-□□P 零电压（或中间）继电器	吸合电压 $(0.60\sim0.85)U_N$ 或释放电压 $(0.10\sim0.35)U_N$	±10%	0.2~0.4	1 常开 1 常闭 或 2 常开 2 常闭	110 V、127 V、220 V、380 V	75 W	自动	10	10
JT4-□□L 过电流继电器	吸合电流 $(1.10\sim3.50)I_N$		0.1~0.3		5 A、10 A、15 A、20 A、40 A、80 A、150 A、300 A、600 A	5 W		1.5	1.5

JL14 系列交直流通用电流继电器的技术数据见表 1-14。

表 1-14　JL14 系列交直流通用电流继电器的技术数据

电流种类	型　号	吸引线圈额定电流 I_N（A）	可调参数调整范围	触头组合形式	用　途	备　注
直流	JL14-□□Z	1、1.5、2.5、10、15、25、40、60、100、150、300、500、1 200、1 500	吸合电流（0.70～3.00）I_N	1常开、1常闭 2常开、2常闭	用作过电流或欠电流保护	
	JL14-□□ZS		吸合电流（0.30～0.65）I_N			手动复位
	JL14-□□ZQ		或释放电流（0.10～0.20）I_N			欠电流
交流	JL14-□□J		吸合电流（1.10～4.00）I_N			
	JL14-□□JS					手动复位
	JL14-□□JG			1常开、1常闭		返回系数大于 0.65

2．电压继电器

反映输入量为电压的继电器称为电压继电器。使用时，将电压继电器的线圈并联在被测量的电路中，根据线圈两端电压的大小接通或分断电路。为了降低对原电路工作状态的影响，电压继电器线圈的导线细、匝数多、阻抗大。

电压继电器的外形及符号如图 1-26 所示。

图 1-26　电压继电器的外形及符号

电压继电器有过电压继电器和欠电压（或零压）继电器之分。一般来说，过电压继电器在电压升至额定电压的 1.1～1.2 倍时动作，对电路进行过电压保护；欠电压继电器在电压降至额定电压的 0.4～0.7 倍时动作，对电路进行欠电压保护；零电压继电器在电压降至额定电压的 0.05～0.25 倍时动作，对电路进行零压保护。

电压继电器的选用主要根据继电器线圈的额定电压、触头的数量和种类进行。

3．中间继电器

中间继电器是一种通过控制电磁线圈的通断，将一个输入信号变成多个输出信号或将信号放大（即增大触头容量）的继电器，其输入信号是线圈的通电和断电，输出信号是触头的动作。与其他继电器相比，中间继电器的触头数量较多、触头容量较大、各触头的额定电流都相同，当其他继电器的触头数量或触头容量不够时，可借助中间继电器作为中间转换来扩大它们的触头数量或触头容量，以达到控制多个元件或者多个回路的目的。

中间继电器由线圈、静铁芯、动铁芯、触头系统、反作用弹簧和复位弹簧等组成。如图 1-27 所示为中间继电器的外形、结构及符号。

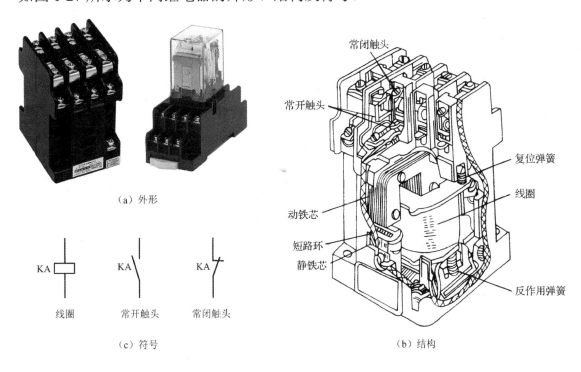

图 1-27　中间继电器的外形、结构及符号

中间继电器的触头有 8 对，可组成 4 对常开触头、4 对常闭触头，6 对常开触头、2 对常闭触头或 8 对常开触头三种形式。JZ8 系列为交直流两用的中间继电器，如果把它的触头簧片反装，便可使常开触头与常闭触头相互转换，其线圈电压有交流 110 V、127 V、220 V、380 V 和直流 12 V、24 V、48 V、110 V、220 V，有 2 对常开触头、6 对常闭触头，4 对常开触头、4 对常闭触头和 6 对常开触头、2 对常闭触头三种形式。

中间继电器的结构和工作原理与交流接触器基本相同，因而中间继电器又称接触器式继电器。与交流接触器相比，中间继电器的触头数目较多，触头容量较小，且无主辅之分，各对触头允许通过的电流通常为 5 A。因此，对于工作电流小于 5 A 的电气控制线路，可以用中间继电器代替接触器控制电路的通断。

中间继电器可以用来控制小容量电动机或其他电气执行元件；可以用来转换接点类型（常开或常闭）；可以用作开关；可以用于转换电压；可以用于消除电路中的干扰，防止 PLC（Programmable Logic Controller，可编程逻辑控制器）的控制出现误动作等。

中间继电器的型号含义如下。

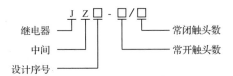

中间继电器主要依据被控制电路的电压等级、所需触头的数量、种类、容量等要求来选择。常用中间继电器的技术数据见表 1-15。

表 1-15　常用中间继电器的技术数据

型号	电压种类	触头额定电压（V）	触头额定电流（A）	触头数量 常开	触头数量 常闭	通电持续率（%）	吸引线圈电压（V）	吸引线圈消耗功率	额定操作频率（次/时）
JZ7-44	交流	380	5	4	4	40	12、24、36、48、110、127、380、420、440、500	12 V·A	1 200
JZ7-62				6	2				
JZ7-80				8	0				
JZ14-□□J /□	交流	380	5	6	2	40	110、127、220、380、	10 V·A	2 000
				4	4		24、48、110、220	7 W	
JZ14-□□Z /□	直流	220		2	6				
JZ15-□□J /□	交流	380	10	6	2	40	36、127、220、380	11 V·A	1 200
				4	4				
JZ15-□□Z /□	直流	220		2	6		24、48、110、220	11 W	

1.5.2　热继电器

热继电器是一种利用电流的热效应动作的自动保护电器，主要与接触器配合使用，用于电动机的过载保护、断相保护、电流不平衡运行的保护及电气设备发热状态的控制。

热继电器有多种形式，如双金属片式（利用双金属片受热弯曲推动执行机构动作的原理制成）、热敏电阻式（利用电阻值随温度变化而变化的特性制成）、易熔合金式（利用过载电流发热使易熔合金熔化而使继电器动作的原理制成）等。

本节介绍的是应用较为广泛的双金属片式热继电器。

1．双金属片式热继电器的结构

双金属片式热继电器按极数划分，有单极、两极和三极三种，其中三极的又分为带断相保护装置和不带断相保护装置两种；按复位方式划分，有自动复位式和手动复位式两种。

双金属片式热继电器主要由热元件、触头系统、动作机构、复位按钮、电流整定装置和温升补偿元件等组成。双金属片式热继电器的外形及结构如图 1-28 所示。

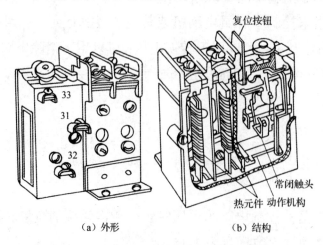

（a）外形　　　　（b）结构

图 1-28　双金属片式热继电器的外形及结构

（1）热元件：热元件是热继电器的主要部分，由双金属片及围绕在双金属片外面的电阻丝（即发热元件）组成。双金属片是热继电器的感测机构，由两种不同热膨胀系数的金属以机械碾压的方式复合而成（通常由锰镍、铜板轧制而成），其一端固定，另一端为自由端。电阻丝一般由康铜、镍铬合金等材料制成。使用时，将电阻丝直接串接在异步电动机的三相或两边相电路中，这样安装，维修时不易碰触。

（2）触头系统：触头系统由动触头、静触头组成，是热继电器的输出部件。

（3）动作机构：动作机构由导板、温度补偿双金属片、推杆、动触头连杆和弹簧等组成，其作用是将双金属片的动作传到动触头。

（4）复位按钮：用于继电器动作后的手动复位。

（5）电流整定装置：热继电器的整定电流大小可通过旋转整定电流调节旋钮来调节，整定电流调节旋钮上刻有电流整定值标尺，转动带偏心轮的整定电流调节旋钮来调节推杆间隙，通过改变推杆移动距离来实现电流整定值的调节，从而调整过载保护电流的大小。

2．热继电器的工作原理

如图 1-29 所示为 JR15 系列热继电器的原理图及符号。

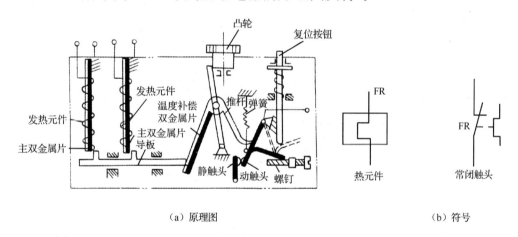

（a）原理图　　　　　　　　　　　　　　（b）符号

图 1-29　JR15 系列热继电器的原理图及符号

热继电器在使用时，需将热元件的电阻丝（即发热元件）串联在主电路中，将热继电器的常闭触头串联在控制电路中。当电动机过载时，流过发热元件的电流超过热继电器的整定电流，发热元件所产生的热量使主双金属片弯曲，通过传动机构推动热继电器的常闭触头断开；因为热继电器的常闭触头和接触器的线圈串联，所以当热继电器动作，其常闭触头断开后，接触器的线圈断电，接触器的主触头断开，使电动机脱离电源停转，实现对电动机的过载保护。断电后，热继电器的双金属片逐渐冷却，其常闭触头恢复至原位。

温度补偿双金属片用于补偿环境温度对热继电器动作精度的影响，它由与主双金属片同类型的双金属片制成。当环境温度发生变化时，温度补偿双金属片与主双金属片在同一方向上产生附加弯曲，因而补偿了环境温度的影响。

热继电器的复位机构有手动复位和自动复位两种形式，可根据使用要求通过复位调节螺钉来自由调整选择。一般自动复位时间不大于 5 min，手动复位时间不大于 2 min。

3．热继电器的整定电流

热继电器的整定电流是指热继电器长期不动作的最大电流。当过载电流超过整定电流的 1.2 倍时，热继电器动作。过载电流越大，热继电器开始动作所需时间越短。

过载电流的大小与热继电器开始动作时间的关系见表 1-16。

表 1-16　过载电流的大小与热继电器开始动作时间的关系

整定电流倍数	开始动作时间	起 始 状 态
1.0	长期不动作	从冷态开始
1.2	小于 20 min	从热态开始
1.5	小于 2 min	从热态开始
6	不大于 5 s	从冷态开始

4．热继电器的技术数据及选用

双金属片式热继电器一般用于轻载、不频繁启动电动机的过载保护。对于重载、频繁启动的电动机，一般采用过电流继电器作为过载和短路保护。

选用热继电器应根据电动机的额定电流确定热继电器的规格及热元件的电流等级。

（1）热继电器的额定电压及选取。热继电器的额定电压是指触头的电压值，选用时，要求热继电器的额定电压大于或等于触头所在电路的额定电压。

（2）热继电器的额定电流及选取。热继电器的额定电流是指允许装入的热元件的最大额定电流。每一种额定电流的热继电器可以装入几种不同电流规格的热元件。选用时，要求热继电器的额定电流略大于或等于被保护电动机的额定电流。

（3）热元件的电流等级及选取。热元件的额定电流是指热继电器的热元件允许长时间通过的最大电流值。选用时，要求其电流规格小于或等于热继电器的额定电流。

（4）热继电器的整定电流及选取。热继电器的整定电流要根据电动机的额定电流、工作方式等情况调整而定。通常情况下，热继电器的整定电流为电动机额定电流的 0.95～1.05 倍，但若电动机拖动的是冲击性负载或启动时间较长及拖动的设备不允许停电时，热继电器的整定电流可取电动机额定电流的 1.1～1.5 倍。如果电动机的过载能力较差，热继电器的整定电流可取电动机额定电流的 0.6～0.8 倍。同时，整定电流应留有一定的上下限调整范围。

（5）热继电器的结构形式的选取。热继电器有两相式、三相式和三相带断电保护等形式。电动机断相运行是电动机烧毁的主要原因之一。热继电器所保护的电动机，如果是星形接法，当线路上发生一相断线（即缺相）时，另外两相将发生过载，此时流过热元件的电流就是电动机绕组的相电流，普通两相或三相结构的热继电器都可以起到保护作用。

对于电网电压的均衡性较差、工作环境恶劣或较少有人照管的电动机，可以选用三相式热继电器。如果电动机定子绕组是三角形接法，当发生一相断线时，局部就会严重过载，因为线电流大于相电流，所以必须采用三相式带断相保护的热继电器，才能实现断相保护。

JR36 系列热继电器的技术数据见表 1-17。

表 1-17 JR36 系列热继电器的技术数据

型 号	热继电器额定电流（A）	热元件等级	
		热元件额定电流（A）	电流调节范围（A）
JR36-20	20	0.35	0.25～0.35
		0.5	0.32～0.5
		0.72	0.45～0.72
		1.1	0.68～1.1
		1.6	1.0～1.6
		2.4	1.5～2.4
		3.5	2.2～3.5
		5	3.2～5
		7.2	4.5～7.2
		11	6.8～11
		16	10～16
		22	14～22
JR36-32	32	16	10～16
		22	14～22
		32	20～32
JR36-63	63	22	14～22
		32	20～32
		45	28～45
		63	40～63
JR36-160	160	63	40～63
		85	53～85
		120	75～120
		160	100～160

热继电器的型号含义如下。

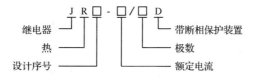

例 1.4 某电动机型号为 Y132M1-6，定子绕组采用△接法，额定功率为 4 kW，额定电流为 9.4 A，额定电压为 380 V，若要对该电动机进行过载保护，请选择热继电器的型号、规格。

解：

根据电动机的额定电流 9.4 A，查表 1-17 可知，应选择额定电流为 20 A 的热继电器，其整定电流可取电动机的额定电流 9.4 A，热元件额定电流等级选用 11 A，其调节范围为 6.8～11 A。由于电动机的定子绕组采用△接法，应选用带断相保护装置的热继电器。因此，应选用型号为 JR36-20 的热继电器，热元件额定电流选用 11 A。

5．热继电器的安装及常见故障排除

（1）热继电器的安装。

① 安装热继电器时，注意热继电器安装处的环境温度应与电动机所处环境温度基本相同。当与其他电器安装在一起时，应注意将热继电器安装在其他电器下方，以免其动作特性受到其他电器发热的影响。

② 安装热继电器时，应清除触头表面尘污，避免因接触电阻过大或电路不通而影响热继电器的动作性能。清除尘污时，应用清洁棉布蘸汽油轻轻擦除，切忌用砂纸打磨。

③ 热继电器热元件的连接导线的粗细和材料将影响到热元件端接点传导到外部热量的多少。若导线过细，轴向导热性差，热继电器可能提前动作；反之，若导线过粗，轴向导热快，热继电器可能滞后动作，所以热继电器出线端的连接导线一般应按如下规则选用：额定电流为 10 A 的热继电器，选用截面积为 2.5 mm^2 的单股铜芯塑料线；额定电流为 20 A 的热继电器，选用截面积为 4 mm^2 的单股铜芯塑料线；额定电流为 60 A 的热继电器，选用截面积为 16 mm^2 的多股铜芯橡胶线。连接线一般用铜芯导线，如果必须用铝导线，那么导线截面积应为铜线的 1.8 倍左右。

④ 使用中的热继电器应定期通电校验。

⑤ 热继电器在出厂时均调整为手动复位方式，如果需要自动复位，只要将复位螺钉沿顺时针方向旋转 3～4 圈，并稍微拧紧即可。

⑥ 热继电器因电动机过载动作后，如需再次启动电动机，必须待热元件冷却后才能使热继电器复位。

（2）热继电器的常见故障排除。

热继电器的故障主要有热继电器接入后电路不通、误动作和不动作三种情况。

① 热继电器接入后电路不通。

如果主电路不通，有可能是热元件烧断或热元件进出线头脱焊造成的。对于烧断的热元件，应更换同规格的热元件，但是需要重新调整电流整定值；对于脱焊的线头，则应重新焊牢。

如果控制电路不通，可能是触头烧坏或动触头簧片的弹性消失，此时应更换触头或簧片；也可能是整定电流调节凸轮（或螺钉）转到不合适的位置上，使常闭触头断开了，此时应调整旋钮或螺钉；还有可能是热继电器动作后未复位，此时应按下复位按钮使其复位。

② 热继电器误动作。

热继电器误动作是指它连接的电动机未过载，热继电器就动作，因而影响了电动机的正常运行。如果是由于热继电器的电流整定值偏小而造成的未过载就动作，那么应合理调整电流整定值；如果是电动机启动时间过长，热元件较长时间通过启动电流而造成的热继电器动作，那么可以在电动机启动前短接热继电器，等电动机启动之后再接入；如果使用场合有强烈的冲击及振动，使热继电器动作机构松动而造成误动作，那么应采取防振动措施或选用带防冲击振动的热继电器。

③ 热继电器不动作。

如果是由于热继电器的电流整定值偏大而造成的不动作，那么应合理调整电流整定值；如果是动作机构卡阻，那么应消除卡阻因素；如果是导板脱出，那么应重新放入导板并调试；如果是双金属片产生永久变形，那么应更换双金属片并重新调整；如果是热继电器的触头接触不良等原因造成的热继电器不动作，那么应分别予以排除。

1.5.3　时间继电器

时间继电器是一种利用电磁原理或机械动作原理来实现触头延时闭合或断开的自动控制电器，在电路中起控制动作时间的作用，有空气阻尼式（又称气囊式）、电磁式、电动式、和晶体管式等类型。如图 1-30 所示为时间继电器的外形。

（a）空气阻尼式　　　　　（b）晶体管式　　　　　（c）数显式

图 1-30　时间继电器的外形

空气阻尼式时间继电器是利用空气通过小孔时产生阻尼的原理而获得延时的。其特点是结构简单、延时范围较大、延时精度较低。

电磁式时间继电器是利用电磁线圈断电后，磁通缓慢衰减，使衔铁延时释放而获得延时的。其特点是控制容量大、延时时间范围小、精度稍差，主要用于对直流电路的控制。

电动机式时间继电器的原理与钟表类似，它是利用微型同步电动机带动减速齿轮系获得延时的。其特点是延时范围宽、延时精度高、延时值不受电压波动及环境温度变化的影响。电动机式时间继电器的延时范围与精度是其他时间继电器所无法比拟的，但其结构较复杂、体积较大、寿命较短、价格较高，其准确度会受到电源频率的影响。

晶体管式时间继电器是利用 RC 电路中电容电压不能跃变，只能按指数规律逐渐变化的原理（即电阻尼特性）而获得延时的。其特点是延时范围广、延时精度高、体积较小、耐冲击振动、调节方便，目前应用较多。

1．JS20 系列晶体管式时间继电器

晶体管式时间继电器又称半导体时间继电器或电子式时间继电器，按结构可分为阻容式和数字式两类；按延时方式可分为通电延时型、断电延时型及带瞬动触头的通电延时型。

（1）JS20 系列晶体管式时间继电器的结构。

JS20 系列晶体管式时间继电器有外接式、装置式和面板式三种结构形式。外接式的整定电位器可通过插座用导线连接到所需的控制板上；装置式具有带接线端子的胶木底座；面板式采用通用八大脚插座，可直接安装在控制板上，另外还带有延时刻度和延时旋钮供

整定延时时间用，其外形如图 1-30（b）所示。

JS20 系列面板式通电延时型时间继电器的接线示意图和电路图如图 1-31（a）所示。

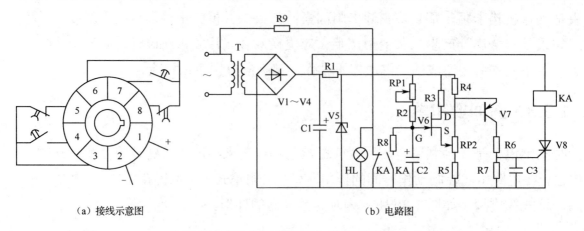

（a）接线示意图　　　　　　　　　　　　　　　　（b）电路图

图 1-31　JS20 系列面板式通电延时型时间继电器的接线示意图和电路图

（2）JS20 系列晶体管式时间继电器的工作原理。

JS20 系列面板式通电延时型时间继电器的电路图如图 1-31（b）所示。它由电源、电容充放电电路、电压鉴别电路、输出和指示电路五部分组成。

电源接通后，经整流滤波和稳压后的直流电经 RP1 和 R2 向电容 C2 充电。当场效应管 V6 的栅源电压 U_{GS} 低于夹断电压 U_P 时，V6 截止，因而 V7、V8 也处于截止状态。随着充电的不断进行，电容 C2 的电位按指数规律上升，当 U_{GS} 高于 U_P 时，V6 导通，V7、V8 也导通，继电器（KA）吸合，输出延时信号。同时电容 C2 通过 R8 和 KA 的常开触头放电，为下次动作做好准备。切断电源时，继电器（KA）释放，电路恢复原状态，等待下一次动作。调节 RP1 和 RP2，即可调整延时时间。

时间继电器的电气符号如图 1-32 所示。

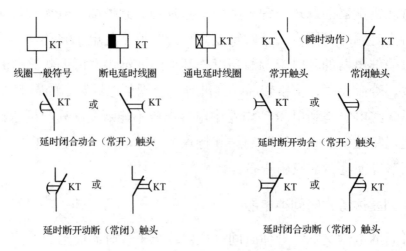

图 1-32　时间继电器的电气符号

2．时间继电器的技术数据及选用

JS20 系列晶体管式时间继电器的主要技术数据见表 1-18。

表 1-18　JS20 系列晶体管式时间继电器的主要技术数据

型　号	结构形式	延时整定元件位置	延时范围(s)	通电延时常开	通电延时常闭	断电延时常开	断电延时常闭	不延时常开	不延时常闭	误差重复(%)	误差综合(%)	环境温度(℃)	交流	直流	消耗功率(W)
JS20-□/00	装置式	内接	0.1～300	2	2										
JS20-□/01	面板式	内接		2	2	—	—	—	—						
JS20-□/02	外接式	外接		2	2										
JS20-□/03	装置式	内接		1	1			1	1						
JS20-□/04	面板式	内接		1	1	—		1	1				36、110、127、220、380	24、48、110	
JS20-□/05	外接式	外接		1	1			1	1	±3	±10	-10～40			≤5
JS20-□/10	装置式	内接	0.1～3600	2	2										
JS20-□/11	面板式	内接		2	2										
JS20-□/12	外接式	外接		2	2										
JS20-□/13	装置式	内接		1	1			1	1						
JS20-□/14	面板式	内接		1	1			1	1						
JS20-□/15	外接式	外接		1	1			1	1						
JS20-□D/00	装置式	内接	0.1～180			2	2								
JS20-□D/01	面板式	内接		—	—	2	2								
JS20-□D/02	外接式	外接				2	2								

时间继电器用于需要延时的场合，在电气自动控制系统中作为实现按时间原则动作的控制元件。选用时间继电器时，主要根据系统所需的延时范围和精度来选择时间继电器的类型和系列；根据控制回路中所需要的延时触头的延时方式来选择使用通电延时还是断电延时；根据线路要求选择瞬时触头的数目；根据控制线路电压来选择吸引线圈的电压等级。

时间继电器的型号含义如下。

其中，安装形式有：0—装置式；1—面板式；2—外接式；3—装置式带瞬动触头；4—面板式带瞬动触头；5—外接式带瞬动触头。

3. 时间继电器的安装及使用

时间继电器的整定值应预先在不通电时整定好，并在试运行时校正。

时间继电器金属底板上的接地螺钉必须与接地线可靠连接。

1.5.4　速度继电器

速度继电器是反映转速和转向的继电器，其主要作用是以旋转速度的快慢为指令信号，与接触器配合，实现对电动机的反接制动控制，因此又称反接制动继电器。速度继电器具有结构简单、工作可靠、价格低等特点，广泛应用于生产机械运动部件的速度控制和反接控制快速停转，如车床主轴、铣床主轴和镗床的控制电路中。

1. 速度继电器的结构

速度继电器由定子、转子、可动支架、触头及端盖等组成。速度继电器的结构、外形、原理及符号如图1-33所示。

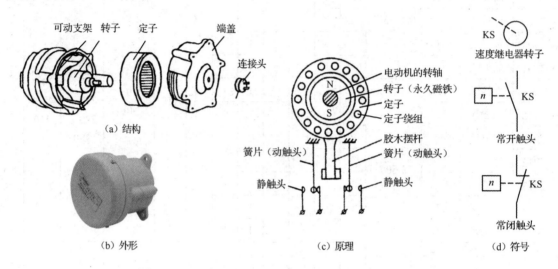

图1-33　速度继电器的结构、外形、原理及符号

速度继电器的转子是一块永久磁铁，固定在转轴上；定子的结构与笼型异步电动机的转子相似，由硅钢片叠成并装有笼型短路绕组，能做小范围偏转；速度继电器的触头有两组，一组在转子正转时动作，另一组在转子反转时动作。

2. 速度继电器的工作原理

使用时，将速度继电器转子的转轴与电动机的转轴通过联轴器相连，当电动机旋转时，速度继电器的转子随之旋转，在空间产生旋转磁场，定子绕组因切割磁力线而产生感应电流，感应电流在旋转磁场的作用下产生电磁转矩，转子转速越高，电磁转矩就越大。

当电动机和速度继电器转子的转速达到一定值时，速度继电器的定子及与之相连的胶木摆杆偏转。当定子偏转到一定角度时，胶木摆杆推动簧片，使速度继电器的触头动作。当电动机的转速下降时，速度继电器转子的转速也下降，电磁转矩随之减小，当电磁转矩减小到一定程度后，胶木摆杆恢复原状态，速度继电器的触头复位。

通常速度继电器动作转速为120 r/min，复位转速在100 r/min以下。

3. 速度继电器的技术数据及型号含义

速度继电器主要根据被控电动机的额定转速和控制要求进行选择。
JY1和JFZ0型速度继电器的技术数据见表1-19。

表 1-19　JY1 和 JFZ0 型速度继电器的技术数据

型　　　号	触头额定电压（V）	触头额定电流（A）	触 头 数 量		额定工作转速（r/min）	允许操作频率（次/时）
			正转时动作	反转时动作		
JY1	380	2	1 组转换触头（1 对常开、1 对常闭）	1 组转换触头（1 对常开、1 对常闭）	100～3 000	<30
JFZ0-1					300～1 000	
JFZ0-2					1 000～3 000	

速度继电器的型号含义如下。

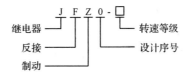

1.5.5　压力继电器

压力继电器用于机械设备的气压、液压系统中，利用压力源压力的变化推动触头断开或闭合，发出电信号，使电气元件（如电磁铁、继电器、接触器、电磁离合器等）动作，对机械设备提供某种保护或控制。例如，当系统压力达到压力继电器的整定值时，使油路卸压、换向，或使执行元件实现顺序动作，或使系统停止工作，起到安全保护或控制作用。

压力继电器的外形、结构及符号如图 1-34 所示。

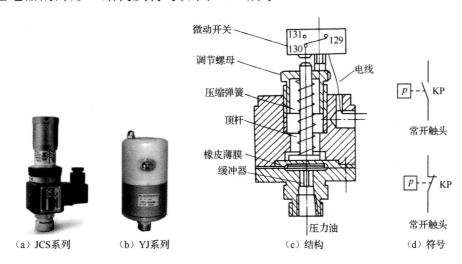

图 1-34　压力继电器的外形、结构及符号

压力继电器由缓冲器、橡皮薄膜、顶杆、压缩弹簧、调节螺母和微动开关等组成。微动开关和顶杆距离一般大于 0.2 mm。压力继电器安装在气路（或水路、油路）的分支管路中。当管路压力超过整定值时，通过缓冲器、橡皮薄膜抬起顶杆，使微动开关动作，触头 129 和 130 断开，触头 129 和 131 闭合。若管路中压力低于整定值，顶杆脱离微动开关，使触头恢复原位。

压力继电器主要根据被测对象的压力来选用，另外还要符合接口管径的大小和电路的额定电压。压力继电器的调整非常方便，只需放松或拧紧调节螺母即可改变控制压力。常用的压力继电器有 YJ 系列、YT-126 系列和 TE52 系列等。

YJ 系列压力继电器的技术数据见表 1-20。

表 1-20　YJ 系列压力继电器的技术数据

型　号	额定电压（V）	长期工作电流（A）	分断功率（V·A）	控制压力（Pa）	
				最大控制压力	最小控制压力
YJ-0	交流 380	3	380	$6.0795×10^5$	$2.0265×10^5$
YJ-1				$2.0265×10^5$	$1.01325×10^5$

巩固练习

1．什么是继电器？继电器按工作原理分为哪几类？

2．什么是电流继电器？电流继电器分为哪几种？它们的触头在什么情况下动作？

3．什么是电压继电器？电压继电器分为哪几种？它们的触头在什么情况下动作？

4．什么是中间继电器？中间继电器与交流接触器有什么异同？在什么情况下可以用中间继电器代替接触器使用？

5．什么是热继电器？双金属片式热继电器主要由哪几部分组成？

6．什么是热继电器的整定电流？怎样调整热继电器的整定电流？

7．热继电器能否作短路保护？为什么？

8．什么是时间继电器？常用的时间继电器有哪几种？请画出时间继电器的符号。

9．晶体管式时间继电器是利用什么原理达到延时目的的？如何调整延时时间？

10．什么是速度继电器？其作用是什么？速度继电器内部的转子有什么特点？请画出速度继电器的符号。

11．现有五种类型的继电器：a．二元件热继电器；b．三元件热继电器；c．具有断相保护装置的三元件热继电器；d．双金属片式热继电器；e．过电流继电器。在下列五种不同负载的情况下，各应选用上述哪一种继电器作过载保护？

（1）三相电源平衡，电动机绕组正常。

（2）三相电源不平衡。

（3）定子绕组采用△接法的电动机。

（4）一般轻载，不频繁启动电动机的过载保护。

（5）重载，频繁启动电动机的过载和短路保护。

12．某机床选用的三相异步电动机的额定功率为 5.5 kW，额定电压为 380 V，额定电流为 12.6 A，启动电流为额定电流的 6.5 倍。选用低压断路器为电源开关，用按钮开关进行启动、停止控制，使用交流接触器控制主电路的通断，线路需要有短路和过载保护。请选择低压断路器、按钮开关、接触器、熔断器和热继电器的型号与规格。

13．请填写图 1-35 中各电气符号的名称并标注文字符号。

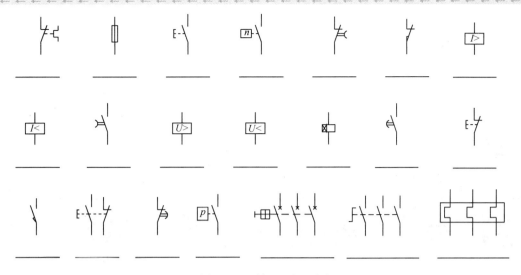

图 1-35　练习题 13 图

知识小结

　　低压电器能够依据操作信号或外界现场信号的要求，自动或手动地改变电路的状态、参数，实现对电路或被控对象的控制、保护、测量、指示、调节。其中，电磁式电器是依据电磁感应原理工作的，如接触器和各种类型的电磁式继电器等；而非电量控制电器是依靠外力或某种非电物理量的变化而动作的，如负荷开关、行程开关、按钮开关、速度继电器等。

　　本章介绍的常用低压电器有低压开关、主令电器、熔断器、接触器和继电器等。

　　（1）低压开关有负荷开关、组合开关和低压断路器等。其中，负荷开关和组合开关多用于电源开关，不频繁地接通或分断电路，也可用于小容量电动机的启动与停止。低压断路器一般具有短路保护和过载保护功能，可用于控制电动机。

　　（2）主令电器是一种非自动切换小电流开关电器，用来发布命令去控制其他执行元件，使电路接通和分断。本章主要介绍了按钮开关、行程开关、万能转换开关、主令控制器等。

　　（3）熔断器在低压电路中起短路和过载保护作用。在电动机控制线路中，因启动电流很大，熔断器只适合用作短路保护而不能用于过载保护。

　　（4）接触器可用于远距离频繁地接通或分断交、直流主电路和大容量控制电路，主要用于控制交、直流电动机，也可用于控制小型发电机、电热装置、电焊机和电容器组等设备，是电力拖动自动控制电路中使用广泛的一种低压电器。交流接触器的铁芯有短路环，用来减少振动及噪声，其线圈粗而短，采用双断口结构电动力灭弧装置灭弧及灭弧栅灭弧。直流接触器的铁芯无短路环，其线圈长而细，一般采用磁吹式灭弧装置灭弧。

　　（5）继电器是一种根据输入信号的变化而输出触头动作以控制小电流电路的接通或分断的自动控制电器。其输入信号可以是电信号（如电流、电压等），也可以是非电信号（如温度、时间、速度、压力等）。继电器分为控制继电器和保护继电器两种。前者有中间继电器、时间继电器和速度继电器等，后者有热继电器、电流继电器和电压继电器等。

第2章
三相异步电动机的基本控制线路

因为三相异步电动机具有结构简单、价格低廉、坚固耐用、维护方便等优点，所以在生产机械中得到了广泛的应用。各种生产机械的工作性质及加工工艺要求不同，使得它们对电动机的控制要求各异，需用的电器种类和数量不同，构成的控制线路也是多种多样。然而任何一种控制线路，包括最复杂的控制线路也都是由基本控制线路所组成的。

常见的基本控制线路主要有点动控制线路、正转控制线路、正转和反转控制线路、行程控制线路、顺序控制线路、多地控制线路、降压启动控制线路、制动控制线路和调速控制线路等。本章将学习三相异步电动机的基本控制线路，这是阅读和分析电气控制线路的基础。

2.1 三相异步电动机的结构、类型及原理

2.1.1 三相异步电动机的结构

三相异步电动机的结构主要由两大部分组成，即定子部分和转子部分。定子是电动机中固定不动的部分，用来产生旋转磁场。转子是电动机中的旋转部分，将电磁转矩通过转轴输送给生产机械。定子、转子无任何连接，它们之间只有 0.2～2 mm 的空气隙。

1. 定子

定子是电动机的静止部分，由定子铁芯、定子绕组、机座、端盖等部件组成。

定子铁芯是电动机磁路的一部分。为了减小涡流和磁滞损耗，通常用 0.5 mm 厚的硅钢片叠压成圆筒，硅钢片表面的氧化层（大型电动机要涂绝缘漆）作为片间绝缘，在圆筒形的内圆上均匀分布有与轴平行的槽，用于嵌放定子绕组。定子铁芯如图 2-1 所示。

定子绕组是电动机的电路，它由高强度漆包线绕制的线圈连接而成，线圈按一定的方式排列，嵌放在定子槽中。定子绕组的作用是通入三相交流电，产生旋转磁场。

机座主要用来支撑定子铁芯和固定端盖。中、小型电动机的机座一般用铸铁浇铸而成，

大型电动机多采用钢板焊接而成。

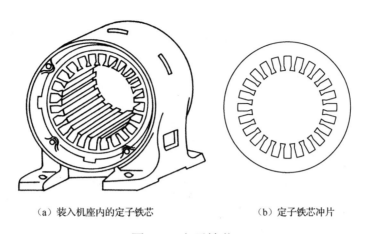

（a）装入机座内的定子铁芯　　　　　　　（b）定子铁芯冲片

图 2-1　定子铁芯

2. 转子

转子是电动机的旋转部分，由转子铁芯、转子绕组、转轴、风扇等组成。

转子铁芯同定子铁芯一样是电动机磁路的一部分，由硅钢片叠压成圆柱体，并紧固在转轴上。与定子铁芯冲片不同的是，转子铁芯冲片在外圆上开槽，用以嵌放转子绕组。

如图 2-2 所示为定子和转子铁芯冲片示意图，1 是定子铁芯冲片，2 是转子铁芯冲片。

电动机的转子绕组有两种形式：笼式和绕线式。

笼式转子绕组结构简单、制造方便、造价低廉、运行可靠，因而应用十分广泛。笼式转子绕组线槽一般都是斜槽（与轴线不平行），目的是改善启动性能。笼式转子绕组是在转子铁芯槽内嵌放裸铜条或者浇铸铝液，然后用端环在两端全部连接起来构成的。笼式转子绕组自行闭合，不必由外界电源供电，而且其外形像一个笼子，如图 2-3 所示。

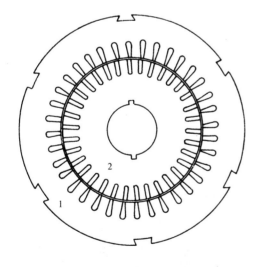

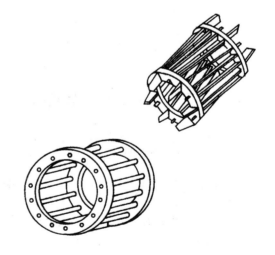

图 2-2　定子和转子铁芯冲片示意图　　　　　图 2-3　笼式转子绕组

绕线式转子绕组结构较复杂、造价也较高，但是可以使用转子回路外接电阻来改善启动与调速性能。绕线式转子绕组与定子绕组类似，由嵌放在转子铁芯槽中的三组线圈组成，线圈一般采用星形连接，即三组线圈的尾端接在一起，首端则分别接到固定在转轴上的 3 个滑环上，线圈通过滑环、电刷与变阻器连接，构成了转子绕组的闭合回路。绕线式转子绕组如图 2-4 所示。

转轴是输出转矩、带动负载的部件，由碳钢制成，两端轴颈与轴承相配合，出轴端铣有键槽，用以固定皮带轮或联轴器。

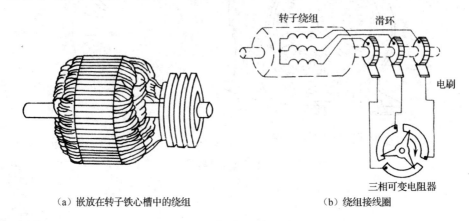

（a）嵌放在转子铁心槽中的绕组　　　　（b）绕组接线圈

图 2-4　绕线式转子绕组

2.1.2　三相异步电动机的类型

三相异步电动机的类型繁多，有以下 5 种分类方式，在各类别中分别还有细分。

（1）按结构尺寸分类，有大型、中型、小型三相异步电动机。

（2）按转速分类，有恒转速、调速、变速三相异步电动机。

（3）按机械特性分类，有普通笼式、深槽笼式、双笼式、特殊双笼式、绕线转子三相异步电动机。

（4）按防护形式分类，有开启式、防护式、封闭式、防水式、水密式、潜水式、隔爆式三相异步电动机。

（5）按使用环境分类，有普通型、湿热型、干热型、船用型、化工型、高原型和户外型三相异步电动机。

2.1.3　三相异步电动机的原理

1. 三相异步电动机的基本原理

我们首先用一个实验来说明三相异步电动机的转动原理。实验装置如图 2-5 所示。

将一个可以绕轴旋转的铝框放置在蹄形磁铁的两极之间，蹄形磁铁安装在支架上。当摇动手柄时，蹄形磁铁环绕铝框旋转，可以看到铝框随着蹄形磁铁旋转的方向转动起来。这是因为闭合铝框（两条垂直边）处于蹄形磁铁的磁场中（磁力线方向由 N 指向 S），当顺时针摇动手柄时，磁场就按顺时针方向旋转，形成了旋转磁场。由于闭合铝框与磁场之间存在相对运动，切割磁力线，产生感应电流，感应电流的方向可由右手定则判断。此时的铝框中由于有感应电流而成为磁场中的通电导体，通电导体受磁场力的作用，其磁场力的方向用左手定则判断，即图 2-6 中 F 所指方向。两个铝框边因受到磁场力产生了顺时针方向的电磁转矩，这个电磁转矩使铝框旋转起来，铝框的旋转方向与旋转磁场的方向一致。

综合上述分析可知，闭合铝框在旋转磁场中，会因电磁感应而产生感应电流，继而受到电磁转矩的作用，使铝框沿着旋转磁场的旋转方向旋转起来。

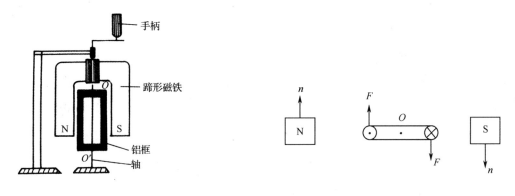

图 2-5　实验装置　　　　　　　　图 2-6　闭合铝框受磁场力作用示意图

2．三相异步电动机中旋转磁场产生的原理

将三相交流电分别通入嵌放在定子铁芯槽中的三相绕组中，三相绕组互隔 120° 的空间角度排列。电动机三相定子绕组排列图如图 2-7 所示。U1U2 是第一相绕组，V1V2 是第二相绕组，W1W2 是第三相绕组，其中 U1、V1、W1 是三相绕组的首端，V2、U2、W2 是三相绕组的尾端。将尾端 U2、V2、W2 连接在一起，首端 U1、V1、W1 连接三相电源，这就构成了星形接法。

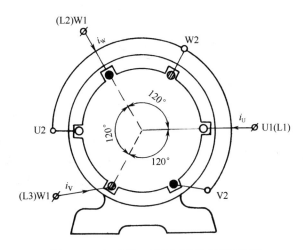

图 2-7　电动机三相定子绕组排列图

设当电流为正时，电流从绕组的首端流入、尾端流出；当电流为负时，方向相反，即电流从绕组的尾端流入、首端流出。

则三相线圈中通过的电流互差 120° 电角度，其表达式为：

$$i_U = I_m \cos\omega t$$
$$i_V = I_m \cos(\omega t - 120°)$$
$$i_W = I_m \cos(\omega t - 240°)$$

（1）当 $\omega t = 0$ 时，$i_U = I_m$，$i_V = i_W = -\dfrac{1}{2}I_m$，则第一相绕组的电流由 U1 端流入、U2 端

流出，第二相、第三相绕组的电流分别由 V2 端流入、V1 端流出，W2 端流入、W1 端流出（电流流入用符号"⊗"表示，电流流出用符号"⊙"表示），如图 2-8（a）所示。根据右手螺旋定则，可判断出此时电流产生的合成磁场的方向。

（2）当 $\omega t = 120°\left(t = \frac{1}{3}T\right)$ 时，$i_V = I_m$，$i_W = i_U = -\frac{1}{2}I_m$，则第二相绕组的电流由 V1 端流入、V2 端流出，第三相、第一相绕组的电流分别由 W2 端流入、W1 端流出，U2 端流入、U1 端流出。根据右手螺旋定则同样可判断出此时电流产生的合成磁场方向，如图 2-8（b）所示。从图中可以看出其合成磁场的方向较 $t = 0$（$\omega t = 0$）时沿逆时针方向旋转了 120°。

（3）用同样的方法分析 $t = \frac{2}{3}T$，$t = T$，即 $\omega t = 240°$，$\omega t = 360°$ 时，两个瞬时合成磁场的方向，如图 2-8（c）、（d）所示。$t = \frac{2}{3}T$（$\omega t = 240°$）时合成磁场的方向较 $t = \frac{1}{3}T$（$\omega t = 120°$）时又逆时针旋转了 120°；而 $t = T$（$\omega t = 360°$）时合成磁场的方向又较 $t = \frac{2}{3}T$（$\omega t = 240°$）时再逆时针旋转了 120°。

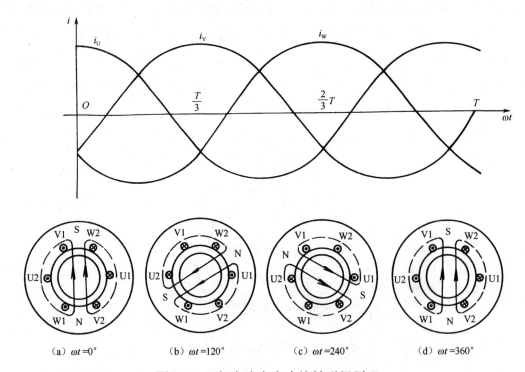

图 2-8　三相交流电产生旋转磁场原理

所以，自 $t = 0$ 到 $t = T$，电流变化了一个周期，合成磁场在空间也旋转了一周，当电流继续变化时，磁场也将继续旋转。

综合上述分析可知，将三相交流电通入异步电动机的三相定子绕组中，就会在电动机中产生空间上对称且按一定速度旋转的磁场。

3．三相异步电动机的转动原理

在三相异步电动机的定子铁芯上对称分布的三相定子绕组中通入三相交流电，气隙中将产生旋转磁场。因为转子绕组是闭合导体，所以在旋转磁场中切割磁力线，产生感应电流，载流的转子导体在磁场中受到电磁力的作用，形成与旋转磁场同方向的电磁转矩，推动三相异步电动机的转子旋转。

4．三相异步电动机的转速

（1）同步转速。电动机中旋转磁场的旋转速度称为同步转速，用 n_0 表示。在图 2-8 中，我们分析的是具有 1 对磁极的旋转磁场，即当三相交流电变化一个周期时，旋转磁场正好转动一圈。因为三相交流电的频率 f=50 Hz，所以旋转磁场的转速为：

$$n_0 = 50\,(\text{r/s}) = 50 \times 60\,(\text{r/min}) = 3000\,(\text{r/min})$$

上式为 1 对磁极的旋转磁场转速，如果定子绕组改变分布方式，就可以产生多对磁极的磁场，如 2 对、4 对或 8 对。对于多对磁极的旋转磁场，其同步转速为：

$$n_0 = \frac{60f}{p}\ (\text{r/min})$$

式中，f 是电流的频率；p 是定子绕组产生的磁极对数。

（2）转子转速。转子转速即为电动机的转速，是电动机轴上的输出转速，用 n 表示。在三相异步电动机中，转子转速 n 恒小于同步转速 n_0，这是因为转子转动与磁场旋转是同方向的，转子比磁场转得慢，转子绕组才有可能切割磁力线，产生感应电流，转子才能受到电磁转矩的作用。若有 $n = n_0$ 的情况，则意味着转子与旋转磁场之间无相对运动，转子导体不切割磁力线，转子中就不会产生感应电流，也就不会受到电磁转矩的作用了，那么转子在摩擦等阻力转矩的作用下，转速将逐渐下降，使得 $n < n_0$，转子又受到磁场转矩的作用。当磁场转矩与阻力转矩相平衡时，转子保持匀速转动。因此，转子转速总是低于同步转速。

（3）转差率。同步转速与转子转速之差（$n_0 - n$）与同步转速 n_0 的比值称为三相异步电动机的转差率，用 s 表示。

$$s = \frac{n_0 - n}{n_0}$$

由上式可知，当电动机启动前，$n = 0$ 时，$s = 1$；当电动机转速 $n = n_0$ 时，$s = 0$。所以，电动机从启动到达最高速即同步转速时，转差率 s 从 1 变到 0，在电动机正常工作时，转速小于 n_0 但接近 n_0，转差率 s 的数值一般为 0.02～0.08。

（4）电动机的旋转方向。电动机的旋转方向与旋转磁场的旋转方向一致。

旋转磁场的旋转方向取决于三相电源接入三相定子绕组的相序。只要任意调换电动机两相绕组所接交流电源的相序，旋转磁场就会反转。

巩固练习

1．简述三相异步电动机的结构。

2．三相异步电动机有哪些分类方式？

2.2 三相异步电动机的正转控制线路

2.2.1 手动正转控制线路

手动正转控制线路是最简单的电动机控制线路，一般仅用于小功率电动机，如砂轮电动机、通风机、台钻、切割机、三相电风扇，机床等设备。

如图 2-9 所示为开启式负荷开关控制线路，图中 QS 为开启式负荷开关；如图 2-10 所示为组合开关控制线路，图中 QS 为组合开关，FU 为熔断器，M 为三相异步电动机。

这种线路只能控制电动机的单向启动和停止，线路结构最简单，使用不太方便，且不够安全。线路中的熔断器 FU 只能起到短路保护的作用，不能达到过载保护的目的。因为线路本身只有主电路而没有辅助电路，所以无法实现自动控制和远距离控制。

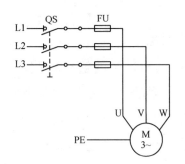
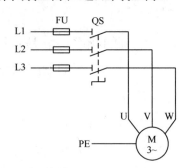

图 2-9 开启式负荷开关控制线路　　　　图 2-10 组合开关控制线路

2.2.2 电气控制系统图相关知识

电气控制系统图是一种统一的工程语言，它采用统一的图形符号和文字符号来表达电气设备控制系统的组成结构、工作原理及安装、调试与检修等技术要求。电气控制系统图一般包括电气原理图、电器布置图和电气接线图。

1. 电气原理图

电气原理图是根据生产机械运动形式对电气控制系统的要求，采用国家统一规定的电气图形符号和文字符号，按照电气设备和电器的工作顺序排列，详细表示电气设备和电器或成套装置的基本组成、连接关系和电气工作原理，而不考虑其实际位置的一种简图。

电气原理图能充分表达电气设备和电器的用途、作用和工作原理，是电气控制线路安装、调试与检修的理论依据。电气原理图又称电路图，用来分析电气控制线路的构成和工作原理，不涉及电气元件的结构尺寸、材料选用、安装位置和实际配线方法。同一电器的各个元件不按照它们的实际位置画在一起，而是按照其在线路中所起的作用分别画在不同的线路中，但它们的动作是相互关联的，必须用同一文字符号标注。各电器的触头位置都是按照线路未通电或电器未受外力作用时的常态位置画出的，分析原理时应从触头的常态位置出发。

在电气原理图中，电气设备连接线一般采用实线，无线电信号通路则采用虚线，绘图时应尽量减少不必要的连接线，尽量避免线条交叉和弯折。对于有直接电联系的交叉导线连接点，用小黑圆点表示；对于无直接电联系的交叉跨越导线，则不画小黑圆点。

电气原理图简称原理图或电路图，它通常包含电源电路、主电路和辅助电路三部分。

（1）电源电路一般画成水平线，按照三相交流电源相序 L1、L2、L3 自上而下依次画出，若有中线 N 和保护接地线 PE，则应依次画在相线之下。

一般要把直流电源的"＋"端在上、"－"端在下画出，电源开关要水平画出。

（2）主电路是电源向负载提供电能的电路，通常由主熔断器、接触器的主触头、热继电器的热元件及电动机等组成。主电路通常绘制于电路图的左侧，垂直于电源电路。因为主电路通过的电流是电动机的工作电流，电流较大，所以通常用粗实线表示。

（3）辅助电路一般包括控制电路（控制主电路的工作状态）、指示电路（显示主电路的工作状态）和照明电路（提供机床等设备的局部照明）等。

辅助电路跨接在两相电源之间，由主令电器的触头、接触器的线圈和辅助触头、继电器的线圈和触头、仪表、指示灯及照明灯等组成。辅助电路的电流较小，通常不超过 5 A。

辅助电路一般按照控制电路、指示电路和照明电路的顺序，用细实线依次垂直画在主电路的右侧，通常将耗能元件（如接触器和继电器的线圈、指示灯、照明灯等）画在电路图的下方，与下边的电源线相连，而将电器的触头画在耗能元件与上边的电源线之间。为了读图方便，一般应按照自左至右、自上而下的排列来表示操作顺序。

（4）电气原理图采用电路编号法，即对电路中的各个接点用字母或数字编号。

主电路在电源开关的出线端按相序依次编号为 U11、V11、W11，然后按照从上至下、从左至右的顺序，每经过一个电气元件后，编号要递增，如 U12、V12、W12……

单台三相交流电动机（或设备）的三根引出线按相序依次编号为 U、V、W；多台三相交流电动机引出线的编号，可在字母前用不同的数字加以区别，如 1U、1V、1W；2U、2V、2W……

辅助电路按"等电位"原则从上至下、从左至右的顺序用数字依次编号，每经过一个电气元件后，编号要依次递增。辅助电路的编号起始数字必须是 1，然后依次递增 100，如照明电路的编号从 101 开始、指示电路的编号从 201 开始等。

2．电器布置图

电器布置图简称布置图，它是根据电气元件在控制板上的实际安装位置，采用简化的外形符号（如正方形、矩形、圆形等）绘制的一种简图。它不表达各电器的具体结构、作用、接线情况及工作原理，主要用于电气元件的布置和安装。布置图中各电器的文字符号必须与电气原理图和电气接线图的标志相一致。

3．电气接线图

电气接线图简称接线图，它是根据电气设备和元件的实际位置及安装情况绘制的，它只用来表示电气设备和元件的位置、配线方式和接线方式，而不明显表示电气动作原理和电气元件之间的控制关系。接线图中同一电器的各元件根据其实际结构、使用与电气原理图相同的图形符号画在一起，并用点划线框起来，其文字符号及接线端子的编号应与电气原理图中的标注一致，以便对照检查接线。接线图中的导线有单根导线、导线组（或线扎）、电缆等之分，可用连续线或中断线表示。凡导线走向相同的可以合并，用线束来表示，到达接线端子板或电气元件的连接点时再分别画出。另外，导线及管子的型号、根数和规格应标注清楚。接线图主要用于安装接线、线路的检查维修和故障处理。

在实际工作中，原理图（电路图）、布置图和接线图要结合起来使用。

如图 2-11 所示为组合开关控制的手动正转控制线路的布置图和接线图。

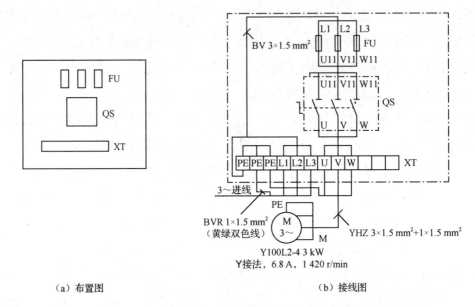

（a）布置图　　　　　　　　（b）接线图

图 2-11　组合开关控制的手动正转控制线路的布置图和接线图

2.2.3　点动控制线路

生产中的某些场景，如机床在调整刀架和试车时，吊车在定点放落重物时，经常需要按下按钮，电动机就启动运转；松开按钮，电动机就停转，电动机的这种运转方式称为点动。那么，如何实现这种"一点就动，松开就不动"的点动控制方式呢？

如图 2-12 所示为三相异步电动机的点动正转控制线路。

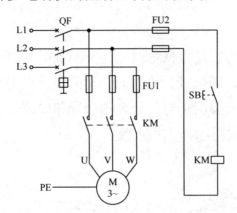

图 2-12　三相异步电动机的点动正转控制线路

该线路以低压断路器 QF 作为电源开关，以熔断器 FU 作为短路保护，由启动按钮 SB 和接触器 KM 控制电动机 M 的启动和停止。该线路与图 2-9 和图 2-10 的线路相比较，已经有了主电路与辅助电路之分，接触器的主触头就串接在主电路中。

点动正转控制线路的工作原理可进行如下叙述。

闭合电源开关 QF。

启动：按下 SB→KM 线圈得电→KM 主触头闭合→电动机 M 启动运转。

停止：松开 SB→KM 线圈失电→KM 主触头断开→电动机 M 失电停转。

停止使用时，断开电源开关 QF。

在该线路中，接触器的主触头起着接通、断开电动机电源的作用。电动机运转时间的长短完全由启动按钮 SB 按下的时间长短决定。要想使电动机长期运行，启动按钮 SB 必须始终处于按下状态，一旦松开启动按钮 SB，电动机便会停转。图中，PE 是保护接地线。

例 2.1　试判断如图 2-13 所示的两个点动控制线路能否正常工作。

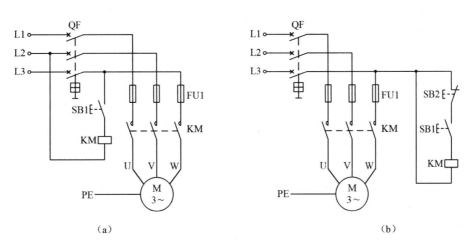

图 2-13　例 2.1 图

解：

（1）如图 2-13（a）所示的线路不能实现点动控制。因为当电源开关 QF 断开时，即使按下按钮 SB1，接触器线圈也不能得电，电动机不工作。

当电源开关 QF 闭合时，电动机可以实现点动控制，但是由于控制线路的一端接在电源开关 QF 之前，电源开关的隔离作用失效，控制线路始终带电，故此线路并不可取。

（2）如图 2-13（b）所示的线路不能正常工作。因为控制线路的两端接在电源的同一相上，故控制线路上所加的电压为零，不能正常工作。

2.2.4　自锁正转控制线路

点动控制是电动机的一种短时断续工作状态。点动控制线路解决了手动控制线路的一些缺点，但是在实际生产过程中，大部分的生产机械都要求电动机能长期持续运转。例如，皮带运输机、水泵、车床的主轴电动机等都需要电动机长时间运行，这时就要采用按下启动按钮、电动机启动，松开启动按钮、电动机仍然保持转动状态的控制。

实现这种控制的方法，就是依靠接触器自身的常开辅助触头，使接触器线圈保持通电，称为"自锁"或"自保持"，在电路中起自锁作用的常开辅助触头称为"自锁触头"。

接触器自锁的正转控制线路如图 2-14 所示。

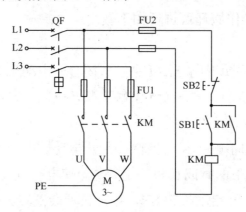

图 2-14　接触器自锁的正转控制线路

该线路将接触器 KM 的常开辅助触头并接在启动按钮 SB1 两端。按下启动按钮 SB1，KM 线圈得电，KM 主触头闭合，电动机 M 启动；因为接触器的主触头与辅助触头是同步动作的，所以 KM 常开辅助触头也同时闭合，这时即便松开 SB1，KM 线圈也会通过与 SB1 并接的 KM 常开辅助触头继续得电，使 KM 主触头保持闭合，电动机 M 持续运行。

接触器自锁的正转控制线路的工作原理可作如下描述。

闭合电源开关 QF。

启动：

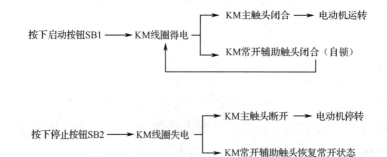

停止：

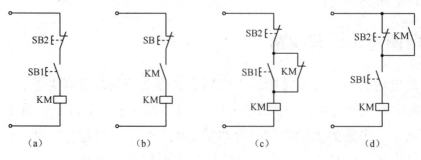

断开电源开关 QF。

例 2.2　分析如图 2-15 所示的控制线路，请问图 2-15（a）和图 2-15（b）所示的控制线路能否实现点动正转控制？图 2-15（c）和图 2-15（d）所示的控制线路能否实现自锁正转控制？

解：

（a）图电路能实现点动控制，但是按钮 SB2 是多余的，起不到任何作用。

（b）图电路不能实现点动控制，因为按下按钮 SB，接触器 KM 线圈不能得电。

（c）图电路不能实现自锁控制，因为并联在启动按钮 SB1 上的 KM 常闭辅助触头不能起到自锁作用；而且该线路在不按按钮时，会出现时通时断现象，应把 KM 常闭辅助触头换成常开辅助触头，这样才能实现自锁正转控制。

（d）图电路不能实现自锁正转控制，因为该线路把 KM 常开辅助触头并接在了停止按钮 SB2 两端，这样就失去了自锁作用，只能实现点动控制。若要实现自锁正转控制，应该把 KM 常开辅助触头并接在启动按钮 SB1 两端。

2.2.5 连续与点动混合正转控制线路

机床设备在正常工作时，电动机一般都处于连续运转状态。但在试车或调整工件和刀具之间的相对位置的时候，又需要点动控制。这就要求电动机控制线路既能实现点动控制又能实现连续控制。连续控制与点动控制的区别就在于自锁触头是否接入，所以只要控制自锁触头的接入与否，就可实现连续与点动控制的切换。

如图 2-16 所示的两种控制线路都是连续与点动混合正转控制线路。

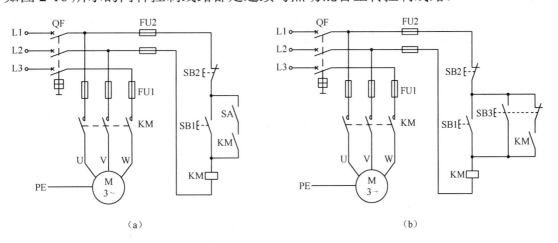

图 2-16　连续与点动正转控制线路

图 2-16（a）是把手动开关 SA 串接在自锁电路中。需要电路连续运转时，就把 SA 闭合；需要点动控制时，就把 SA 断开。

该线路的工作过程是：当需要连续控制时，按下启动按钮 SB1，复合按钮 SB3 中的常闭触头使自锁电路正常工作；要让电动机停转时，按下停止按钮 SB2，即可使电动机停转。

当线路需要点动运行时，按下点动控制按钮 SB3，因为它是复合按钮，当复合按钮被按下时，其常闭触头先断开，切断自锁电路，然后常开触头才闭合，使电路实现点动控制。

当松开点动控制按钮 SB3 时，SB3 的常开触头先断开，使接触器 KM 线圈断电，主触头和自锁触头都断开，电动机停转，随后 SB3 的常闭触头复位闭合，完成点动控制。

例 2.3　分析如图 2-17 所示的控制线路，图 2-17（a）能否实现对电动机的点动控制？图 2-17（b）能否实现对电动机的连续正转运行及停转控制？

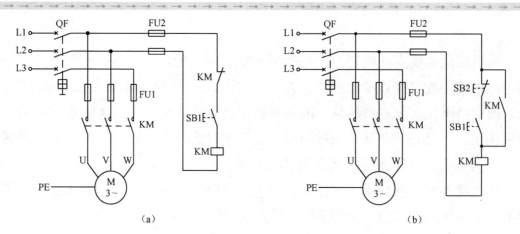

图 2-17　例 2.3 图

解：

（1）如图 2-17（a）所示的控制线路不能实现点动控制，因为按下按钮 SB1，接触器线圈得电，其常闭辅助触头立刻断开，接触器只能是瞬间动作，即使按着按钮 SB1，电动机也不能维持转动。

（2）在如图 2-17（b）所示的控制线路中，因自锁触头并接了启动按钮 SB1 和停止按钮 SB2，使停止按钮 SB2 失去了作用，电动机只能启动不能停止，应改为使自锁触头只与启动按钮 SB1 并联。

2.2.6　单向运行线路的保护环节

1. 短路保护

在三相异步电动机的控制线路中，主电路中串联的熔断器具有短路保护功能，并且也只能起短路保护作用，达不到过载保护的目的。这是因为熔断器的规格必须根据电动机启动电流的大小来进行选择，而电动机的启动电流通常为额定电流的 4～7 倍。此外，熔断器流过的电流为其额定电流的 1.3 倍以下时，熔断器并不会熔断；而当流过的电流为其额定电流的 1.6 倍时，则需要一个小时才能熔断，所以熔断器不能用作电动机的过载保护。

2. 欠压、失压保护

欠压是指线路电压低于电动机的额定电压。欠压情况下电动机的电磁转矩降低，转速随之下降，会影响电动机的正常工作，欠压严重时还会损坏电动机，发生事故。

接触器自锁的控制线路具有欠压保护作用，当电源电压降低到一定值（一般指低于额定电压的 85%）时，接触器线圈产生的磁通减弱，动铁芯（衔铁）因电磁吸力不足而释放，自锁触头断开，失去自锁，同时主触头断开，使电动机停转，从而得到欠压保护。

在电动机运行过程中，由于外界原因突然断电后，又重新供电，在未加防范的情况下，如果电动机自行启动就会造成危害。例如，前述的手动正转控制线路遇到停电时，若没有及时断开电源开关，当电源重新供电后，生产设备会突然在带有负载或操作人员没有准备的情况下自行运转起来，这将导致各种可能的人身和设备事故，能防止这类事故的保护称为失压或零压保护。

接触器自锁的控制线路就具有失压或零压保护功能。在电源临时停电又恢复供电时，由于自锁触头已经断开，控制电路不会自行接通，接触器线圈没有电流通过，常开主触头不会闭合，因而电动机就不会自行启动运转，从而避免了事故的发生。只有在操作人员有准备的情况下，按下启动按钮，电动机才能启动，这样就保证了人身和设备的安全。

3．过载保护

电动机在运行过程中，如果长时间负载过大，或者启动频繁，或者缺相运行，都可能使电动机定子绕组的电流增大，超过其额定值，从而引起定子绕组过热，若温度超过允许温升，就会造成绝缘损坏，严重时还会造成事故。因此，对电动机必须采取过载保护措施。

电动机控制线路中常用的过载保护电器是热继电器，把热继电器的热元件串接在三相主电路中，将其常闭触头串接在控制电路中。

具有短路和过载保护环节的正转控制线路如图 2-18 所示。

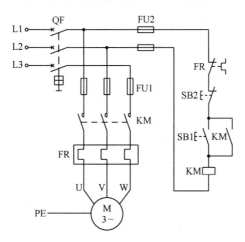

图 2-18　具有短路和过载保护环节的正转控制线路

若电动机在运行过程中，由于过载或其他原因使电流超过额定值，则串接在主电路中的热元件会因受热而发生弯曲，通过传动机构使串接在控制电路中的常闭触头断开，接触器 KM 线圈失电，其主触头和自锁触头断开，电动机停转，实现过载保护。

热继电器和熔断器不能相互代替。热继电器只能用作过载保护，不能用作短路保护。因为热继电器的热惯性大，其动作需要一定的时间。如果没有熔断器，当线路发生短路故障时，由于短路电流很大，热继电器可能还没来得及动作，线路中的设备就已经损坏。

热继电器也不会影响电动机的正常启动。虽然电动机的启动电流比较大，但是启动时间很短，热继电器还未动作，电动机就已经启动完毕、正常运行了。

　特别提示

- 在电动机控制线路中，短路保护是通过熔断器实现的；过载保护是通过热继电器实现的。
- 凡是具有接触器自锁环节的控制线路，其本身都具有欠压和失压保护作用。

巩固练习

1．什么是原理图（电路图）、布置图和接线图？这三种图在功能上有什么区别？

2．在电动机的控制线路中，短路保护和过载保护各由什么电器来实现？这两种电器能否相互代替使用吗？为什么？

3．什么是欠压保护？什么是失压保护？为什么说接触器自锁控制线路具有欠压和失压保护作用？

4．什么是点动控制？分析判断如图 2-19 所示的各控制线路能否实现点动控制？若不能，试分析说明原因，并加以改正。

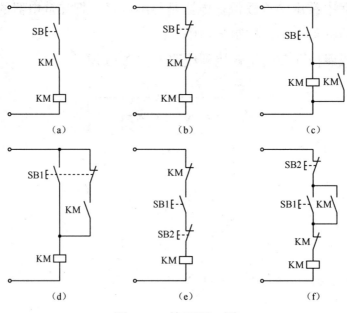

图 2-19　练习题 2 图

5．什么是"自锁"？怎样构成"自锁"？如图 2-20 所示的几个控制线路能否实现自锁控制？若不能，应该怎样修改？

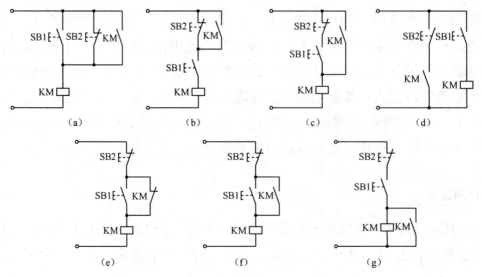

图 2-20　练习题 4 图

6．在如图 2-18 所示的正转控制线路中，根据下列故障现象，拟定检查步骤，确定故障部位，并提出故障处理方法。

（1）接触器 KM 不动作。

（2）接触器 KM 动作，但电动机不转动。

（3）接触器 KM 动作，电动机转动，但一松开按钮 SB1，接触器释放，触头复位，电动机停转。

（4）接触器 KM 有明显颤动，噪声大。

（5）电动机转动较慢，并有嗡嗡声。

2.3　三相异步电动机的正转和反转控制线路

在生产过程中，常需要运动部件可以正反两个方向运动。例如，机床工作台的前进与后退、主轴的正转与反转、起重机的上升与下降等，这些都要通过电动机正转和反转来实现。

当改变了输入电动机的三相电源的相序，就改变了旋转磁场的旋转方向，电动机就会反转，即把接入电动机的三相电源进线中的任意两相对调接线，电动机就可以反转了。

2.3.1　倒顺开关的正转和反转控制线路

倒顺开关又称可逆转换开关，属于组合开关类型，用于额定电流 10 A、功率 4.5 kW 以下的小容量电动机的正转和反转控制。倒顺开关常见的产品有 HZ2-132 型、QX1-13N1/4.5 型等。

如图 2-21 所示为倒顺开关的外形、结构、符号及倒顺开关正转和反转控制线路。

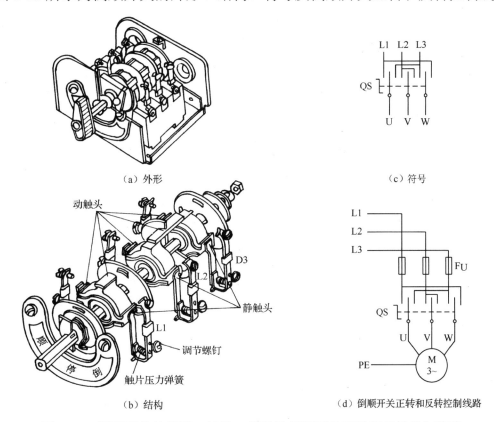

（a）外形　　　　　　　　　　（c）符号

（b）结构　　　　　　（d）倒顺开关正转和反转控制线路

图 2-21　倒顺开关的外形、结构、符号及倒顺开关正转和反转控制线路

倒顺开关正转和反转控制线路就是通过改变接入电动机的电源相序，来控制电动机正转和反转的。万能铣床主轴电动机的正转和反转控制就是采用倒顺开关来实现的。

倒顺开关由六个静触头及手柄控制的鼓轮组成，鼓轮上带有两组动触头。

倒顺开关的手柄有倒、停、顺三个位置，手柄只能从"停"的位置左转或右转45°。

当倒顺开关的手柄处于"停"位置时，所有的动触头与静触头都不连接，电动机停转。

若转动倒顺开关的手柄，使其处于"顺"（正转）位置，则电动机连接电源的相序为：L1—U、L2—V、L3—W，电动机正向运转。

若转动倒顺开关的手柄，使其处于"倒"（反转）位置，则电动机连接电源的相序为：L1—W、L2—V、L3—U，电动机反向运转。

使用倒顺开关对电动机进行正转和反转控制时，必须注意的是：要使电动机改变转向，应先把倒顺开关的手柄扳到"停"位置，使电动机先停转，然后改变转向，否则会因为电源突然反接，产生很大的反接电流，易使电动机的定子绕组因过热而损坏。

由倒顺开关组成的电动机正转和反转控制线路的优点是使用的电器设备较少；缺点是操作烦琐，劳动强度较大，安全性较差，被控制的电动机容量较小。因此，在生产过程中更常用的是按钮、接触器控制的电动机正转和反转控制线路。

2.3.2 接触器控制的电动机正转和反转控制线路

如图2-22所示为接触器控制的电动机正转和反转控制线路。该线路是借助正转和反转接触器将接至电动机的三相电源进线中的任意两相对调来实现正转和反转控制的。

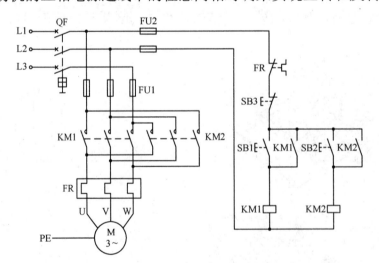

图2-22 接触器控制的电动机正转和反转控制线路

该线路的工作原理如下。

闭合电源开关QF。

正转启动：

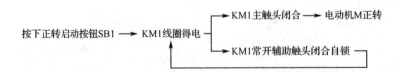

正转停止：

按下停止按钮SB3 ⟶ KM1线圈失电 ⟶ KM1主触头断开 ⟶ 电动机M停转
⟶ KM1常开辅助触头断开（自锁消失）

反转启动：

按下反转启动按钮SB2 ⟶ KM2线圈得电 ⟶ KM2主触头闭合 ⟶ 电动机M反转
⟶ KM2常开辅助触头闭合（自锁）

反转停止：

按下停止按钮SB3 ⟶ KM2线圈失电 ⟶ KM2主触头断开 ⟶ 电动机M停转
⟶ KM2常开辅助触头断开（自锁消失）

在该线路中，当 KM1 主触头闭合，KM2 主触头断开时，电动机所接的电源相序为 U—V—W，电动机正转；当 KM2 主触头闭合，KM1 主触头断开时，电动机所接的电源相序为 W—V—U，电动机反转。

该线路存在的缺陷：电动机在运转过程中，若因误操作按下了反向启动按钮，会使 KM2 和 KM1 线圈都得电，主电路中两个接触器的主触头都闭合，导致发生相间短路事故。

2.3.3　接触器联锁的正转和反转控制线路

如图 2-23 所示为接触器联锁的正转和反转控制线路，该线路可防止上述的相间短路事故发生。

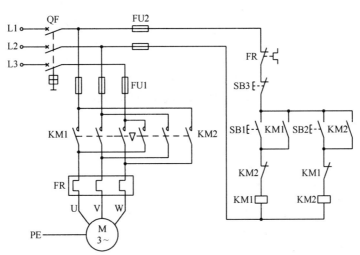

图 2-23　接触器联锁的正转和反转控制线路

该线路的工作原理如下。

闭合电源开关 QF。

正转启动：

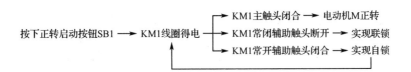

按下正转启动按钮SB1 ⟶ KM1线圈得电 ⟶ KM1主触头闭合 ⟶ 电动机M正转
⟶ KM1常闭辅助触头断开 ⟶ 实现联锁
⟶ KM1常开辅助触头闭合 ⟶ 实现自锁

正转停止：

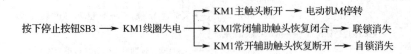

反转启动：

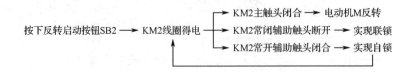

反转停止：

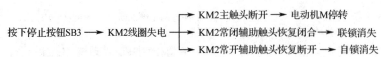

在该线路中，为了避免两个接触器 KM1 和 KM2 同时得电动作，在正转和反转控制线路中分别串接了对方接触器的常闭辅助触头。当一个接触器线圈得电动作时，通过其常闭辅助触头使另一个接触器的线圈不能得电，这种相互制约的作用称为接触器联锁（或互锁）。实现联锁功能的常闭辅助触头称为联锁触头。在线路图中，用符号"▽"表示联锁。

在接触器联锁的正转和反转控制线路中，若电动机需要改变旋转方向，必须先按下停止按钮，才能按反向启动按钮，否则由于接触器的联锁作用，不能实现反向启动。对于那些要求电动机频繁改变旋转方向的生产机械来说，常需要在电动机运转的时候，能够直接按下反向启动按钮，让电动机立刻反向旋转。这时，可以采用复合按钮联锁的正转和反转控制线路。

 **特别提示**

- 联锁的意义在于：当一个控制线路正在工作时，另一个控制线路绝对不可能工作。
- 承担联锁任务的触头一定是常闭触头，并且一定是串接在对方的控制线路中。

2.3.4 复合按钮联锁的正转和反转控制线路

如图 2-24 所示为复合按钮联锁的正转和反转控制线路。

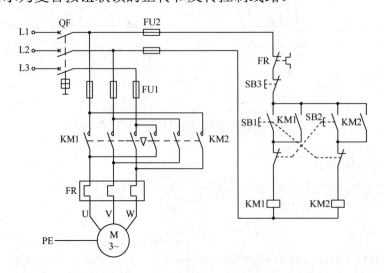

图 2-24　复合按钮联锁的正转和反转控制线路

该线路在电动机正转过程中，KM1 线圈得电，要反转只需直接按下反转复合按钮 SB2，此时 SB2 的常闭触头首先断开，使 KM1 线圈断电，KM1 触头全部复位，电动机断电，随后 SB2 的常开触头闭合，使 KM2 线圈得电，KM2 主触头闭合，电动机反转。

反之同理，只需直接按下正转复合按钮 SB1 即可实现由反转变为正转。

需要电动机停转时，按下停止按钮 SB3 即可。

操作时应注意：要将启动按钮 SB1 或 SB2 按到底，否则只能实现停转而不能反向启动。

该线路既保证了正转和反转接触器线圈不会同时得电，又可方便操作。该线路的缺点是如果某个接触器的主触头发生熔焊而分断不开时，直接按下反向启动按钮，仍会造成电源相间短路故障，所以单独采用按钮联锁的正转和反转控制线路是不够安全可靠的。

2.3.5　按钮、接触器双重联锁的正转和反转控制线路

如图 2-25 所示为按钮、接触器双重联锁的正转和反转控制线路。该线路既采用了接触器联锁，又采用了按钮联锁，所以具有双重联锁功能，能够安全可靠地实现正转和反转运行。

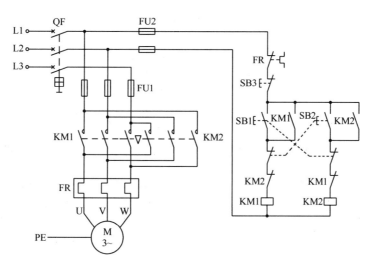

图 2-25　按钮、接触器双重联锁的正转和反转控制线路

例 2.4　试分析如图 2-26 所示的控制线路能否实现电动机的正转和反转控制？

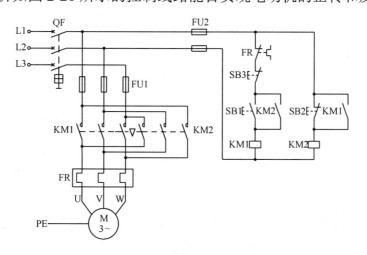

图 2-26　例 2.4 图

解：

（1）反转启动按钮 SB2 不应采用常闭按钮，否则会使 KM2 线圈长期得电，因为该线路无联锁，在 SB1 被按下时，会造成电源短路，所以应将 SB2 更换成常开按钮。

（2）停止按钮 SB3 只能在正向运转时停转，而不能在反向运转时停转，故 SB3 应接在两条启动控制线路的公共线路中。

（3）自锁不应使用其他接触器的常开触头，故 KM1 和 KM2 的常开辅助触头应对换。

（4）电路中热继电器 FR 的常闭触头只对正转控制线路起过载保护作用，对反转控制线路不起作用，故应将热继电器 FR 的常闭触头串接在两条控制线路的公共线路上。

（5）电路中既无接触器联锁又无按钮联锁，为确保安全可靠运行，应增加联锁环节。

2.3.6 具有点动运行功能的可逆控制线路

生产现场往往需要电动机既能实现正转和反转可逆运行，又能实现点动，这时可以采用如图 2-27 所示的具有点动运行功能的可逆控制线路。该线路既可以实现正转或反转连续运行，又可以完成正转或反转点动运行。图中，SB1 是正转启动按钮，SB2 是反转启动按钮，SB3 是停止按钮，SB4 是正转点动按钮，SB5 是反转点动按钮。

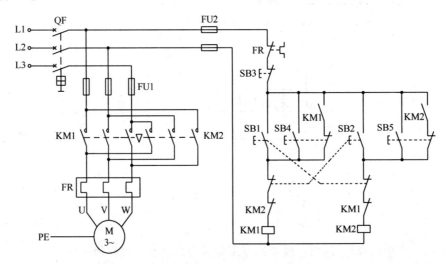

图 2-27　具有点动运行功能的可逆控制线路

巩固练习

1．如何使电动机改变转向？使用倒顺开关控制电动机正转和反转时，为什么不允许把手柄从"顺"的位置直接扳到"倒"的位置？

2．什么是联锁？在电动机正转和反转控制线路中为什么必须有联锁控制？怎样构成联锁？

3．分析如图 2-25 所示的按钮、接触器双重联锁的正转和反转控制线路的工作过程，说明该线路如何避免电源短路。

4．在复合按钮联锁的电动机正转和反转控制线路中，为什么操作时要将启动按钮按到底？如果不按到底，将会发生什么现象？为什么？

5．单独采用按钮联锁的正转和反转控制线路具有什么缺点？应如何解决？单独采用接触器联锁的正转和反转控制线路有何不足？为什么？

6．某车床有两台电动机，一台是主轴电动机，要求能实现正转和反转控制；另一台是冷却液泵电动机，只要求能实现正转控制，两台电动机都要求有短路、过载、欠压和失压保护，请设计并绘制满足要求的电路图。

7．如图 2-28 所示的电动机正转和反转控制线路的主电路有无错误？若有，请改正。

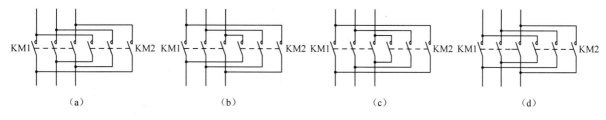

图 2-28 练习题 7 图

8．如图 2-29 所示的电动机正转和反转控制线路的控制电路能否实现对电动机的正转和反转控制？若不能，请找出原因，并改正。

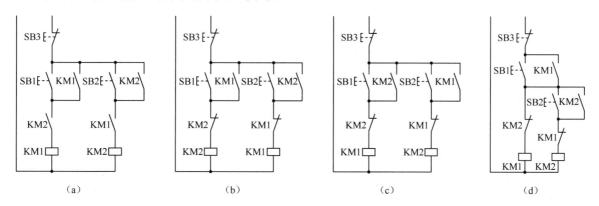

图 2-29 练习题 8 图

2.4 三相异步电动机的顺序控制线路

在装有多台电动机的生产机械上，各电动机所起的作用是不同的，有时需要按照一定的顺序启动或停止，这样才能保证操作过程的合理性和工作的安全性、可靠性。例如，万能铣床要求主轴电动机启动后，进给电动机才能启动；平面磨床则要求当砂轮电动机启动后，冷却泵电动机才能启动。

要求几台电动机的启动或停止必须按照一定的先后顺序来完成的控制方式，称为电动机的顺序控制。顺序控制可以通过主电路实现，也可以通过控制电路实现。

1．主电路实现顺序控制

如图 2-30 所示为主电路实现两台电动机顺序控制的电路。图 2-30（a）和图 2-30（b）都是接触器自锁的单向运转控制电路。在如图 2-30（a）所示的电路中，电动机 M1 和 M2 分别由接触器 KM1 和接触器 KM2 控制，KM2 主触头连接在 KM1 主触头下面，这样就保证了只有当 KM1 主触头闭合，电动机 M1 启动运转后，电动机 M2 才有可能接通电源运转。在如图 2-30（b）所示的电路中，电动机 M2 通过接插器 X 接在接触器 KM 主触头的下面，因此，只有当 KM 主触头闭合，电动机 M1 启动运转后，电动机 M2 才有可能接通电源运转。平面磨床的砂轮电动机和冷却泵电动机就采用了这种顺序控制的电路。

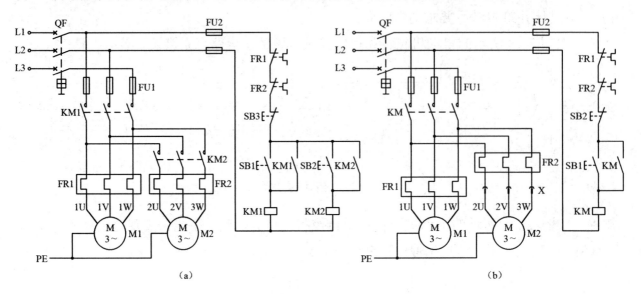

图 2-30　主电路实现两台电动机顺序控制的电路

2. 控制电路实现顺序控制

如图 2-31 所示为控制电路实现两台电动机顺序控制的电路。在这个电路中，SB1 是电动机 M1 的启动按钮；SB2 是电动机 M2 的启动按钮；SB3 是停止按钮。接触器 KM2 的线圈串联在 KM1 常开自锁触头后面。只有当 KM1 线圈得电，KM1 自锁触头闭合后，按下SB2，KM2 线圈才能得电，确保电动机 M2 不能先于电动机 M1 启动。

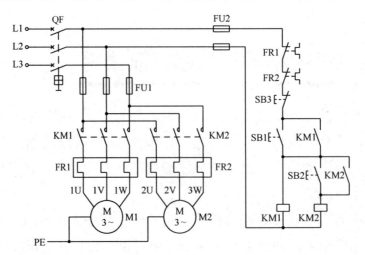

图 2-31　控制电路实现两台电动机顺序控制的电路

以上三种电路的停止操作都是在按下停止按钮后，两台电动机同时停转，所以这三种电路都没有顺序停止功能。在这三种电路中，两个热继电器的常闭触头 FR1、FR2 串接，两台电动机中只要任意一台发生过载现象，两台电动机就都会被断电停转，得到过载保护。

如图 2-32 所示为另外两种实现两台电动机顺序启动、停止控制的电路，也是常用的顺序控制的电路。因为该电路的主电路与图 2-31 的主电路相同，所以将主电路省略未画，只画出了控制电路。

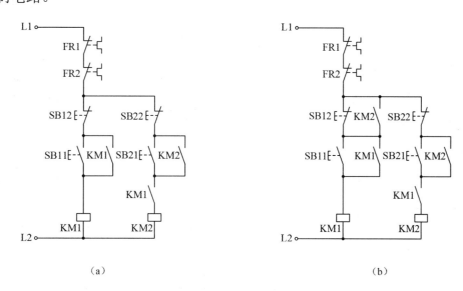

（a）　　　　　　　　　　　　　　　（b）

图 2-32　另外两种实现两台电动机顺序启动、停止控制的电路

如图 2-32（a）所示的电路能实现顺序启动，即电动机 M1 先启动后，电动机 M2 才能启动，可单独让电动机 M2 停转，或者让电动机 M1 和 M2 同时停转。

如图 2-32（b）所示的电路的启动顺序依然是电动机 M1 启动后，电动机 M2 才能启动；但停止顺序是只有电动机 M2 先停转后，电动机 M1 才能停转。因为只要 KM2 线圈通电（电动机 M2 转动），KM2 的常开辅助触头就是闭合的，这时即使按下 SB12，KM1 线圈也不会失电；只有当 KM2 线圈失电时（电动机 M2 停转），KM2 的常开辅助触头才断开，此时按下按钮 SB12 才能使接触器 KM1 线圈失电，电动机 M1 停转。因此这个顺序控制的电路实现了顺序启动、逆序停止。

巩固练习

1. 什么是顺序控制？常见的顺序控制有哪些？顺序控制的应用很多，要求各异，请总结一下各种不同的顺序控制要求，分别是如何实现的？有什么规律可循吗？

2. 请写出如图 2-30、图 2-31、图 2-32 所示的顺序控制的电路的工作原理。

3. 请设计一个控制三台电动机顺序启动、同时停止的电路。如果要求这三台电动机顺序启动、逆序停止，那么应该怎样改变电路？

4. 请设计一个控制线路，可以实现以下控制要求。

（1）电动机 M1 和电动机 M2 可以分别启动和停转。

（2）电动机 M1 和电动机 M2 可以同时启动、同时停转。

（3）当一台电动机发生过载时，两台电动机能同时停转。

5. 请设计一个电动机控制线路，可以实现以下控制要求。

（1）电动机 M1 和电动机 M2 可分别启动。

（2）电动机 M2 停转后，电动机 M1 才可停转。

6. 分析如图 2-33 所示的电路的工作原理，这两个控制电路的顺序功能有什么不同点？

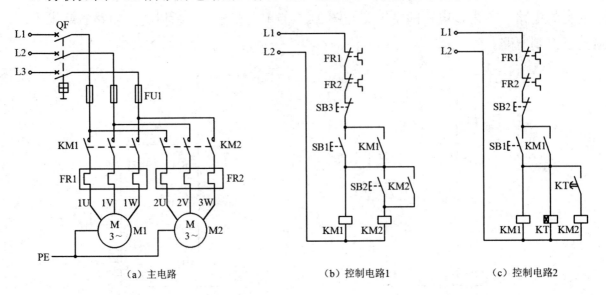

（a）主电路　　　　　　　　（b）控制电路1　　　　　　　　（c）控制电路2

图 2-33　练习题 5 图

7. 如图 2-34 所示为两条传送带运输机的示意图。请按下述要求画出两条传送带运输机的控制电路图。

（1）能满足两条传送带运输机顺序启动、逆序停止的控制要求。

（2）两台电动机都有短路和过载保护，任何一台出现过载故障，两台电动机都会停转。

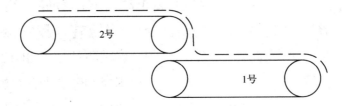

图 2-34　练习题 6 图

8. 分析如图 2-35 所示的控制线路的工作原理，并说明该线路属于哪种顺序控制线路。

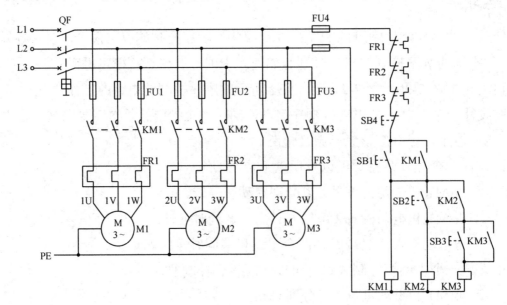

图 2-35　练习题 7 图

9．请设计一个电动机控制线路，控制电动机 M1 和电动机 M2，可以实现以下控制要求。

（1）电动机 M1 启动后，电动机 M2 才能启动。

（2）电动机 M2 要求能用电器实现正转和反转连续控制，并能单独停转。

（3）有短路、过载、欠压保护。

10．请设计一个电动机控制线路，根据电动机 M1 和电动机 M2 可以实现以下控制要求。

（1）电动机 M1 启动后，延时一段时间后电动机 M2 再启动。

（2）电动机 M2 启动后，电动机 M1 立即停转。

2.5 三相异步电动机的多地控制线路

在大型机床设备或比较长的生产线上，为了操作方便，常常要求能在两地对同一台电动机进行操作控制。能够在两地或多地控制同一台电动机称为对电动机的多地控制。

如图 2-36 所示为三地控制线路。

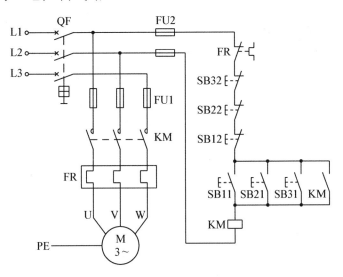

图 2-36 三地控制线路

甲地的启动、停止按钮是 SB11、SB12；乙地的启动、停止按钮是 SB21、SB22；丙地的启动、停止按钮是 SB31、SB32。总结该线路的特点可知，只需把各个操作地点的启动按钮并接、停止按钮串接，即可实现对电动机的多地控制。

巩固练习

1．什么是电动机的多地控制？

2．多地控制的应用很多，请举出几个你了解到的多地控制实例。

3．请写出如图 2-36 所示的三地控制线路的工作原理。

4．多地控制线路的接线特点是什么？

5．请画出能在两地控制同一台电动机正转和反转的电路图。

2.6 三相异步电动机的行程控制线路与工作台自动往返控制线路

许多生产场合需要限制某些运动部件的行程或位置。例如，电梯行驶到一定位置，需要自动停下来；车间里的行车运动到轨道的终端时，需要自动停车。还有些生产机械需要在一定范围内自动往返、循环运行，如万能铣床要求工作台在一定距离内能够自动往返，以便对工件进行连续加工。摇臂钻床、镗床、桥式起重机等设备也有类似的控制要求。

2.6.1 三相异步电动机的行程控制线路

利用生产机械运动部件上的挡铁与行程开关碰撞，使其触头动作来接通或断开电路，实现对生产机械运动部件的行程或位置自动控制的方法称为行程控制，又称位置控制或限位控制。实现这种控制要求所依赖的主要电器是行程开关。

例如，在小车运行轨道的两个终端各安装一个行程开关，将这两个行程开关的常闭触头串接在电动机控制线路中，就可以达到控制行程的目的或者做终端保护之用。

如图 2-37 所示的行程控制线路就是在接触器联锁的正转和反转控制线路的基础上，把行程开关安装在小车应该限位的地方，将行程开关的常闭触头串接在控制电动机正转和反转的接触器线圈支路中。当小车运行到终端位置时，挡铁碰撞到行程开关，行程开关的常闭触头断开，使接触器线圈断电，接触器的主触头和自锁触头断开，电动机停转。

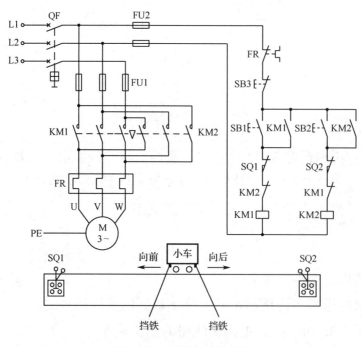

图 2-37 行程控制线路

小车的行程或位置可通过移动行程开关的安装位置来调节。上述线路因为使用了行程开关 SQ1 和 SQ2，所以小车不会超越极限位置，保证了小车能够安全、可靠地运行。

2.6.2　工作台自动往返控制线路

由行程开关控制的工作台自动往返控制线路

有些生产机械需要在一定范围内自动往返，循环运行，以便实现连续加工，提高生产效率，如钻床的刀架、万能铣床和平面磨床的工作台等，这种位置控制称为自动往返控制。三相异步电动机的正转和反转是实现自动往返控制的基本环节。

由行程开关控制的工作台自动往返控制线路如图 2-38 所示。

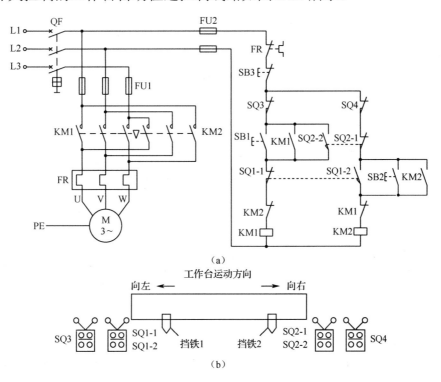

(a)

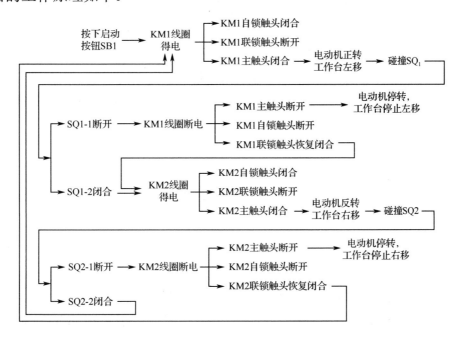

(b)

图 2-38　由行程开关控制的工作台自动往返控制线路

该线路的工作原理如下。

在该线路中，电动机正转时，工作台向左移；电动机反转时，工作台向右移。四个行程开关分别安装在工作台需要限位的地方。其中，SQ1、SQ2 安装在需要工作台自动往返的位置上，用来自动换接电动机正转和反转控制线路，实现工作台的自动往返；SQ3 和 SQ4 用作终端保护，防止当 SQ1、SQ2 失灵时，工作台越过限定位置而造成事故。工作台的行程可通过移动挡铁的位置来调节，拉开两块挡铁之间的距离，工作台行程变短；反之，则变长。

巩固练习

1. 自动往返控制是通过什么装置实现的？其接线特点是什么？

2. 自动往返控制线路与电动机的正转和反转控制线路有何异同？

3. 自动往返控制线路在试运行过程中发现限位开关不起作用，而开关本身无故障，那么可能是什么原因造成的呢？

2.7　三相异步电动机降压启动控制线路

三相异步电动机在启动时，如果在定子绕组上所加的电压为电动机的额定电压，那么这种启动方式称为全压启动或直接启动。电动机全压启动的特点是：控制线路简单，使用元器件较少，维修工作量小。但是电动机在全压启动时，启动电流为额定电流的 4～7 倍。过大的启动电流会造成电网电压大幅度下降，对电动机本身和电网上的其他电气设备都会产生不利影响。因此，有些电动机特别是较大容量的电动机需要采用降压启动。

通常规定当电源容量在 180 kV·A 以上，三相异步电动机容量在 7.5 kW 以下时，可以采用直接启动。一台电动机是否需要采用降压启动，还可以用下面的经验公式来判断：

$$\frac{I_{st}}{I_N} \leqslant \frac{3}{4} + \frac{S}{4P}$$

式中，I_{st} 为电动机全压启动电流，单位为 A；I_N 为电动机的额定电流，单位为 A；S 为电源变压器容量，单位为 kV·A；P 为电动机的功率，单位为 kW。

若计算结果满足上述公式，则可采用全压启动；否则就必须采用降压启动。

例 2.5　一台 190 kW 的三相笼型异步电动机接在容量为 1 000 kV·A 的电网上使用，启动电流为额定电流的 5 倍，请问电动机能否直接启动？

解：

因为：

$$\frac{3}{4} + \frac{S}{4P} = \frac{3}{4} + \frac{1\,000}{4 \times 190} \approx 2.07$$

又因为：

$$\frac{I_{st}}{I_N} = 5$$

比较结果不满足经验公式，所以该电动机不能直接启动，必须采用降压启动。

所谓降压启动，是指利用启动设备将电源电压适当降低后，再加到电动机的定子绕组上进行启动，待启动完毕后，再将电压恢复至额定电压，使电动机正常运行。

因为电动机的转矩与电压的平方成正比，所以降压启动也将导致电动机的启动转矩大为降低。因此，降压启动需要在空载或轻载下进行。

常见的降压启动方式有串联电阻降压启动、自耦变压器降压启动、Y-△降压启动、延边三角形降压启动等。

2.7.1 串联电阻降压启动控制线路

串联电阻降压启动，就是在电动机启动时，把电阻串接在定子绕组与电源之间，通过电阻的分压作用来降低定子绕组上的启动电压。待电动机启动至转速接近额定转速时，再将电阻短接，使电动机在额定电压下正常运行。用来限制启动电流的电阻，称为启动电阻。

1. 接触器控制的串联电阻降压启动控制线路

如图2-39所示为接触器控制的串联电阻降压启动控制线路。

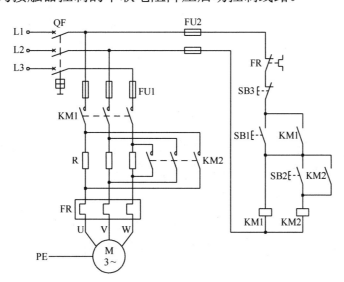

图 2-39　接触器控制的串联电阻降压启动控制线路

在该线路中，SB1为降压启动按钮，SB2为全压运行按钮。该线路的工作原理如下。

启动：

停止：按下SB3，KM1、KM2线圈失电，KM1、KM2主触头断开，电动机停转。

在该线路中，当主电路中的KM1主触头闭合、KM2主触头断开时，电动机处于串联电阻R降压启动状态；当KM1和KM2的主触头同时闭合时，启动电阻R被KM2的主触头短接，电动机进入全压运行状态。另外，该线路还具有顺序控制功能，只有当KM1线圈得电后，KM2 线圈才能得电，KM2 线圈不能先于 KM1 线圈得电，即该线路首先进入串联电阻降压启动状态，然后才能进入全压运行状态。这就达到了降压启动、全压运行的目的。

这种控制线路需要手动控制启动过程，对操作要求较高，既不方便，又不可靠。如果将启动电阻的短接时间改为用时间继电器自动控制，那么就解决了人工操作带来的问题。

2．时间继电器自动控制的串联电阻降压启动控制线路

如图 2-40 所示为时间继电器自动控制的串联电阻降压启动控制线路。

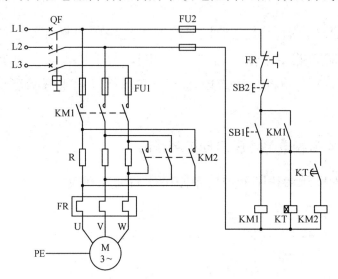

图 2-40　时间继电器自动控制的串联电阻降压启动控制线路

该线路增加了一个时间继电器 KT，用 KT 的延时闭合常开触头代替了如图 2-39 所示的控制线路中的全压运行按钮。启动时只需按下降压启动 SB1，电路即可首先进入串联电阻降压启动状态，经一定时间的延时后，自动切换至全压运行状态。

启动时长由时间继电器 KT 控制，只需事先将时间继电器的动作时间根据电动机的启动时间要求调整好，电动机由降压启动切换到全压运行的过程就实现了自动控制。

启动：

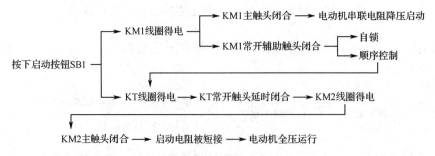

停止：按下停止按钮 SB2，两个接触器和时间继电器的线圈同时失电，电动机停转。

该线路克服了人工操作带来的缺点，但是在电动机的运行过程中，两个接触器和时间继电器均处于长期通电状态，降低了线路的可靠性，电能消耗也比较大。

例 2.6　试分析如图 2-41 所示的控制线路。请问该线路能否实现电动机串联电阻降压启动？在进入全压运行状态后，能否仅依靠接触器 KM2 通电工作？若不能，应如何改造？

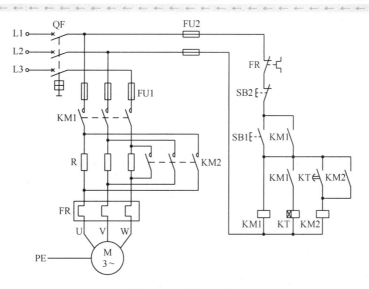

图 2-41　例 2.6 图

解：

该线路能实现电动机串联电阻降压启动。但在进入全压运行状态后，不能仅依靠接触器 KM2 通电工作。因为在主电路中，如果只有 KM2 的主触头闭合，KM1 的主触头断开，那么电动机将无法通电。在控制电路中，缺少当 KM2 线圈得电后即令 KM1 线圈失电的控制环节。此外，在控制电路中，如果 KM1 线圈失电，KM1 的常开辅助触头断开，那么 KM2 线圈也将无法得电。该线路若想实现在进入全压运行状态后，仅依靠接触器 KM2 通电工作，那么须做如下改造。

（1）在主电路中，要想使电动机仅依靠接触器 KM2 主触头来进行全压运行，那么 KM2 主触头应当并接到 KM1 主触头上端和启动电阻 R 下端。

（2）为使 KM2 线圈得电后 KM1 线圈失电，就必须在 KM1 支路中串接接触器 KM2 的常闭辅助触头。

（3）要使 KM2 线圈长时间保持得电状态，KM2 自锁触头应并接到启动按钮 SB1 上端和时间继电器 KT 的延时闭合常开触头 KT 下端。改造后的线路如图 2-42 所示。

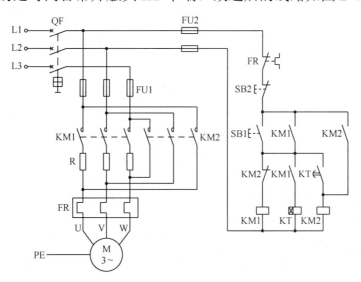

图 2-42　改造后的线路

该线路的控制原理如下。

启动：

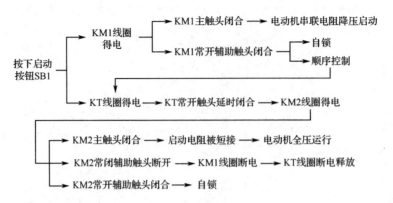

停止：按下 SB2，KM2 各触头复位，电动机停转。

线路改造后，在主电路中，当 KM1 主触头闭合、KM2 主触头断开时，电动机串联电阻降压启动；当 KM2 主触头闭合、KM1 主触头断开时，电动机进入全压运行状态。

电动机进入全压运行状态后，只有接触器 KM2 得电工作，接触器 KM1 和时间继电器 KT 均不工作。这样就大大提高了电路的可靠性，减少了耗电量，提高了元件的使用寿命。

3. 自动与手动控制的串联电阻降压启动控制线路

如图 2-43 所示为自动与手动控制的串联电阻降压启动控制线路。

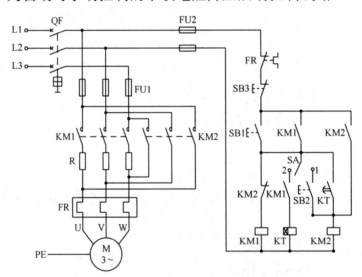

图 2-43　自动与手动控制的串联电阻降压启动控制线路

该线路的工作原理如下。

采用手动控制时，将组合开关 SA 旋转至"1"的位置。

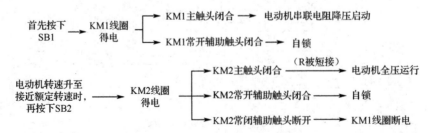

采用自动控制时，将组合开关 SA 旋转至"2"的位置。

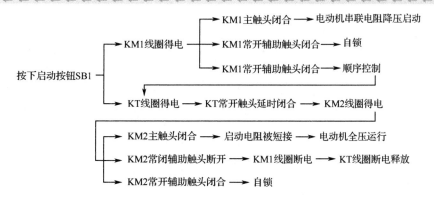

该线路可以在自动控制失效时，通过手动操作，使电动机从串联电阻降压启动状态进入正常运行状态。接触器 KM1 和时间继电器 KT 的线圈只在降压启动时得电，而在全压运行时，只有接触器 KM2 长期得电，提高了电路的可靠性。

启动电阻一般采用 ZX1、ZX2 系列铸铁电阻，因为铸铁电阻能够通过较大电流，而且功率较大。启动电阻 R 的阻值 R（Ω）可按下列近似公式确定：

$$R=190\times\frac{I_{st}-I'_{st}}{I_{st}I'_{st}}$$

式中，

R ——电动机每相串接的启动电阻值，单位为 Ω；

I_{st} ——电动机全压启动电流，单位为 A，一般 I_{st}=（4～7）I_N，I_N 为电动机额定电流；

I'_{st}——串联电阻后的启动电流，单位为 A，一般 I'_{st}=（2～3）I_N。

电阻的功率可用公式 $P=I_N^2R$ 计算。因为启动电阻 R 仅在启动过程中接入，且启动时间很短，所以实际选用的电阻功率可比计算值小 3～4 倍。

例 2.7　某台三相笼型异步电动机，功率为 22 kW，额定电压为 380 V，额定电流为 44.3 A。请计算每相应串联多大的启动电阻来进行降压启动？

解：

因为一般 I_{st}=（4～7）I_N，I'_{st}=（2～3）I_N

若选取：

$$I_{st}=6I_N$$

$$I'_{st}=2I_N$$

则启动电阻的阻值为：

$$R=190\times\frac{I_{st}-I'_{st}}{I_{st}I'_{st}}=190\times\frac{6I_N-2I_N}{6I_N\cdot 2I_N}=190\times\frac{4I_N}{12I_N^2}=190\times\frac{1}{3I_N}=\frac{190}{3\times44.3}\approx1.43\ （Ω）$$

因为实际选用的电阻功率比计算值小 3～4 倍，所以启动电阻的功率为：

$$P=\frac{1}{3}I_N^2R=\frac{1}{3}\times44.3^2\times1.43\approx935\ （W）$$

串联电阻降压启动的缺点是：采用启动电阻使控制箱体积大为增加，降低了电动机的启动转矩，而且每次启动时在电阻上的功率损耗较大，若启动频繁，则电阻的温升很高，对于精密机床不宜使用。因此，目前这种降压启动的方法在实际生产中的应用正在逐步减少。

2.7.2　自耦变压器降压启动控制线路

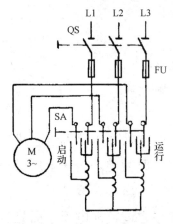

图 2-44　自耦变压器降压
启动控制线路

自耦变压器（补偿器）降压启动是利用自耦变压器来降低启动时电动机定子绕组电压，以达到限制启动电流的目的。

自耦变压器降压启动控制线路如图 2-44 所示。

启动时，转换开关 SA 旋转至"启动"位置，电动机的定子绕组与自耦变压器的低压绕组一侧连接，电动机降压启动，待转速上升到一定值时，再将转换开关 SA 旋转至"运行"位置，这时自耦变压器被切除，电动机全压运行。自耦变压器降压启动常采用一种叫作自耦减压启动器（又称启动补偿器）的控制设备来实现。自耦变压器降压启动控制线路有手动控制与自动控制两种。

1. 手动控制

手动控制所采用的补偿器有 QJ3、QJ5 型。该补偿器主要由自耦变压器、触头系统、保护装置和操作机构等部分构成。如图 2-45 所示为 QJ3 型启动补偿器的结构与降压启动控制线路。

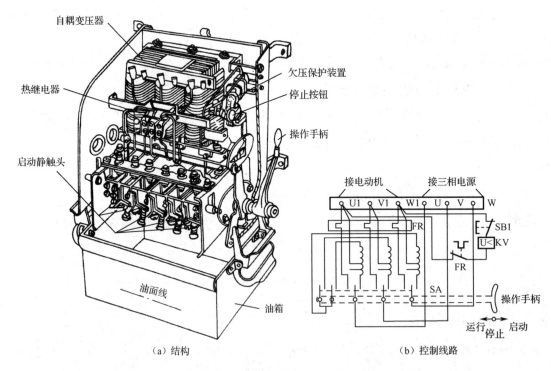

（a）结构　　　　　　　（b）控制线路

图 2-45　QJ3 型启动补偿器的结构与降压启动控制线路

自耦变压器的抽头有两种电压可供选择，分别是电源电压的 65% 和 80%（出厂时接在 65% 的抽头上），可根据电动机的负载大小适当选择。

保护装置有过载保护和欠压保护。过载保护采用的是双金属片式热继电器，在室温 35 ℃的环境下，当电流增加到额定值的 1.2 倍时，双金属片式热继电器动作，其常闭触头断开，使 KV 线圈断电，补偿器跳闸，保护电动机避免因过载而损坏。

欠压保护由欠压继电器 KV 完成，其线圈跨接在两相电源间，当电源电压降低到一定值时，衔铁跌落，通过机械机构使补偿器跳闸，保护电动机不因电压太低而烧坏。当电源突然断电时，也会使补偿器跳闸，防止电源恢复供电时，电动机自行全压启动。

触头系统包括两排静触头和一排动触头，均安装在补偿器的下部，浸没在绝缘油内。绝缘油的作用是熄灭触头断开时产生的电弧。上面一排触头称为启动静触头，共有 5 个，其中 3 个静触头在启动时与动触头接触，另外 2 个静触头在启动时将自耦变压器的三相绕组接成星形；下面一排触头称为运行静触头，只有 3 个；中间一排称为动触头，共有 5 个，其中 3 个用软金属带连接板上的三相电源，另外 2 个自行接通。

QJ3 型启动补偿器的工作原理：启动时将手柄旋转至"启动"位置，电动机的定子绕组连接自耦变压器的低压绕组一侧，电动机降压启动，当转速上升到一定值时，将手柄旋转至"运行"位置，电动机的定子绕组直接同三相电源连接，自耦变压器被切除，电动机全压运行。若要停转，只需将手柄旋转至"停止"位置，电动机即可断电停转。

2．接触器控制的自耦变压器降压启动控制线路

如图 2-46 所示为接触器控制的自耦变压器降压启动控制线路。其主电路采用了三组接触器的主触头 KM1、KM2 和 KM3。当 KM1 和 KM2 闭合，而 KM3 断开时，电动机的定子绕组连接自耦变压器的低压绕组一侧降压启动；当 KM1 和 KM2 断开，而 KM3 闭合时，电动机全压运行。

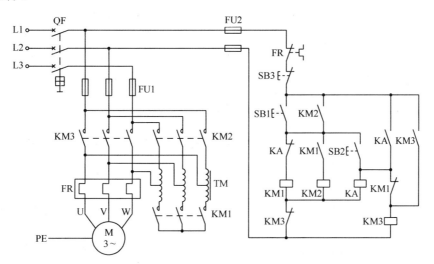

图 2-46　接触器控制的自耦变压器降压启动控制线路

该线路中的辅助电路采用了 3 个交流接触器 KM1、KM2、KM3 和一个中间继电器 KA、启动按钮 SB1、升压按钮 SB2、停止按钮 SB3。实现降压启动，其控制过程如下。

当转速达到一定值时：

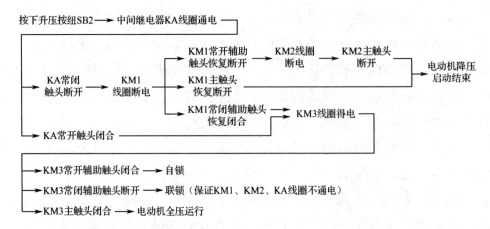

停转操作时，只需按下停止按钮 SB3 即可。此控制线路具有以下特点。

（1）如果发生误操作，在没有按下 SB1 按钮的情况下，直接按下升压按钮 SB2，KM3 线圈不会失电，电动机 M 不会全压启动。

（2）如果接触器 KM3 出现线圈断线或机械卡住的情况使其触头无法动作时，电动机也不会长期低压运行，因为一旦按下 SB2 按钮，中间继电器 KA 就得电工作，KA 常闭触头断开，必然使 KM1 线圈失电，KM1 常开辅助触头断开，KM2 线圈也会失电，降压启动结束。

（3）该线路的缺点：每次启动需按两次按钮，并且两次按下按钮的时间间隔不容易掌握，即降压启动时间的长短不准确。如果采用时间继电器来代替人工操作，自动控制降压启动时间的长短，上述缺点就不存在了。

3．时间继电器控制的自耦减压启动箱降压启动控制线路

如图 2-47 所示为 XJ01 型自耦减压启动箱降压启动控制线路。

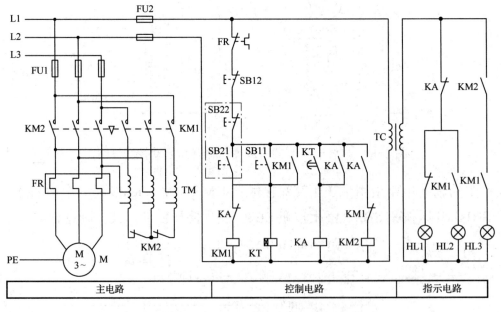

图 2-47　XJ01 型自耦减压启动箱降压启动控制线路

该线路由主电路、控制电路和指示电路三部分组成。

主电路：当接触器 KM1 得电工作，而接触器 KM2 不工作时，电动机进入降压启动状态；当接触器 KM2 得电工作，而接触器 KM1 不工作时，电动机进入全压运行状态。

控制电路：控制电路由两台接触器 KM1 和 KM2、时间继电器 KT、中间继电器 KA、启动按钮 SB11 和 SB21、停止按钮 SB12 和 SB22 组成。两个启动按钮并联，两个停止按钮串联，构成了两地控制功能。SB11、SB12 组成了甲地控制的启动、停止按钮；SB21、SB22（虚线框中）组成了乙地控制的启动、停止按钮。

指示电路：指示电路包括指示灯电源变压器 TC、接触器 KM 的常开触头和常闭触头，接触器 KM2 的常开触头和中间继电器 KA 的常闭触头。指示灯 HL1 亮，表示控制线路已接通电源，处于准备工作状态；指示灯 HL2 亮，表示控制线路已进入降压启动状态；指示灯 HL3 亮，表示控制线路已进入全压运行状态。

XJ01 型自耦减压启动箱的工作原理：闭合电源开关，指示灯电源变压器 TC 有电，指示灯 HL1 亮，表示电源接通（电路处于启动准备状态），但是电动机不转。

启动：

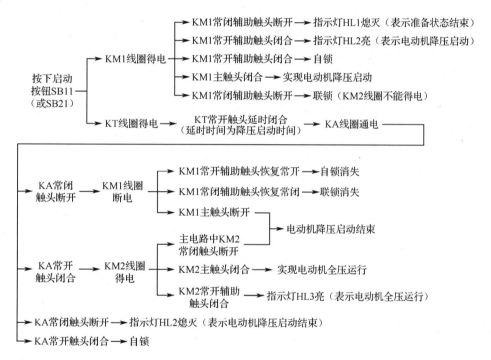

停止：按下停止按钮 SB12 或 SB22。

采用自耦变压器降压启动比采用定子绕组串联电阻降压启动效果好，在启动转矩相等的情况下，自耦变压器降压启动从电网吸收的电流小，功率损耗小。但是自耦变压器比电阻器结构复杂，价格较高，且自耦变压器的线圈是按短时得电设计的，因此只允许连续启动两次。自耦变压器有多个抽头，可获得不同的电压变化，供用户在使用过程中选择，该方法比 Y-△ 降压启动方式的启动电流、启动转矩选择灵活。

这种启动方式通常用来启动大型的和具有特殊用途的电动机，以减小启动电流对电网的影响，在机床上应用较少。

2.7.3　Y-△降压启动控制线路

Y-△降压启动用于正常运行时定子绕组为△（三角形）连接的三相笼型异步电动机，且其三相定子绕组应由6个接线端子引出。启动时，将定子绕组接成Y（星形），这时定子绕组的相电压为电动机额定电压的$\frac{1}{\sqrt{3}}$倍，待转速达到一定值后，再将定子绕组换接成△（三角形），此时定子绕组的相电压为电动机的额定电压，电动机进入全压正常运行状态。

1. 手动 Y-△降压启动

如图2-48所示为QX1型手动空气式Y-△降压启动器的外形结构图、接线图和触头分合表。

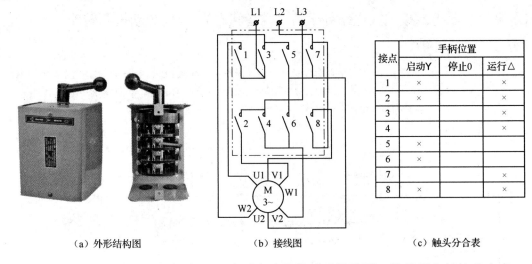

| （a）外形结构图 | （b）接线图 | （c）触头分合表 |

图2-48　QX1型手动空气式Y-△降压启动器的外形结构图、接线图和触头分合表

QX1型手动空气式Y-△降压启动器的启动过程：当手柄旋转至"0"位置时，8对触头都断开，电动机失电不运行；当手柄旋转至"Y"位置时，1、2、5、6、8触头闭合，3、4、7触头分断，U1、V1、W1分别通过触头1、8、2接三相电源L1、L2、L3，而W2、U2、V2则通过触头5、6连接在一起，定子绕组接成Y降压启动；当转速上升到一定值时，将手柄旋转至"△"位置，这时1、2、3、4、7、8触头闭合，U1W2通过触头1、3相连，V1U2通过触头7、8相连、W1V2通过触头2、4相连，电动机的定子绕组接成△全压运行。

2. 接触器控制的 Y-△降压启动控制线路

如图2-49所示为接触器控制的Y-△降压启动控制线路。图中SB1为降压启动按钮，SB2为全压运行按钮，SB3为停止按钮。主电路采用两组接触器主触头KM$_Y$、KM$_△$，当KM$_Y$主触头闭合而KM$_△$主触头断开时，电动机的定子绕组接成星形降压启动；启动完毕后，KM$_Y$主触头先断开，KM$_△$主触头再闭合，电动机的定子绕组接成三角形全压运行。

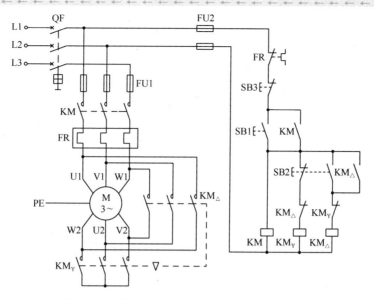

图 2-49　接触器控制的 Y-△降压启动控制线路

该线路的控制原理如下。

电动机 Y 接法降压启动：

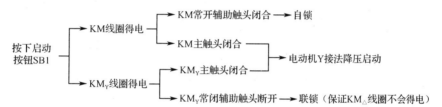

当转速上升一定值时：

KM$_Y$、KM$_△$的主触头不能同时闭合，否则会出现短路故障，因此设置了联锁环节。

停止：按下停止按钮 SB3，接触器 KM 和 KM$_△$的线圈失电，触头复位，电动机停转。

该线路在操作时需要两次按下按钮，而且不方便、不准确。为了能及时、准确地从星形启动状态切换到三角形运行状态，可以采用由时间继电器控制的 Y-△降压启动控制线路。

3. 时间继电器控制的 Y-△降压启动控制线路

如图 2-50 所示为时间继电器控制的 Y-△降压启动控制线路。

在启动按钮 SB1 线路中所串联的 KM$_△$常闭触头的作用如下。

（1）当电动机全压运行后，接触器 KM$_△$已吸合，KM$_△$常闭辅助触头断开，如果此时误按下 SB1，由于 KM$_△$常闭辅助触头已断开，能防止 KM$_Y$线圈再得电，从而避免了短路故障。

（2）在电动机停转后，如果接触器 KM$_△$的主触头因故熔焊在一起或因机械故障而没有断开，又因串接了 KM$_△$常闭辅助触头，那么电动机不会再次启动，目的是防止短路发生。

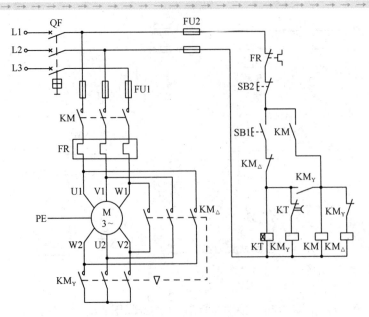

图 2-50　时间继电器控制的 Y-△ 降压启动控制线路

该线路的启动过程如下。

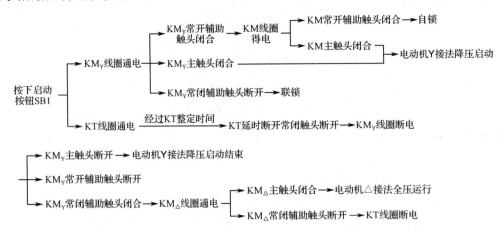

启动完毕后，进入全压运行状态时，时间继电器 KT、接触器 KM_Y 均不再得电，只有接触器 KM 全程工作。

三相笼型异步电动机采用 Y-△ 降压启动方式，可以在不增加专用启动设备的条件下实现降压启动，其优点是简单、方便，并可实现自动控制。

采用 Y-△ 降压启动方式的缺点：当定子绕组接成 Y 时，定子每相绕组上的电压是额定电压的 $\dfrac{1}{\sqrt{3}}$，星形启动的线电流是三角形直接启动的线电流的 $\dfrac{1}{3}$，达到了降压启动的目的，但是启动转矩也降低为全压运行时的 $\dfrac{1}{3}$，故只适用于空载或轻载启动。

目前，市场上有时间继电器控制的 Y-△ 降压启动控制线路的定型产品，这些自动启动器有 QX1、QX3、QX4 和 QX10 四种常用系列。如图 2-51 所示为 QX3-13 型 Y-△ 自动启动器的外形结构图和控制线路，该线路的工作原理用户可自行分析。

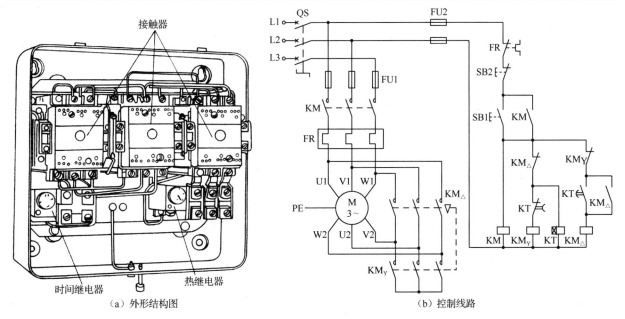

图 2-51　QX3-13 型 Y-△自动启动器的外形结构图和控制线路

2.7.4　延边三角形降压启动控制线路

为了克服 Y-△降压启动时启动转矩小的缺点，可以采用延边三角形降压启动方式。

延边三角形降压启动控制线路适用于定子绕组为特殊设计的三相异步电动机，这种电动机的三相定子绕组多了一组中心抽头 V3、U3、W3。启动时，三相定子绕组的一部分接成三角形，另一部分接成星形，使定子绕组接成延边三角形。

如图 2-52 所示为延边三角形接法的电动机定子绕组。其中如图 2-52（b）所示的定子绕组，每相绕组所承受的电压比三角形接法时的相电压要低，比星形接法时的相电压要高，介于 220～380 V，因此启动转矩也大于星形启动时的启动转矩。

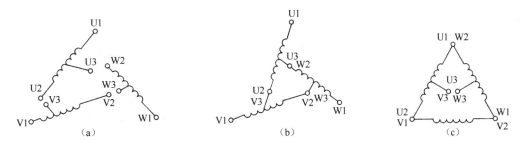

图 2-52　延边三角形接法的电动机定子绕组

1. 延边三角形降压启动控制线路的原理

采用延边三角形降压启动方式，其启动电压、启动电流、启动转矩的大小取决于每相定子绕组的两部分阻抗的比值——定子绕组的抽头比。

2. 时间继电器自动控制的延边三角形降压启动控制线路

如图 2-53 所示为时间继电器自动控制的延边三角形降压启动控制线路。该线路中，主电路采用三组接触器的主触头，KM1 全程工作，其主触头起到接通电源的作用。当 KM3 主触头闭合而 KM2 主触头断开时，电动机的定子绕组接成延边三角形降压启动；启动完毕后，KM3 主触头先断开，KM2 主触头再闭合，电动机的定子绕组接成三角形全压运行。

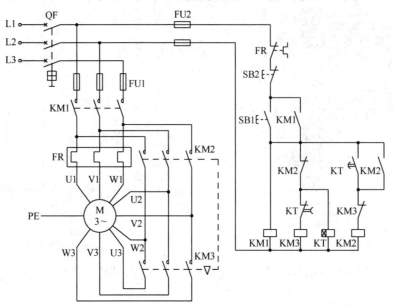

图 2-53   时间继电器自动控制的延边三角形降压启动控制线路

巩固练习

1．什么是降压启动？常见的降压启动方式有哪几种？

2．如图 2-54 所示为定子绕组串接电阻降压启动的两个主电路，请分析比较两个主电路的接线有何不同？在启动和工作过程中有何区别？

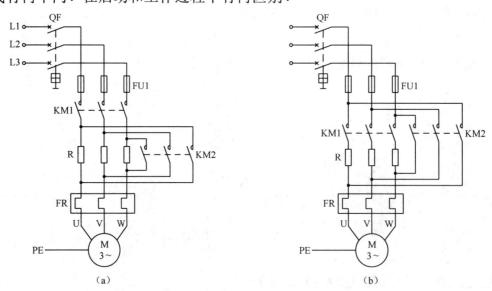

图 2-54   练习题 2 图

3．在如图 2-39 所示的接触器控制的串联电阻降压启动控制线路中，当电动机进入全压运行状态后，各接触器的工作状态如何？你能否将该线路改进一下，使之当电动机进入全压运行状态后，只依靠接触器 KM2 工作？请画出电路图。

4．如图 2-55 所示的电路能否正常实现串联电阻降压启动？若不能，请说明原因并加以改进。

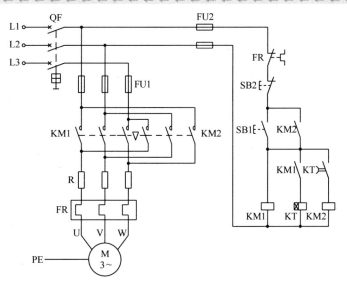

图 2-55　练习题 4 图

5. 如图 2-56 所示为正转和反转串联电阻降压启动控制线路，请分析并叙述其工作原理。

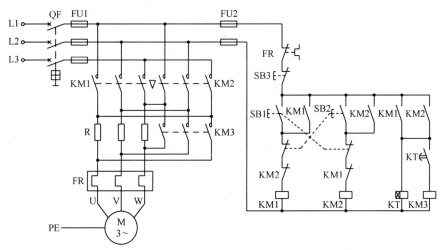

图 2-56　练习题 5 图

6. 如图 2-57 所示为 Y-△降压启动控制线路，图中有哪些地方画错了？请改正。

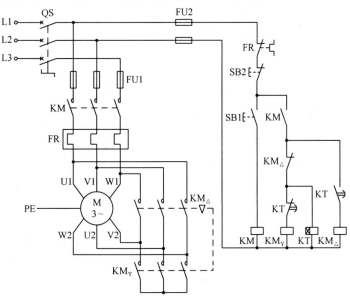

图 2-57　练习题 6 图

7. 一台功率为 20 kW 的三相笼型异步电动机，额定电压为 380 V，额定电流为 38.4 A。请问各相应串联多大的启动电阻进行降压启动？

8. 三相笼型异步电动机采用 Y-△降压启动方式时，其启动电压、启动电流和启动转矩分别是正常工作时的多少倍？

2.8　三相绕线转子异步电动机的基本控制线路

三相绕线转子异步电动机的转子绕组为绕线式，它的优点是可以通过滑环在转子绕组中串接电阻来改善电动机的机械特性，从而达到减小启动电流、增大启动转矩及调节转速的目的。在要求启动转矩较大又有一定调速要求的场合，如起重机、卷扬机等，常采用三相绕线转子异步电动机拖动。

三相绕线转子异步电动机在转子回路中串接的启动电阻一般都接成 Y 形，启动开始时，为了减小启动电流并保持较高的启动转矩，需要将启动电阻全部接入。随着电动机转速的升高，启动电阻被逐段短接（切除），启动完毕时，启动电阻被全部短接（切除），电动机进入正常运行状态。本节将介绍几种常用的三相绕线转子异步电动机启动控制线路。

2.8.1　转子绕组串电阻启动控制线路

1. 时间继电器自动控制短接启动电阻的控制线路

如图 2-58 所示为时间继电器自动控制短接启动电阻的控制线路。

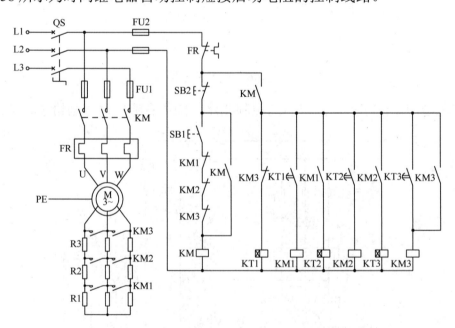

图 2-58　时间继电器自动控制短接启动电阻的控制线路

该线路利用三个时间继电器和三个接触器的相互配合来依次自动切除转子绕组中的三级电阻。若电动机转子绕组中串接的外加电阻在每段切除前和切除后，三相电阻始终是对称的，则称为三相对称电阻器；若启动时串入的全部三相电阻是不对称的，且每段切除后三相仍不对称，则称为三相不对称电阻器。该线路的控制原理如下。

闭合电源开关 QS。

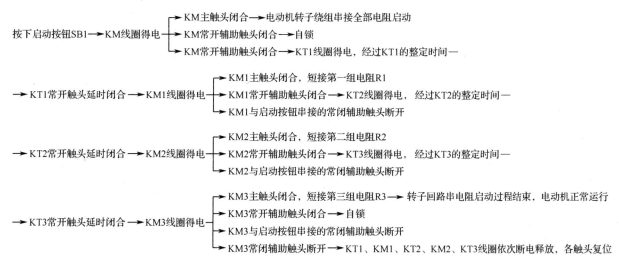

按下启动按钮SB1→KM线圈得电
→ KM主触头闭合→电动机转子绕组串接全部电阻启动
→ KM常开辅助触头闭合→自锁
→ KM常开辅助触头闭合→KT1线圈得电，经过KT1的整定时间—

→ KT1常开触头延时闭合→KM1线圈得电
→ KM1主触头闭合，短接第一组电阻R1
→ KM1常开辅助触头闭合→KT2线圈得电，经过KT2的整定时间—
→ KM1与启动按钮串接的常闭辅助触头断开

→ KT2常开触头延时闭合→KM2线圈得电
→ KM2主触头闭合，短接第二组电阻R2
→ KM2常开辅助触头闭合→KT3线圈得电，经过KT3的整定时间—
→ KM2与启动按钮串接的常闭辅助触头断开

→ KT3常开触头延时闭合→KM3线圈得电
→ KM3主触头闭合，短接第三组电阻R3→转子回路串电阻启动过程结束，电动机正常运行
→ KM3常开辅助触头闭合→自锁
→ KM3与启动按钮串接的常闭辅助触头断开
→ KM3常闭辅助触头断开→KT1、KM1、KT2、KM2、KT3线圈依次断电释放，各触头复位

在该线路中，与启动按钮串接的 KM1、KM2、KM3 常闭触头的作用是保证电动机转子回路串入全部启动电阻才能启动。该线路只有接触器 KM 和 KM3 长期通电工作，而接触器 KM1、KM2 和时间继电器 KT1、KT2、KT3 只在电动机启动阶段通电。

2．电流继电器自动控制转子绕组串电阻启动控制线路

三相绕线转子异步电动机刚启动时转子电流较大，随着电动机转速的提高，转子电流逐渐减小，根据这一特性，可以利用电流继电器自动控制接触器动作，来逐级切除转子回路中所串接的电阻。电流继电器自动控制转子绕组串电阻启动控制线路如图 2-59 所示。

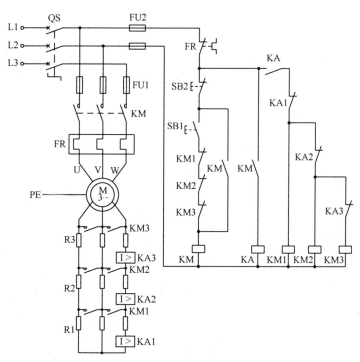

图 2-59　电流继电器自动控制转子绕组串电阻启动控制线路

三个过电流继电器 KA1、KA2 和 KA3 的线圈串接在转子回路中，它们的吸合电流都

一样，但释放电流不同，KA1 最大，KA2 次之，KA3 最小，从而能根据转子电流的变化控制接触器 KM1、KM2、KM3 依次动作，逐级切除启动电阻。该线路的控制原理如下。

闭合电源开关 QS。

```
                           ┌─►KM常开辅助触头闭合─►KA线圈得电─►KA常开触头闭合─►为KM1、KM2、KM3线圈得电做准备
按下SB1─►KM线圈得电────────┤─►KM常开辅助触头闭合─►自锁
                           └─►KM主触头闭合─►电动机转子绕组串接全部电阻启动
```

启动时转子电流较大，三个过电流继电器均吸合，其常闭触头均断开，使KM1、KM2、KM3线圈都不能得电，随着电动机转速的升高，转子电流逐渐减小，当减小至 KA1 的释放电流时，KA1 首先释放

```
─►KA1常闭触头恢复闭合─►KM1线圈得电─┬─►KM1与启动按钮串接的常闭辅助触头断开
                                   └─►KM1主触头闭合，短接第一组电阻R1
```

R1被切除后，转子电流重新增大，但随着电动机转速继续升高，转子电流又会减小，减小至KA2的释放电流时，

```
KA2释放─►KA2常闭触头恢复闭合─►KM2线圈得电─┬─►KM2与启动按钮串接的常闭辅助触头断开
                                          └─►KM2主触头闭合，短接第二组电阻R2
```

R2被切除后，转子电流重新增大，但随着电动机转速继续升高，转子电流又会减小，减小至KA3的释放电流时，

```
KA3释放─►KA3常闭触头恢复闭合─►KM3线圈得电─┬─►KM3与启动按钮串接的常闭辅助触头断开
                                          └─►KM3主触头闭合，短接第三组电阻R3
```

─►转子回路串电阻启动过程结束，电动机正常运行。

中间继电器 KA 的作用是保证电动机开始启动时，转子回路中串入了全部电阻。因为刚启动时，转子电流由零增大到最大值需要一定的时间，这样有可能三个电流继电器还未动作，三个接触器就已经吸合，造成电阻 R1、R2、R3 被短接，电动机直接启动。接入中间继电器 KA 后，启动时由 KA 的常开触头断开了 KM1、KM2、KM3 线圈的通电回路，保证了启动时转子回路串入全部电阻。

2.8.2 凸轮控制器控制的绕线转子异步电动机串电阻启动控制线路

凸轮控制器是利用凸轮来操作动触头动作的控制器，主要用于控制容量不大于 30 kW 的中小型绕线转子异步电动机的启动、调速及正转和反转，在桥式起重机等设备中被广泛采用。

1. 凸轮控制器的结构和工作原理

常用的凸轮控制器有 KTJ1、KTJ15、KT10、KT14、KT15 等系列产品。它主要由手轮（或手柄）、触头系统、转轴、凸轮和外壳等部分组成。触头共有 12 对，包括 9 对常开、3 对常闭。其中，4 对常开主触头接在主电路中，用于控制电动机的正转和反转，配有石棉水泥制成的灭弧罩，其余 8 对辅助触头用于控制线路，不带灭弧罩。

当手轮转到不同位置时，有不同的触头闭合或断开，以控制电动机不同的工作状态。凸轮控制器的外形如图 2-60（a）所示。凸轮控制器的触头分合情况通常用触头分合表来表示，如图 2-60（b）所示，各触头在手轮处于某一位置时的接通状态用符号"×"标记，无此符号则表示触头是分断的。例如，当手轮处于正转"3"的位置时，SA1、SA3、XZ1、XZ2、SA5 触头闭合，其余触头均断开。

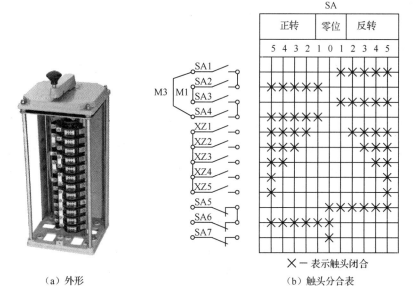

（a）外形　　　　　（b）触头分合表

图 2-60　凸轮控制器的外形及触头分合表

从触头分合表中可以看出：此凸轮控制器的手轮共有 11 个位置，在中间"零位"，电动机不动作，其左、右各有 5 个位置表示正转和反转时触头的分合状态。

4 对常开主触头 SA1～SA4 用于完成电动机正转和反转；5 对常开辅助触头 XZ1～XZ5 用于切除启动电阻；3 对常闭辅助触头 SA5～SA7 用于控制线路。

2. 凸轮控制器控制的绕线转子异步电动机转子串电阻启动控制线路

凸轮控制器控制的绕线转子异步电动机转子串电阻启动控制线路如图 2-61 所示。

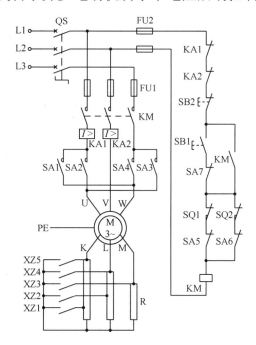

图 2-61　凸轮控制器控制的绕线转子异步电动机转子串电阻启动控制线路

正转控制过程如下。

（1）闭合开关 QS，将凸轮控制器 SA 的手柄置于"0"位，这时 SA5、SA6、SA7 三对触头处于闭合状态，为控制线路的接通做好准备。

（2）按下启动按钮 SB1，接触器 KM 线圈得电，主电路中 KM 主触头闭合，为电动机电源电路的接通做好准备，同时控制线路中的 KM 辅助触头闭合自锁。

（3）将 SA 手柄扳至正转"1"位置，此时凸轮控制器的 SA2、SA4、SA6 触头是闭合的，SA2、SA4 使电动机所接三相电源相序为 L1—U、L2—V、L3—W，电动机转子绕组接入全部电阻正转启动运行。此时转子绕组串接电阻较大，启动电流、启动转矩均较小，若电动机负载较重，则不能启动，但可以起到消除传动齿轮间隙和拉紧钢丝绳的作用。

（4）将 SA 手柄扳到正转"2"位置，这时 XZ1 触头又闭合，转子绕组有一段电阻被切除，电动机转矩增加，转速上升。

（5）将 SA 手柄依次扳到正转"3"和"4"位置，先后又有 XZ2、XZ3 触头闭合，转子绕组中的电阻再次被不对称短接，电动机再次加速。

（6）最后，将 SA 手柄扳到正转"5"位置，又有 XZ4 和 XZ5 两对触头闭合，转子绕组所串联电阻全部被切除，电动机启动完毕，进入正常运行状态。

反转控制过程如下。

将 SA 手柄扳到反转"1～5"位置，SA1、SA3 闭合，SA2、SA4 断开，接入电动机的三相电源相序改变，电动机反转启动运行，反转的控制过程与正转相似。

需要将电动机停转时，只需按下停止按钮 SB2，使接触器 KM 线圈断电，KM 的主触头断开，电动机即可切断电源停转。

凸轮控制器接在辅助电路中 SA5、SA6、SA7 触头的作用很明显，可以保证电动机转子绕组在接入全部电阻的情况下才能启动。因为只有凸轮控制器的手柄置于"0"位时，这三对触头才是全部闭合的，按下启动按钮 SB1，才能使接触器 KM 线圈得电动作，避免了电动机在转子回路不串接启动电阻的情况下直接启动，同时也防止了因误操作而按下启动按钮 SB1，使电动机突然快速运转而发生事故。

2.8.3 转子绕组串频敏变阻器启动控制线路

三相绕线转子异步电动机转子绕组串联电阻启动所用的设备投资大，维修不方便，并且在逐级切除电阻的过程中，会产生一定的机械冲击。因此，在工矿企业中对于不频繁启动的设备，广泛采用频敏变阻器代替启动电阻来控制绕线转子异步电动机的启动。

频敏变阻器是一种等值阻抗随频率降低而减小的变阻器，它实质上是一个铁芯损耗非常大的三相电抗器，主要由铁芯和绕组两部分构成。

在电动机启动时，将频敏变阻器串接在转子绕组中，因为频敏变阻器的等值阻抗随转子电流频率的减小而减小，所以可以达到自动变阻的目的。因此，只需用一级频敏变阻器就可以平稳地把电动机启动起来，启动完毕短接频敏变阻器即可。

常用的频敏变阻器有 BP1、BP2、BP3、BP4、BP6 等系列。频敏变阻器的外形如图 2-62（a）所示，转子绕组串频敏变阻器启动控制线路如图 2-62（b）所示。该线路的优点是：启动性能好，无电流和机械冲击，结构简单，价格低，维护方便。但由于功率因数较低，启动转矩较小，一般不适用于重载启动的场合。

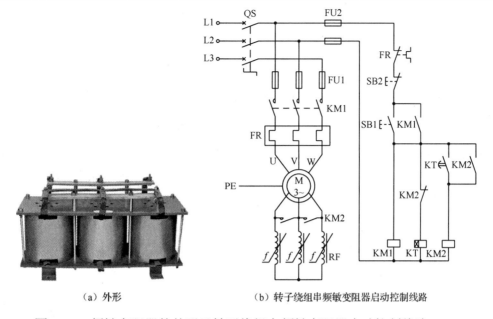

（a）外形　　　　　（b）转子绕组串频敏变阻器启动控制线路

图 2-62　频敏变阻器的外形及转子绕组串频敏变阻器启动控制线路

巩固练习

1．绕线转子异步电动机主要有哪些特点？适用于什么场合？

2．如图 2-63 所示为绕线转子异步电动机转子串联电阻启动控制线路的主电路，请补画出时间继电器自动控制的控制电路，并叙述其工作原理。

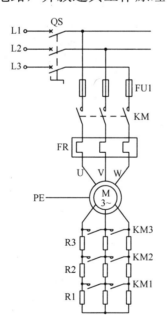

图 2-63　练习题 2 图

3．简述图 2-62 中转子绕组串频敏变阻器启动控制线路的控制原理，并说明在控制线路中，串接在时间继电器 KT 线圈回路里的接触器 KM2 的常闭辅助触头的作用。

2.9　三相异步电动机的制动控制线路

电动机在断开电源之后，由于惯性不会马上停止转动，而是转动一段时间才会完全停下来。这种情况对于某些生产机械是不适宜的，如起重机的吊钩需要准确定位、万能铣床的主轴要求立即停转等。为满足生产机械的这种要求，需要对电动机进行制动。

所谓制动，就是给电动机一个与转动方向相反的转矩，迫使它迅速停转，或限制其转速。制动的方式有两大类，即机械制动和电力制动。利用机械装置使电动机断开电源后迅速停转的方法称为机械制动。电力制动是使电动机产生一个与其转动方向相反的制动转矩，迫使电动机迅速停转的方法。

2.9.1　机械制动

机械制动常用的方法有电磁抱闸制动和电磁制动器（电磁离合器）制动两种。

1．电磁抱闸制动控制线路

如图 2-64 所示为电磁抱闸制动器的结构和符号。

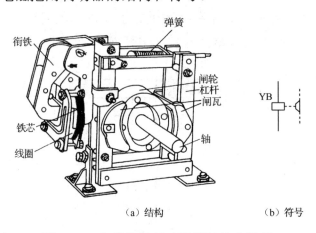

（a）结构　　　　　（b）符号

图 2-64　电磁抱闸制动器的结构和符号

电磁抱闸制动器主要由两部分组成：制动电磁铁和闸瓦制动器。制动电磁铁由铁芯、衔铁和线圈组成，并有单相和三相之分。闸瓦制动器包括闸轮、闸瓦、杠杆和弹簧等部分。闸轮与电动机装在同一根转轴上，制动强度可通过调整机械结构来改变。

电磁抱闸制动器分为断电制动型和通电制动型两种。通电制动型电磁抱闸制动器的工作原理是：当制动电磁铁的线圈得电时，制动器的闸瓦紧紧抱住闸轮，电动机被迅速制动；当制动电磁铁的线圈失电时，制动器的闸瓦与闸轮分开，无制动作用。断电制动型电磁抱闸制动器的工作原理是：当制动电磁铁的线圈得电时，制动器的闸瓦与闸轮分开，无制动作用；当制动电磁铁的线圈失电时，制动器的闸瓦紧紧抱住闸轮，电动机被迅速制动。

（1）电磁抱闸断电制动控制线路。

电磁抱闸制动器断电制动在电梯、吊车、卷扬机等升降机械上得到了广泛的应用。当电路发生断电、停电等紧急故障时，电磁抱闸将迅速使电动机制动，避免重物下落和电动机反转等事故。电磁抱闸断电制动控制线路如图 2-65 所示。

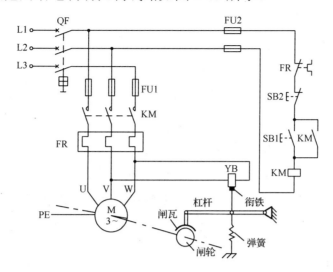

图 2-65 电磁抱闸断电制动控制线路

该线路的控制原理如下。

闭合电源开关 QF，按下启动按钮 SB1，接触器 KM 线圈通电，KM 主触头闭合，电动机通电运行。同时电磁抱闸制动器 YB 线圈得电，吸引衔铁，衔铁克服弹簧拉力，使杠杆顺时针方向旋转，闸瓦与闸轮分开，电动机正常运行。

当按下停止按钮 SB2 时，接触器线圈断电，KM 主触头恢复断开，电动机断电，同时电磁抱闸制动器的线圈也断电，杠杆在弹簧的作用下，逆时针方向转动，使闸瓦与闸轮紧紧抱住，电动机被迅速制动而停转。

这种制动方法可以使起重机在放置重物时准确定位。但是在这种制动电路中，电磁抱闸制动器线圈的耗电时间与电动机的运行时间等长，所以很不经济。另外，电磁抱闸制动器在切断电源后的制动作用，使手动调整工件很困难。

（2）电磁抱闸通电制动控制线路。

对于要求电动机制动后能调整工件位置的机床设备，可以采用电磁抱闸通电制动的方式。电磁抱闸通电制动控制线路如图 2-66 所示。

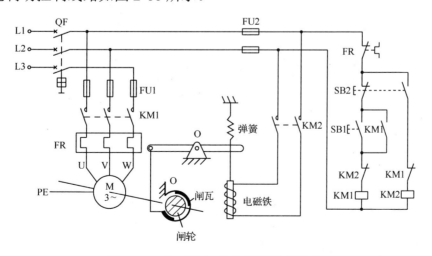

图 2-66 电磁抱闸通电制动控制线路

该线路的控制原理如下。

闭合电源开关 QF，按下启动按钮 SB1，接触器 KM1 线圈得电，KM1 主触头闭合，电动机启动。KM1 常闭辅助触头断开，使接触器 KM2 线圈不能得电，电磁抱闸制动器的线圈回路不通电，闸瓦与闸轮分开，电动机正常运转。

停止按钮 SB2 采用复合按钮，当按下 SB2 时，其常闭触头首先断开，KM1 线圈断电，KM1 主触头闭合，电动机脱离电源，KM1 常闭辅助触头恢复闭合。这时若将 SB2 按到底，则 SB2 常开触头闭合，使 KM2 线圈得电，KM2 常闭辅助触头断开，使 KM1 线圈不能得电，同时 KM2 主触头闭合，电磁抱闸制动器的线圈得电，吸引衔铁，使闸瓦抱住闸轮，实现制动。电动机停转后，松开 SB2，KM2 线圈断电，电磁抱闸制动器的线圈也断电，闸瓦与闸轮分开，恢复常态。操作人员可以用手扳动主轴，进行调整工件、对刀等操作。

2. 电磁制动器制动

电磁制动器是利用动、静摩擦片之间的摩擦力，实现对电动机的制动控制。电磁制动器具有结构紧凑、操作简单、响应灵敏、使用可靠、寿命较长、易于实现远距离控制等优点，广泛应用于建筑、冶金、机床、电梯、轮船等机械中。

电磁制动器可分为电磁粉末制动器、电磁涡流制动器、电磁摩擦式制动器等多种形式。其中，电磁摩擦式制动器按照制动方式，分为通电制动型和断电制动型两种；按照结构和应用环境，分为干式单片型、干式多片型、湿式多片型等。干式是指应用于干式无油环境，湿式是指应用于湿式浸油环境；单片是指单摩擦片结构，多片是指多摩擦片结构。

（1）断电制动型干式单片电磁制动器的结构。

断电制动型干式单片电磁制动器主要由制动电磁铁、静摩擦片、动摩擦片及制动弹簧等组成。制动电磁铁包括铁芯、励磁线圈和衔铁，其中衔铁和静摩擦片固定在一起，只能做轴向移动而不能绕轴转动。断电制动型干式单片电磁制动器的外形及结构如图 2-67 所示。

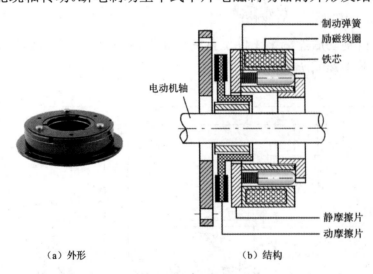

图 2-67 断电制动型干式单片电磁制动器的外形及结构

（2）断电制动型干式单片电磁制动器的工作原理。

将断电制动型干式单片电磁制动器的动摩擦片通过法兰连接方式与电动机共轴固定在

一起，动摩擦片可随电动机一起转动。当电动机静止时，电磁制动器的励磁线圈无电，制动弹簧将静摩擦片紧紧地压在动摩擦片上，电动机被制动。当电动机通电时，电磁制动器的励磁线圈也同时得电，通过电磁力使静摩擦片与动摩擦片分开，电动机带着动摩擦片一起旋转。当电动机切断电源时，电磁制动器的励磁线圈也同时失电，电磁力消失，制动弹簧将静摩擦片推向转动着的动摩擦片，在动摩擦片和静摩擦片之间产生足够大的摩擦力，迫使电动机立即停转。

3．机械制动的特点及线路原则

（1）采用机械制动时，其制动强度可以通过调整机械制动装置来改变。

一般来说，制动的时间越短，冲击振动越大，这一点对传动系统是不利的。另外，机械制动需要安装体积较大的制动装置，对于某些空间位置比较紧凑的机床一类的生产机械，在安装上存在一定的困难。但是，机械制动具有电力制动所没有的优点，即可以利用抱闸的作用力，使升降机械上的电动机在任何时候都能停转。因此，这种制动安全可靠，不受电网停电或电气控制线路故障的影响，所以得到了广泛应用。

（2）采用机械制动的线路原则。

① 应尽可能避免或减少电动机在启动前瞬间存在的"异步电动机短路运行状态"，即电动机的定子绕组已经接通三相电源，而转子因抱闸而不能转动的状态。

② 在电梯、吊车、卷扬机等一类升降机械上，一律采用断电制动；而在机床一类经常需要调整工件位置的生产机械上，则采用通电制动。

2.9.2　电力制动

电力制动常用的方法有反接制动、能耗制动、电容制动和再生发电制动等。

1．反接制动

（1）反接制动的原理。

三相异步电动机工作在电动状态时，转子的旋转方向与旋转磁场的旋转方向是相同的；而电动机工作在反接制动状态时，转子的旋转方向与旋转磁场的旋转方向相反。也就是说，只要能让转子的旋转方向与旋转磁场的旋转方向相反，便可实现反接制动。因此，有两种方法可实现反接制动：一种是改变旋转磁场的转向，而转子的转向不变；另一种是依靠位能性负载倒拉电动机反转，而旋转磁场的转向不变。

我们知道，电动机的旋转磁场是在三相定子绕组中通入三相交流电产生的，旋转磁场的方向由三相交流电的相序决定。所以，只要改变加在电动机定子绕组上的三相交流电相序，就可以改变旋转磁场的旋转方向。反接制动就是依靠改变电动机定子绕组的电源相序来产生制动转矩，迫使电动机迅速停转的。

制动的目的不是使电动机反向旋转，而是使其停转。为保证电动机被制动后，在转速接近零值时，能迅速切断电源，防止反向启动，常使用速度继电器来及时自动切断电源。

（2）单向启动反接制动控制线路。

如图 2-68 所示为单向启动反接制动控制线路，其主电路和电动机正转和反转控制线路的主电路相同，只是在反接制动时增加了限流电阻 R。KS 为速度继电器，与电动机同轴连接。

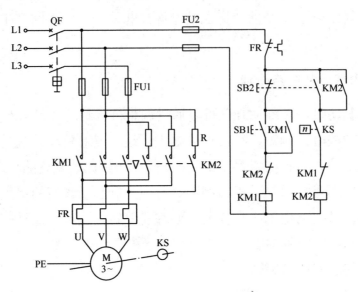

图 2-68　单向启动反接制动控制线路

该线路的控制原理如下。

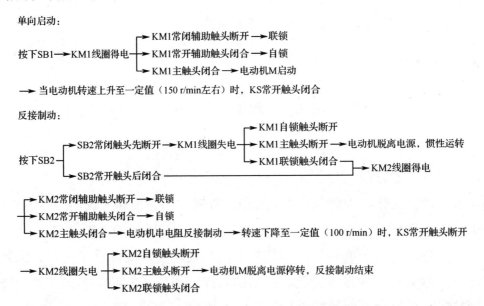

在该线路中，停止按钮 SB2 为复合按钮，注意停止按钮必须按到底才有制动作用，否则电动机将自由停转。另外，电动机在反接制动时，因为转子与旋转磁场的相对速度很快，所以转子绕组中的感应电流很大，致使定子绕组中的电流也很大，一般为电动机额定电流的 10 倍左右。因此，反接制动适用于 10 kW 以下小容量电动机的制动。4.5 kW 以上的电动机在进行反接制动时，需要在定子绕组回路中串接限流电阻，以限制反接制动电流。

如果在上述电路的基础上，加装一只中间继电器 KA，停止按钮 SB2 使用常闭按钮，即可克服复合按钮必须按到底才能实现反接制动控制的缺点。另一种单向启动反接制动控制线路如图 2-69 所示。

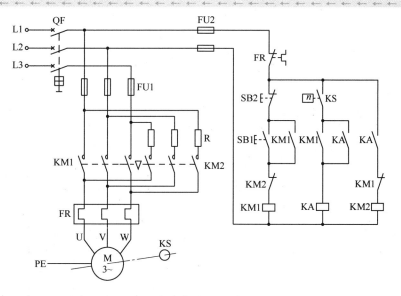

图 2-69 另一种单向启动反接制动控制线路

该线路的控制原理如下。

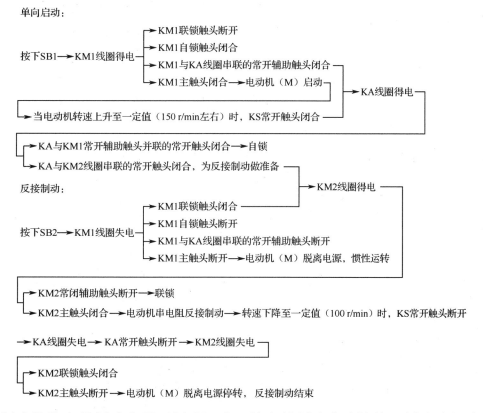

反接制动的优点是制动力强，制动迅速；缺点是制动准确性差，制动过程冲击强烈，易损坏传动零部件，制动能量消耗大，不宜经常制动。因此，反接制动适用于制动要求迅速、系统惯性较大、不经常启动与制动的场合，如铣床、镗床、中型车床等主轴的制动。

限流电阻 R 的大小可参考下述经验计算公式进行估算。

在电源电压为 380 V 时，若要使反接制动电流等于电动机直接启动时启动电流的二分之一，则三相电路中每相应串入的电阻值 R（Ω）可取为：

$$R \approx 1.5 \times 220 \, I_{st}$$

若要使反接制动电流等于启动电流 I_{st}，则每相应串入的电阻值 R'（Ω）可取为：

$$R' \approx 1.3 \times 220\, I_{st}$$

若只在电源两相中串接限流电阻，则电阻值应加大，分别取上述电阻值的 1.5 倍。

（3）双向启动反接制动控制线路。

如图 2-70 所示为双向启动反接制动控制线路。

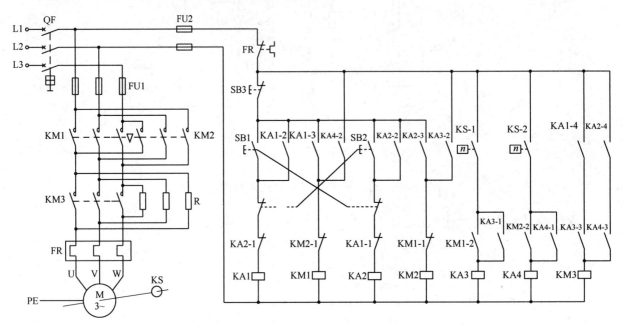

图 2-70 双向启动反接制动控制线路

该线路的工作原理如下。

闭合电源开关 QF。

正向启动：

按下SB1→KA1线圈得电
- KA1-1触头断开→联锁
- KA1-2触头闭合→自锁
- KA1-3触头闭合→KM1线圈得电
  - KM1-1触头断开→联锁
  - KM1-2触头闭合→为KA3线圈获电做准备
  - KM1主触头闭合→电动机M串电阻R启动
- KA1-4触头闭合→为KM3线圈获电做准备

当电动机转速上升至一定值（150 r/min左右）时，KS-1触头闭合→KA3线圈得电
- KA3-1触头闭合→自锁
- KA3-2触头闭合→为KM2线圈获电做准备
- KA3-3触头闭合→KM3线圈得电

→KM3主触头闭合→切除电阻R，电动机M全压运行

反接制动：

按下SB3→KA1线圈失电
- KA1-1触头恢复闭合
- KA1-2自锁触头断开
- KA1-4触头断开→KM3线圈失电→KM3主触头断开
- KA1-3触头断开→KM1线圈失电
  - KM1主触头断开
  - KM1-2触头断开
  - KM1-1触头闭合→KM2线圈得电

- KM2-1触头断开→联锁
- KM2-2触头闭合→为KA4线圈获电做准备
- KM2主触头闭合→电动机串电阻R反接制动

当电动机转速下降至一定值（100 r/min）时，KS-1触头断开→KA3线圈失电
- KA3-1触头断开
- KA3-3触头断开
- KA3-2触头断开→KM2线圈失电

- KM2-1触头恢复闭合
- KM2-2触头恢复断开
- KM2主触头恢复断开→电动机反接制动结束

反转启动和制动的原理与正转相同，只是换成了反转的一组控制电器工作。

2．能耗制动

能耗制动是在电动机切断三相交流电源后，立即在定子绕组的任意两相通入直流电，以消耗转子惯性运转的动能，在电动机转速降为零时再切除直流电源的制动方式。

1）能耗制动的原理

电动机的任意两相定子绕组通入直流电，将使定子中产生一个恒定的静止磁场，做惯性运转的转子因切割磁力线而在转子绕组中产生感应电流，其方向用右手定则判断。能耗制动的原理如图 2-71 所示。

转子绕组中一旦产生了感应电流，就立即受到静止磁场的作用产生电磁转矩，用左手定则判断，可知此转矩的方向正好与电动机的转向相反，故对转子起制动作用。制动转矩的大小与所通入的直流电流的大小及电动机的转速有关，电流越大，直流磁场越强，产生的制动转矩就越大。

从能量的观点来讲，这种制动方法是在定子绕组中通入直流电，以消耗转子的动能来制动的，所以称为能耗制动。能耗制动在高速时制动效果较好，当电动机的转速较低时，因为转子感应电流和电动机的电磁转矩均较小，所以制动效果较差。

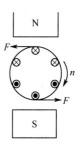

图 2-71　能耗制动的原理

2）能耗制动控制线路

（1）无变压器单相半波整流单向启动能耗制动控制线路。

无变压器单相半波整流单向启动能耗制动控制线路如图 2-72 所示。该线路采用单相半波整流器作为直流电源，所用附加设备较少、线路简单、体积小、成本低，常用于 10 kW 以下的小容量电动机且对制动要求不高的场合。

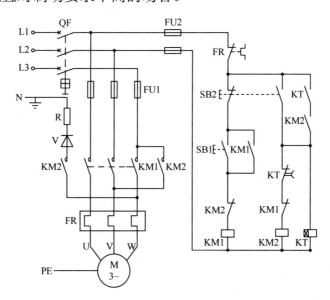

图 2-72　无变压器单相半波整流单向启动能耗制动控制线路

控制线路中时间继电器（KT）常开触头的作用是：当 KT 出现线圈断线或机械卡住等故障时，按下 SB2 后能使电动机制动后脱离直流电源。该线路的控制原理如下。

单向启动：

按下SB1→KM1线圈得电→
- KM1主触头闭合 → 电动机M启动、运转
- KM1常开辅助触头闭合 → 自锁
- KM1常闭辅助触头断开 → 联锁

能耗制动：

按下SB2→
- SB2常闭触头先断开 → KM1线圈失电→
  - KM1自锁触头断开
  - KM1主触头断开 → 电动机脱离电源，惯性运转
  - KM1联锁触头闭合
- SB2常开触头后闭合

- KM2线圈得电→
  - KM2常闭辅助触头断开 → 联锁
  - KM2常开辅助触头闭合 → 自锁
  - KM2主触头闭合 ——→ 电动机接入直流电，能耗制动
- KT线圈得电
  - KT常开触头瞬时闭合 → 自锁
  - 经过KT整定时间，KT延时断开常闭触头断开

- KM2线圈失电→
  - KM2自锁触头断开 → KT线圈失电→ KT触头瞬时复位
  - KM2主触头断开 → 电动机M脱离直流电源并停转，能耗制动结束
  - KM2联锁触头恢复闭合，解除联锁

（2）有变压器单相桥式整流单向启动能耗制动控制线路。

对于 10 kW 以上容量的电动机，多采用有变压器单相桥式整流单向启动能耗制动控制线路，如图 2-73 所示。其中直流电源由单相桥式整流器 VC 供给，TC 是整流变压器，电阻 R 用来调节直流电流，从而调节制动强度，整流变压器的一次侧与单相桥式整流器的直流侧同时进行切换，有利于提高触头的使用寿命。

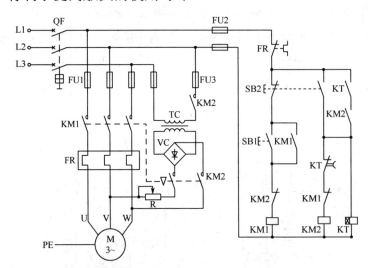

图 2-73　有变压器单相桥式整流单向启动能耗制动控制线路

能耗制动的优点是制动准确、平稳，且能量消耗较小；缺点是需要附加直流电源装置，设备费用较高，制动力较弱，在低速时制动转矩小。因此，能耗制动一般用于要求制动准确、平稳的场合，如磨床、立式铣床等控制线路中。

（3）能耗制动所需直流电源的估算。

以常用的单相桥式整流电路为例，一般采用以下方法估算能耗制动所需的直流电源。

① 测量出电动机三根进线中任意两根之间的电阻值 R（Ω）。

② 测量出电动机的进线空载电流 I_0（A）。

③ 能耗制动所需的直流电流 I_L（A）$=KI_0$，所需的直流电压 U_L（V）$=I_LR$。其中，系

数 K 一般取 3.5～4。如果考虑到电动机定子绕组的发热情况，并使电动机达到比较满意的制动效果，那么对转速高、惯性大的传动装置可取其上限。

④ 单相桥式整流电源变压器二次绕组电压和电流有效值分别为：

$$U_2 = \frac{U_L}{0.9} \text{（V）}$$

$$I_2 = \frac{I_L}{0.9} \text{（A）}$$

变压器计算容量为：

$$S = U_2 I_2 \text{（V·A）}$$

如果制动不频繁，可取变压器实际容量为：

$$S' = \left(\frac{1}{3} \sim \frac{1}{4} \right) S$$

⑤ 可调电阻 $R \approx 2\,\Omega$，电阻功率 $P_R = I_L^2 R$，实际选用时，电阻功率值也可适当选小一些。

3．电容制动

电容制动是当电动机切断交流电源后，立即在电动机定子绕组的出线端接入电容器，使电动机迅速停转的制动方式。

（1）电容制动的原理。

当旋转的电动机断开交流电源时，转子内仍有剩磁，转子由于惯性仍然继续旋转，在周围空间形成一个旋转磁场。这个旋转磁场切割定子绕组，在定子绕组中产生感应电动势，通过电容器组成闭合电路，对电容器充电，定子绕组中的电流也形成了一个磁场，与转子绕组中的感应电流相互作用，产生了一个阻止转子旋转的制动转矩，使电动机迅速停转。

（2）电容制动控制线路。

电容制动控制线路如图 2-74 所示。

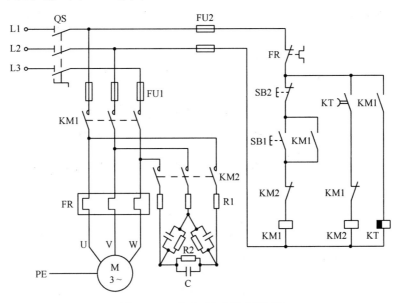

图 2-74　电容制动控制线路

在该线路中，电阻 R1 是调节电阻，用以调节制动扭矩的大小，电阻 R2 为放电电阻。

电容制动的特点是制动迅速、能量损耗小、设备简单，适用于 10 kW 以下的小容量电动机和存在机械摩擦和阻尼的生产机械，以及需要多台电动机同时制动的场合。

4．再生发电制动

再生发电制动又称回馈制动，主要用于起重机械和多速异步电动机。

（1）再生发电制动的原理。

当起重机下放重物时，由于重力的作用会使电动机的转速大于同步转速，这时转子切割磁力线的方向发生了改变，转子受到的电磁转矩变为制动转矩，电动机处于发电运行状态。再生发电制动限制了重物的下降速度，保证了人身和设备的安全。

再生发电制动还发生在多速电动机由高速切换为低速时的状态下。例如，当电动机由 2 极变为 4 极时，同步转速 n_0 由 3 000 r/min 变为 1 500 r/min，而转子由于惯性仍以原来的转速 n（接近 3 000 r/min）旋转，此时 $n>n_0$，电动机处于发电制动状态。

（2）再生发电制动的特点。

再生发电制动是一种比较经济的制动方法，制动时不需要改变线路，制动的同时把机械能转换成电能，回馈到电网，有一定的节能效果。但是再生发电制动的应用范围较窄，只有在电动机的转速大于同步转速时才能实现，所以常用于起重机械。

巩固练习

1．什么是制动？制动的方法有哪两类？

2．什么是机械制动？常用的机械制动方法有哪两种？

3．电磁抱闸制动器分为哪两种类型？简述其制动原理。

4．什么是电力制动？电力制动的方法有哪几种？简述反接制动的制动原理。

5．反接制动控制线路在制动时，发现制动失效，电动机不能迅速停转，试分析原因并加以排除；如果制动有效，迅速停转了，但是出现反向启动现象，试分析原因并加以排除。

6．简述如图 2-73 所示的有变压器单相桥式整流单向启动能耗制动控制线路的控制原理，并分析控制线路中时间继电器 KT 常开触头的作用。

2.10　三相异步电动机的调速控制线路

许多的生产机械如机床、起重运输设备、轧钢机、造纸机等都要求在不同的情况下，用不同的速度进行工作，以达到提高生产效率和保证产品质量的目的。例如，机床需要根据工件的材料、形状、尺寸、工艺等不同的加工要求，最终选择一个最佳的切削速度。龙门刨床的刨台在每一次往返中，要求有几次变速。在刀具切入工件时，应降低刨台的运行速度，以防止撞坏刀具；在刀具切出工件之前，应降低刨台的运行速度，以防止工件边缘剥落；刨台返回时，不进行切削加工，应加快刨台的返回速度，以提高生产效率。

电动机调速的方法有机械调速、电气调速或电气-机械调速等。小型机床一般采用机械调速；各种大型机床、精密机床及其他一些机械加工设备等都采用电气调速；考虑到机械调速与电气调速各自的特点，有些生产机械同时采用机械、电气两种调速方式。

机械调速是指保持电动机的转速不变，通过改变传动机构的传动比（又称速比）实现调速。机械调速的特点是传动机构比较复杂，且调速是有级的。

电气调速是指在负载一定时，通过改变电动机的电气参数来改变电动机的转速。这些可调的电气参数有电压、频率、电阻、磁通等。电气调速机构的机械传动装置比较简单，传动效率较高，可实现无级调速，电气调速时电动机无须停转，操作简便，便于实现调速的自动控制。电气调速的缺点是控制设备较复杂、投资较大。

电气-机械调速是指电气调速与机械调速配合使用的调速方式。

由电动机的原理可知，三相异步电动机的转子转速 n 与电源频率 f、定子的磁极对数 p 及转差率 s 的关系为：

$$n = (1-s)n_0 = (1-s)\frac{60f}{p}$$

由上式可知，改变三相异步电动机转速的方法（即调速方法）包括：改变定子的磁极对数 p；改变转差率 s；改变电源频率 f。其中，改变转差率 s 的方法是在转子回路中串入电阻，这种调速方法只适用于绕线转子异步电动机；改变电源频率 f 则需要专门的变频设备。

目前广泛使用的调速方法是变极调速，即通过改变定子绕组的连接方式来改变异步电动机的磁极对数，从而改变电动机的同步转速，以实现调速。变极调速属于有级调速，可用于金属切削机床等生产设备。

2.10.1　变更磁极对数的原理

因为笼型异步电动机的转子磁极对数是随定子磁极对数的改变而自动改变的，变极时只需考虑定子绕组的磁极对数即可，所以这种调速方法只适用于笼型转子异步电动机。磁极对数可以改变的电动机称为多速电动机。常见的多速电动机有双速、三速、四速等类型。

笼型异步电动机往往采用下列两种方法来改变磁极对数。

（1）改变定子绕组的连接，或者说变更定子绕组每相的电流方向。

（2）在定子上设置具有不同磁极对数的两套独立的绕组。

1. 双速电动机的原理

双速电动机的定子绕组有六个出线端，若将电动机定子绕组三个出线端 U1、V1、W1 分别连接三相电源 L1、L2、L3，而将 U2、V2、W2 三个出线端悬空，如图 2-75（a）所示，则三相定子绕组构成了三角形连接，磁极数为 4 极（磁极对数 $p=2$），同步转速为 1 500 r/min。若将电动机定子绕组三个出线端 U2、V2、W2 分别连接三相电源 L3、L2、L1，而将 U1、V1、W1 三个出线端连接在一起，如图 2-75（b）所示，则电动机的三相定子绕组构成了双星形连接，磁极数为 2 极（磁极对数 $p=1$），同步转速为 3 000 r/min。

需要注意的是，双速电动机定子绕组从一种接法改变为另一种接法时，必须把电源相序反接，以保证电动机的旋转方向不变。

如图 2-75 所示为 2 极/4 极双速电动机定子绕组（△/YY）接线图。

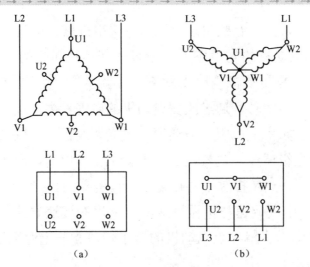

图 2-75　2 极/4 极双速电动机定子绕组（△/YY）接线图

双速电动机的另一种接线方式为定子绕组由单星形改接成双星形（Y/YY）。双速电动机定子绕组（Y/YY）接线图如图 2-76 所示。

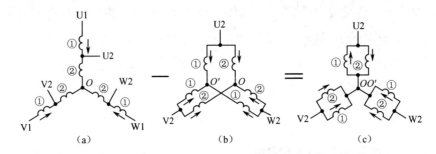

图 2-76　双速电动机定子绕组（Y/YY）接线图

2．三速及多速电动机的原理

三速电动机的定子绕组如图 2-77 所示。它的定子绕组具有两套线圈，其中如图 2-77（a）所示的绕组可以接成三角形，也可以接成双星形，三角形接法时定子绕组极数为 8 极，双星形接法时定子绕组极数为 4 极，如图 2-77（b）所示的另一套绕组接成星形，绕组极数为 6 极。当两套绕组分别换接成三种不同的接法连接电源时，就可以获得三种不同的转速。

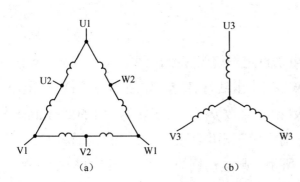

图 2-77　三速电动机的定子绕组

例如，第一套绕组 U1、V1、W1 分别接三相电源 L1、L2、L3 时，定子绕组接成三角形，电动机低速运行；需要电动机中速运行时，利用第二套绕组的星形接法，即 U3、V3、W3 接三相电源；需要电动机高速运转时，则将第一套绕组的 U2、V2、W2 接三相电源，将 U1、V1、W1 短接，绕组接成双星形即可。

多速电动机的原理与三速电动机的原理类似。例如，四速电动机的定子设有两套绕组，各自都能变极，若其中一套绕组的极数为 12 极/6 极，另一套绕组的极数为 8 极/4 极，则这台电动机的转速有 12 极、8 极、6 极、4 极四个等级。

2.10.2 双速电动机的控制线路

1. 接触器控制的双速电动机控制线路

接触器控制的双速电动机控制线路如图 2-78 所示。该线路的主电路中有三组接触器的主触头，当 KM1 主触头闭合时，电动机定子绕组接成三角形，低速运转；当 KM1 主触头断开，而 KM2 和 KM3 两组主触头闭合时，电动机定子绕组接成双星形，高速运转。

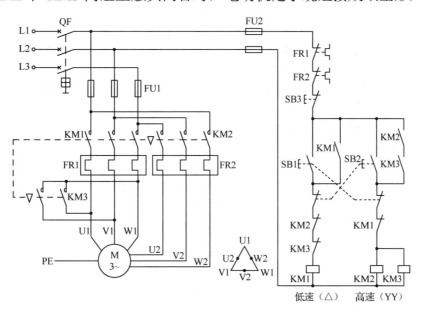

图 2-78 接触器控制的双速电动机控制线路

该线路的控制原理如下。

闭合电源开关 QF。

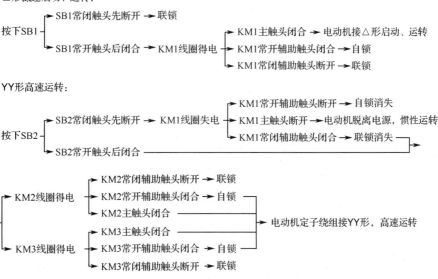

如需停止时，按下 SB3 即可。

若电动机只需高速运转，可直接按下 SB2，则电动机定子绕组接 YY 形高速启动、运转。

2．时间继电器控制的双速电动机控制线路

时间继电器控制的双速电动机低速启动高速运转控制线路如图 2-79 所示。

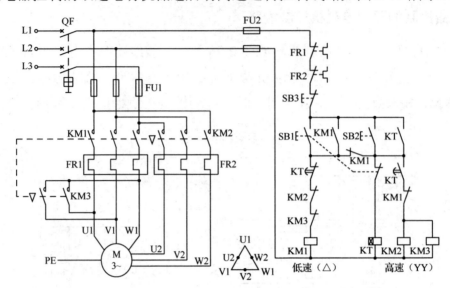

图 2-79　时间继电器控制的双速电动机低速启动高速运转控制线路

该线路的控制原理如下。

△形低速启动、运转：

按下SB1 →
- SB1常闭触头先断开 → 联锁
- SB1常开触头后闭合 → KM1线圈得电 →
  - KM1主触头闭合 → 电动机接△形启动、运转
  - KM1常开辅助触头闭合 → 自锁
  - KM1的两对常闭辅助触头断开 → 联锁

YY形高速启动、运转：

按下SB2 → KT线圈得电 → KT瞬时闭合常开触头闭合 → 自锁

经过时间继电器KT的整定时间，其延时触头动作。

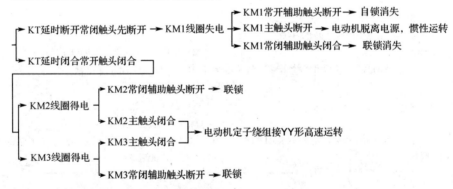

- KT延时断开常闭触头先断开 → KM1线圈失电 →
  - KM1常开辅助触头断开 → 自锁消失
  - KM1主触头断开 → 电动机脱离电源，惯性运转
  - KM1常闭辅助触头闭合 → 联锁消失
- KT延时闭合常开触头闭合 →
  - KM2线圈得电 →
    - KM2常闭辅助触头断开 → 联锁
    - KM2主触头闭合 → 电动机定子绕组接YY形高速运转
  - KM3线圈得电 →
    - KM3主触头闭合 → 电动机定子绕组接YY形高速运转
    - KM3常闭辅助触头断开 → 联锁

如需停止时，按下 SB3 即可。

若电动机只需高速运转，可直接按下SB2，则电动机接△形低速启动后，经延时自动改为接YY形高速运转。

巩固练习

1．三相异步电动机的调速方法有哪三种？笼型异步电动机的变极调速是如何实现的？

2．双速电动机、三速电动机在结构上与普通电动机有何区别？它们是如何实现"双速""三速"运行的？

3．双速电动机的定子绕组共有几个出线端？请画出双速电动机的定子绕组接线图。

知识小结

1．电动机的结构。电动机由定子和转子两部分构成。定子铁芯槽中嵌有定子绕组，转子铁芯槽中嵌有转子绕组。转子绕组有两种形式：笼式和绕线式。

2．三相异步电动机的原理。将三相交流电通入在定子铁芯上对称分布的三相定子绕组中，会产生旋转磁场；转子绕组切割磁力线产生感应电流，使转子在旋转磁场中受到电磁转矩的作用，随旋转磁场旋转。改变三相电源接入三相定子绕组的相序，即可改变三相异步电动机的旋转方向。

3．三相异步电动机的点动控制线路可以使电动机短时断续运转。接触器自锁正转控制线路可以使电动机单向连续运行。由接触器自身的常开辅助触头使接触器自身线圈保持通电的现象，称为"自锁"或"自保持"，起自锁作用的常开辅助触头称为"自锁触头"。

4．在主电路中用两个接触器的两组主触头改变三相电源接入三相定子绕组的相序，可以改变电动机的转向。在三相异步电动机的正转和反转控制线路中，正转和反转接触器分别将其常闭辅助触头串联在对方接触器的线圈回路中，使一个接触器的线圈得电时，另一个接触器的线圈不能得电，这种相互制约的作用称为接触器联锁（或互锁）。

5．三相异步电动机的顺序控制线路和多地控制线路。在后序启动电动机的接触器线圈支路中，串接先序启动电动机的接触器常开触头，即可实现多台电动机的顺序控制。

能在两地或多地控制同一台电动机的控制方式称为电动机的多地控制。多地控制线路的接线特点是将各个操作地点的启动按钮并接、停止按钮串接。

6．三相异步电动机的行程控制又称位置控制或限位控制，是利用生产机械运动部件上的挡铁与行程开关碰撞，使其触头动作来接通或分断电路，实现对生产机械运动部件的行程或位置的自动控制。

三相异步电动机的正转和反转是实现自动往返控制的基本环节。

7．常见的三相异步电动机降压启动控制线路包括：串联电阻降压启动控制线路、自耦变压器降压启动控制线路、Y-△降压启动控制线路和延边三角形降压启动控制线路。

8．三相绕线转子异步电动机的基本控制线路主要包括：转子绕组串电阻启动控制线路、用凸轮控制器控制的绕线转子异步电动机串电阻启动控制线路和转子绕组串频敏变阻器启动控制线路。

9．三相异步电动机的制动方式有机械制动和电力制动两类。机械制动是利用机械装置使电动机断开电源后迅速停转的方法。电力制动是使电动机产生一个与其转动方向相反的制动转矩，迫使电动机迅速停转的方法。

10．三相异步电动机的调速控制线路。本节主要学习了电动机变更磁极对数的原理和双速电动机的控制线路。

第 **3** 章

直流电动机的基本控制线路

由直流电源供电，拖动机械负载旋转，输出机械能的电动机称为直流电动机。直流电动机的调速范围广、调速精度高，能够方便地实现无级平滑调速；它的转矩大，可以频繁快速地启动、制动和反转，具有较强的过载能力，能承受频繁的冲击负载；它使用方便，波形好，对电源的干扰小，易于控制，可靠性高，但是直流电动机的结构复杂、制造成本高，具有易磨损的电刷和易损坏的换向器，因此运行维护比较麻烦。

3.1 直流电动机的基本结构及工作原理

有些生产机械需要在大范围内实现无级平滑调速，或者需要较大的启动转矩，常采用直流电动机进行拖动，如高精度金属切削机床、轧钢机、造纸机、龙门刨床、电力机车等。

3.1.1 直流电动机的基本结构

如图 3-1 所示为直流电动机的结构示意图。

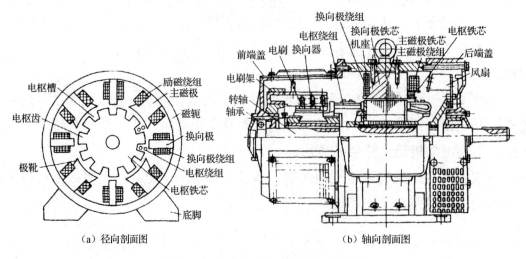

图 3-1 直流电动机的结构示意图

直流电动机由定子和转子两大部分组成。定子和转子之间有一定的间隙，称为气隙。

1．静止部分（定子）

定子的主要作用是产生磁场，同时也是电动机的机械支撑，它包括主磁极、换向极、机座、端盖、轴承、电刷装置等。

（1）主磁极。主磁极是一种电磁铁，由主磁极铁芯和套在铁芯上的主磁极绕组（又称励磁绕组）组成。主磁极用来产生主磁通，相邻磁极的极性按 N 极和 S 极交替排列。

（2）换向极。换向极安装在两个主磁极之间，由铁芯和绕组组成。其作用是产生一个附加磁势来抵消交轴电枢反应磁势，并在换向区域内建立一个磁场，使换向组件中产生一个附加电动势去抵消电抗电动势，从而改善换向，减少换向过程中在电刷下出现的火花，以保护直流电动机。

（3）电刷装置。电刷与换向器配合，将转动的电枢绕组与外电路相连，把直流电压、直流电流引入或引出直流电动机。

2．转动部分（转子）

转子的主要作用是产生感应电动势和电磁转矩。转子上用来感应电动势和电磁转矩，实现能量转换的部分称为电枢，它包括电枢铁芯和电枢绕组。此外，转子上还有换向器、转轴和风扇等。

（1）电枢铁芯。电枢铁芯是电动机磁路的一部分，一般用 0.5 mm 的硅钢片叠压而成，其作用是通过磁通和嵌放电枢绕组。

（2）电枢绕组。电枢绕组是直流电动机的主要电路部分，是实现机电能量转换的关键部件，其作用是产生感应电动势和电磁转矩，以及通过电流。

（3）换向器。在直流电动机中，换向器将外加直流电变换成电枢绕组中的交变电动势，在电枢绕组中产生方向可变的电流，以形成固定方向的电磁转矩。

3.1.2 直流电动机的工作原理

通常，直流电动机都是电枢旋转、磁极固定的结构形式。直流电动机的工作原理如图 3-2 所示。

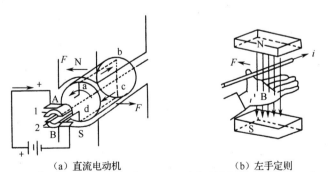

(a) 直流电动机　　　　　(b) 左手定则
A，B—电刷；1，2—换向片；abcd—电枢线圈；N，S 磁极—定子

图 3-2　直流电动机的工作原理

一个最简单的直流电动机模型如图 3-2（a）所示。定子由固定的两个磁极组成，建立

了一个恒定磁场；转子又称电枢，由铁芯和线圈构成；电枢线圈abcd两端分别接到两个半圆形铜片上，这两个铜片叫作换向片。换向片随电枢转动，电刷固定不动。一个换向片与电刷A相接，另一个换向片与电刷B相接；电刷A、B分别接至直流电源的正、负极。

我们知道，通电导体在磁场中会受到电磁力的作用，其受力方向用左手定则判断，如图3-2（b）所示。当一个换向片经电刷A接到电源正极，另一个换向片经电刷B接到电源负极时，电流从电刷A经一个换向片流入电枢的线圈，然后经另一个换向片从电刷B流出，电枢线圈abcd就成为一个载流线圈，它在磁场中必然受到电磁力F的作用。根据左手定则，如图中位置时，线圈ab边受到一个向左的力F，线圈cd边受到一个向右的力F，电枢线圈abcd便受到电磁转矩的作用，可使电枢沿逆时针方向旋转起来。

当电枢转过180°时，线圈cd边转到N极下，线圈ab边转到S极下。此时电流由电刷A通过换向片流入线圈，然后通过电刷B流出线圈。这时处在N极下的线圈cd边中的电流方向应由d到c，由左手定则判断线圈cd边受力方向仍向左，处在S极下的线圈ab边中的电流方向应由b到a，其受力方向仍向右，线圈仍按逆时针方向旋转。

这样，通过电刷及换向片的作用，保证了在N极下的线圈边和在S极下的线圈边中的电流方向总是不变的，因此线圈所受电磁力的方向也总是不变的，使电枢能够按照同一个方向（现在是逆时针方向）继续旋转，电动机便可以带动机械负载工作。

由此可归纳出直流电动机的工作原理：当直流电源通过电刷向电枢绕组供电时，在电枢绕组中形成电流，电枢绕组在磁场中受到电磁力的作用。换向器对电枢绕组中电流的换向作用，使同一个磁极下的导体流过相同方向的电流，电枢绕组（即转子）能够持续受到同方向的电磁转矩作用而连续旋转，把直流电能转换成机械能输出。

从工作原理来说，任何一台旋转电机既可以作为电动机又可以作为发电机。若将直流电机的电刷两端加上直流电源，输入电能，即可拖动生产机械，将电能转变为机械能而成为电动机。反之，若用原动机带动直流电机的电枢旋转，输入机械能，就可以在电刷两端得到一个直流电动势作为电源，将机械能变为电能而成为发电机。这种一台电机既能作为电动机又能作为发电机运行的原理，在电机理论中称为电机的可逆原理。

直流电动机在负载情况下运行，主磁极磁场和电枢磁场同时存在，它们之间互相影响，通常把电枢磁场对主磁场的影响称为电枢反应。

3.1.3 直流电动机的分类

按照产生主磁场的方式不同，直流电动机可分为两大类，一类是以永久磁铁作为主磁极，称为永磁式，某些小型直流电动机就是采用永久磁铁产生磁场的；另一类则是利用给主磁极的励磁绕组通入直流电而产生主磁场的，称为电磁式。电磁式直流电动机按照励磁绕组与电枢绕组接线方式的不同，可分为他励式和自励式两种，自励式又可分为并励、串励、复励等几种类型。不同的励磁方式对直流电动机的运行性能有很大的影响。

1. 他励直流电动机

他励直流电动机的电枢绕组和励磁绕组分别由两个直流电源供电，如图3-3（a）所示。图中，I_a 表示电枢电流，I_f 表示励磁电流。

2．并励直流电动机

并励直流电动机的励磁绕组和电枢绕组并联，由同一个直流电源供电。励磁绕组匝数较多，导线截面较小，电阻较大，励磁电流只占电枢电流的一小部分，如图 3-3（b）所示。

3．串励直流电动机

串励直流电动机的励磁绕组与电枢绕组串联，用同一个直流电源供电。励磁电流与电枢电流相等。因为电枢电流较大，所以励磁绕组的导线截面较大，匝数较少，如图 3-3（c）所示。

4．复励直流电动机

复励直流电动机有两个励磁绕组，一个与电枢绕组并联，另一个与电枢绕组串联，如图 3-3（d）所示。当两个励磁绕组产生的磁通方向相同时，合成磁通为两磁通相加，这种电动机称为积复励直流电动机。当两个励磁绕组产生的磁通方向相反时，合成磁通为两磁通之差，这种电动机称为差复励直流电动机。

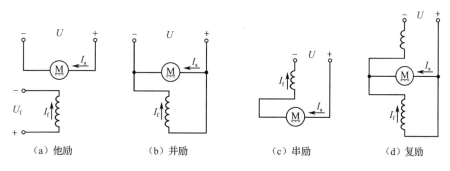

（a）他励　　　（b）并励　　　（c）串励　　　（d）复励

图 3-3　直流电动机的励磁方式

巩固练习

1．简述直流电动机的工作原理。

2．直流电动机有几种励磁方式？请分别画出其电路形式。

3.2　他励直流电动机的基本控制线路

他励直流电动机的励磁绕组与电枢绕组互不相连，分别由不同的直流电源供电。励磁电流的大小不受电枢电压及电枢电流的影响，调节与励磁绕组串联的电阻的阻值即可调节励磁电流的大小。

3.2.1　他励直流电动机的启动控制线路

电动机从静止状态加速达到稳定运行状态的过程，称为电动机的启动。体现电动机启动性能的参数有启动电流的大小、启动转矩的大小、启动时间的长短、启动过程是否平滑，即加速是否均匀，其中的主要参数是启动电流和启动转矩。

直流电动机电枢绕组的电阻很小，在启动瞬间，启动电流将达到额定电流的 10～20 倍，过大的启动电流会使电枢换向恶化，产生严重火花，同时会产生过高的加速度，使电动机的传动机构和生产机械受到过大的冲击力，损坏设备，还会导致很大的线路压降，使电网电压不稳定。所以，直流电动机一般不允许直接启动，全压启动只限于容量很小的直流电动机。通常规定：直流电动机的电枢绕组的瞬时电流不得大于其额定电流的 1.5～2.5 倍。因此，直流电动机启动时，必须限制电枢电流 I_a 的大小。

直流电动机常用的限流方法有降压启动和电枢回路串联电阻启动。

1. 降压启动

降压启动是在直流电动机启动时降低电枢的外加电压，待电动机转速升高、电枢绕组中的感应电动势（由于其方向与外加电压方向相反，又称反电动势）增大后，再逐渐升高电枢两端的外加电压，直至电动机的额定电压值，此时电动机的转速也从零升至额定转速。

较早采用的是发电机-电动机组。发电机-电动机组的启动原理如图 3-4 所示。

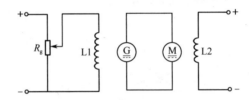

$\underline{G}$—直流发电机；$\underline{M}$—直流电动机；R_g—变阻器；L1—直流发电机的励磁绕组；L2—直流电动机的励磁绕组

图 3-4 发电机-电动机组的启动原理

启动他励直流电动机时，调节变阻器 R_g 的动触头，使直流发电机的励磁增加，于是发电机输出的直流电压也随之增加，电动机启动，从静止状态逐步升速到所需要的转速值。

随着大功率晶体管和晶闸管的出现，目前多采用大功率晶体二极管和晶闸管组成的可控整流电路供给直流电动机，也称为晶闸管整流器-直流电动机调速系统，如图 3-5 所示。

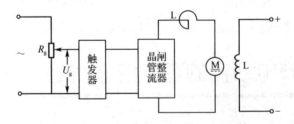

图 3-5 晶闸管整流器-直流电动机调速系统

移动 R_g 的动触头，使给定电压值 U_g 增加，电动机的转速便随之上升，直至额定状态。

2. 电枢回路串电阻启动

所谓电枢回路串电阻启动，就是在电枢回路的外接直流电源恒定不变的情况下，将电枢回路中的串联电阻 R_s 分段切除的启动方式。

（1）用启动变阻器手动启动。

启动变阻器的形式很多，但其基本原理相同。例如，BQ3 直流电动机启动变阻器用于小容量且额定电压不超过 220 V 的直流电动机的启动。它主要由电阻元件、调节转换装置和外壳等三大部分组成，其外形如图 3-6（a）所示。

他励直流电动机手动启动控制线路如图 3-6（b）所示。该线路的三个接线端 L+、A1 和 L− 分别与电源正极、电枢绕组和电源负极相接。手轮 8 附有衔铁 9 和复位弹簧 10，弧形铜条 7 的一端经过全部启动电阻与电枢绕组接通。

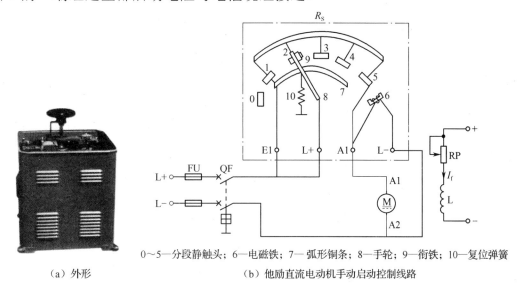

0～5—分段静触头；6—电磁铁；7—弧形铜条；8—手轮；9—衔铁；10—复位弹簧

（a）外形　　　　　　　　　　　（b）他励直流电动机手动启动控制线路

图 3-6　BQ3 直流电动机启动变阻器的外形及他励直流电动机手动启动控制线路

他励直流电动机手动启动控制线路的工作过程如下。

将励磁绕组接通直流电源，开始励磁。

启动前，将启动变阻器的手轮置于"0"位，然后闭合电源开关 QF，慢慢转动手轮 8，使手轮从"0"位转到静触头 1，将变阻器 R_s 的全部启动电阻接入电枢电路，电动机开始启动。随着转速的升高，手轮依次转到静触头 2、3、4 等位置，使启动电阻逐级切除，当手轮转到最后一个静触头 5 时，电磁铁 6 吸住衔铁 9，此时启动电阻全部切除，直流电动机启动完毕，进入正常运转状态。

当电动机停止工作切断电源时，电磁铁 6 由于线圈断电，吸力消失，在复位弹簧 10 的作用下，手轮自动返回"0"位，以备下次启动。电磁铁 6 还具有失压和欠压保护作用。

（2）电枢回路串电阻启动。

如图 3-7 所示为他励直流电动机电枢回路串二级电阻启动控制线路。其工作原理如下。

调整两个时间继电器的整定时间，使 KT1 的延时时间比 KT2 的延时时间短。

闭合电源开关 QF1、QF2，励磁绕组 L 通电励磁。同时，时间继电器 KT1、KT2 的线圈也通电，KT1、KT2 的延时闭合常闭触头瞬时断开，使接触器 KM2、KM3 线圈断电，并联在启动电阻 R1、R2 上的接触器 KM2 和 KM3 的常开触头处于断开状态，使电动机在启动时，电阻 R1 和 R2 全部串入电枢回路。

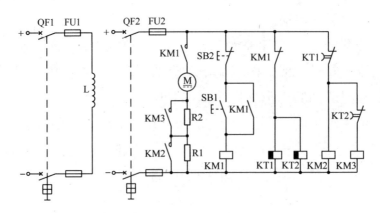

图 3-7　他励直流电动机电枢回路串二级电阻启动控制线路

按下启动按钮 SB1，接触器 KM1 线圈通电，KM1 的主触头闭合，电动机电枢绕组串入全部启动电阻启动。同时，KM1 的常闭触头断开，时间继电器 KT1 和 KT2 的线圈失电，经过 KT1 的整定时间，KT1 的延时闭合常闭触头首先闭合，使接触器 KM2 线圈得电，KM2 的主触头闭合，将启动电阻 R1 短接，电动机转速继续上升。经过 KT2 的整定时间，KT2 的延时闭合常闭触头也闭合，接触器 KM3 线圈得电，KM3 的主触头闭合，将启动电阻 R2 短路，电动机启动过程结束，进入正常运转状态。

如需停转，按下 SB2，接触器 KM1 线圈失电，KM1 主触头断开，电动机停转。

3.2.2　他励直流电动机的正转和反转控制线路

在直流电力拖动系统中，常常需要改变直流电动机的旋转方向。例如，由直流电动机拖动的龙门刨床工作台的往返运动，矿井卷扬机的上升、下降运动等，这些都是通过直流电动机的正转和反转完成的。

改变直流电动机的旋转方向有两种方法：一是保持电枢两端的电压极性不变，将励磁绕组反接，使励磁电流反向，从而改变磁通的方向；二是保持励磁绕组两端的电压极性不变，将电枢绕组反接，使电枢电流改变方向。

他励直流电动机的励磁绕组匝数多，电感量大，励磁电流从正向额定值变化到反向额定值的过程较长，反向磁通和反向转矩的建立较慢，反转的过程不能很快进行。此外，当励磁绕组断开时，若没有放电电阻，则因磁通消失很快，在绕组中会产生很大的感应电动势，有可能使励磁绕组的绝缘击穿；而且在改变励磁电流的方向时，中间必有励磁电流为零的时刻，这就容易使他励直流电动机发生转速急剧升高的"飞车"现象。因此，他励直流电动机多采用改变电枢电压极性的方式来实现电动机的反转。

如图 3-8 所示为他励直流电动机改变电枢电压极性的正转和反转控制线路。图中 KM1 是正转控制接触器；KM2 是反转控制接触器；KM3、KM4 是启动接触器；SB1 是正转启动按钮；SB2 是反转启动按钮；SB3 是停止按钮；KA1 是过电流继电器；KA2 是欠电流继电器；KT1、KT2 是时间继电器，调整时间继电器的整定时间时，应使 KT1 比 KT2 的延时时间短。

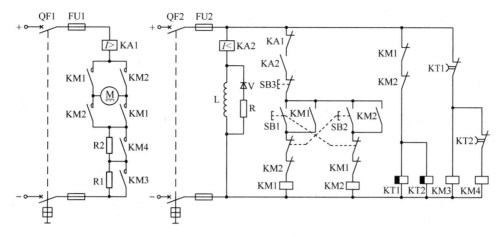

图 3-8 他励直流电动机改变电枢电压极性的正转和反转控制线路

该线路的控制过程如下。

闭合电源开关 QF1、QF2，励磁绕组 L 通电励磁。

欠电流继电器 KA2 线圈得电，KA2 的常开触头闭合。同时，时间继电器 KT1、KT2 的线圈也得电，KT1、KT2 的延时闭合常闭触头瞬时断开，使接触器 KM3 和 KM4 的线圈断电，并联在启动电阻 R1、R2 上的接触器 KM3 和 KM4 的常开触头处于断开状态，使电动机在启动时，R1 和 R2 全部串入电枢回路。

按下 SB1，KM1 线圈得电，KM1 主触头闭合，电枢绕组串入 R1、R2 启动。同时，KM1 的常开辅助触头闭合自锁；KM1 的两个常闭辅助触头断开，一个串联在 KM2 线圈回路中起联锁作用，另一个串联在 KT1、KT2 线圈回路中，使 KT1 和 KT2 的线圈失电。

经过 KT1 的整定时间，KT1 的延时闭合常闭触头首先闭合，KM3 线圈得电，KM3 主触头闭合，将启动电阻 R1 短接，电动机的转速继续上升。经过 KT2 的整定时间，KT2 的延时闭合常闭触头也闭合，KM4 线圈得电，KM4 主触头闭合，将启动电阻 R2 短接，电动机启动过程结束，进入正常运转状态。

如需停转，则按下停止按钮 SB3，KM1 线圈失电，KM1 主触头断开，电动机断电停转。同时，KM1 的自锁触头断开、联锁触头闭合；串联在 KT1、KT2 线圈回路的 KM1 常开辅助触头闭合，使 KT1、KT2 线圈得电，KT1、KT2 的延时闭合常闭触头瞬时断开，KM3、KM4 线圈断电，KM3、KM4 的主触头断开，启动电阻 R1、R2 串入电枢回路。

停转时，励磁绕组 L 通过电阻 R 进行放电。

其反转原理与正转相同，只是把电枢绕组得电的接触器换成了反转控制接触器 KM2。

在电动机正转和反转过程中，如果电枢电路中的电流过大，过电流继电器 KA1 就会动作，KA1 的常闭触头断开，使 KM1 或 KM2 线圈断电，KM1 或 KM2 的主触头断开，电枢回路断电，电动机停转，起到了过载保护作用。

如果励磁回路断开或励磁回路中的电流过小，欠电流继电器 KA2 就会动作，KA2 的常开触头断开，使接触器 KM1 或 KM2 线圈失电，电枢回路断电，电动机停止转动，避免发生"飞车"危险。

特别提示

从他励直流电动机的转速公式 $n=(U-I_aR_a)/C_e\Phi$ 可以看出，当磁通 Φ 减弱时，电动机转速 n 反而升高。值得注意的是，当励磁电路断开或励磁电流 $I_f=0$ 时，由于励磁铁芯还会保留一定的剩磁，这时电动机的转速将大大提高，而且将升高到电动机的机械强度所不能允许的数值，这种现象称为"飞车"。"飞车"现象是非常危险的，因此他励直流电动机在运行过程中，绝对不允许励磁电路断开或励磁电流 $I_f=0$ 的情况出现。这也是需要在他励直流电动机的励磁绕组上串联欠电流继电器，对其进行欠流保护的原因。

3.2.3　他励直流电动机的调速控制线路

他励直流电动机的调速方式主要有电枢回路串电阻调速、改变励磁电流调速、改变电枢电压调速。

1．电枢回路串电阻调速

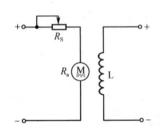

图 3-9　他励直流电动机电枢回路串电阻调速

电枢回路串电阻调速是在电动机电枢电路中串联调速电阻 R_s，调节 R_s 电阻值的大小来改变电动机的转速。他励直流电动机电枢回路串电阻调速如图 3-9 所示。

他励直流电动机的转速公式为：

$$n=(U-I_aR)/C_e\Phi$$

式中，$R=R_a+R_s$，为电枢回路总的电阻值；C_e 为电磁常数；U 为电枢电压；I_a 为电枢电流。电枢回路自身的电阻为 R_a，串联调速电阻 R_s 后，R_s 的分压作用使得加在电枢两端的电压下降，电动机转速 n 下降。R_s 的阻值越大，电动机的机械特性越软，转速越低。

电枢回路串电阻调速是通过调节调速电阻 R_s 的大小来调节转速的，当 R_s 为零时，电动机的转速最高，就是电动机的额定转速。因此，这种调速方法只能在电动机的额定转速以下进行调节。低速时，由于机械特性变软，负载的很小变化便能引起很大的转速波动，调速的平滑性较差，调速性能较不稳定。因为是在主回路串联调速电阻，调速电阻的电流大，所以低速时，电能损耗大，不经济。由于上述原因，生产上较少使用这种调速方法。但是这种调速方法所需的设备简单，操作方便，比较适用于功率不太大的电动机和机械特性硬度要求不太高的场合，如起重机械、蓄电池搬运车、无轨电车、电池铲车及吊车等。

2．改变励磁电流调速

改变励磁电流调速是在他励直流电动机的励磁电路上串联一个可调电阻 RP，调节 RP 的大小，就可以改变励磁电流 I_f 的大小，从而改变励磁磁通 Φ 的大小，实现调速的目的。

因为电枢绕组感应电动势 $E_a=C_e\Phi n$，在电枢绕组感应电动势 E_a 不变的情况下，磁通增加，转速下降；磁通降低，转速上升。直流电动机在额定运行时，磁路已稍有饱和，这种调速方法只能通过减弱励磁来实现调速，因此也称为弱磁调速。

在调节过程中，不论 RP 是大是小，励磁磁通均比未串联 RP 时弱，因此改变励磁电流调速只能将转速调节得比额定转速高，即只能在额定转速以上的范围内进行调速。

他励直流电动机改变励磁调速如图 3-10 所示。其转速调整过程如下。

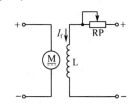

$$RP\uparrow \rightarrow I_f\downarrow \rightarrow \Phi\downarrow \rightarrow n\uparrow$$

$$RP\downarrow \rightarrow I_f\uparrow \rightarrow \Phi\uparrow \rightarrow n\downarrow$$

要注意 RP 不能调得过大，以免使励磁电流 I_f 过小，励磁磁通 Φ 太弱，转速 n 过高，产生"飞车"现象。

因为他励直流电动机改变励磁调速是在励磁回路中进行的，所以可以增加调速级数，调速平滑性较好。另外，这种调速方式还具备励磁电流小、控制方便、能量损耗小、调速的经济性好等优点。他励直流电动机的励磁绕组匝数多、电磁惯性大，使得这种调速方式的过渡时间较长、调速范围较小，比较适用于恒功率负载的生产机械。

图 3-10   他励直流电动机改变励磁调速

3．改变电枢电压调速

对于容量较大的他励直流电动机，一般采用交流电动机-直流发电机组作为电枢回路的直流可调电源，改变电枢两端电压，达到调速目的。这种机组称为直流发电机-直流电动机调速系统，即 G-M 机组。如图 3-11 所示为 G-M 机组改变电枢电压调速电路图。

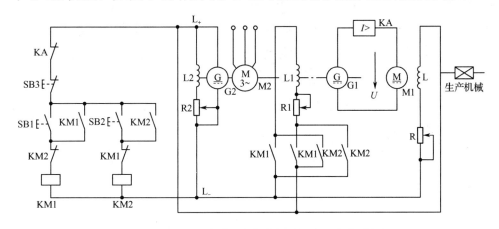

图 3-11   G-M 机组改变电枢电压调速电路图

图中，M1 是他励直流电动机，用来拖动生产机械；G1 是他励直流发电机，为他励直流电动机 M1 提供电枢电压；G2 是并励直流发电机，为他励直流电动机 M1 和他励直流发电机 G1 提供励磁电压，同时为控制电路提供直流电源；M2 是三相笼型异步电动机，用来拖动同轴连接的他励直流发电机 G1 和并励直流发电机 G2；L1、L2 和 L 分别是 G1、G2 和 M1 的励磁绕组；R1、R2 和 R 是调节变阻器，分别用来调节 G1、G2 和 M1 的励磁电流；KA 是过电流继电器，用于电动机 M1 的过载和短路保护；SB1 和 KM1 组成正转控制电路；SB2 和 KM2 组成反转控制电路；SB3 是停止系统运行按钮。

G-M 机组的控制原理如下。

励磁：启动异步电动机 M2，拖动直流发电机 G1 和 G2 同速旋转，G2 切割剩磁磁力线，产生感应电动势，输出直流电压 U_2（L+、L-之间），除了提供自身励磁电压，还供给 G-M 机组励磁电压和控制电路电压。

启动前，应将 R 的阻值调到零，R1 的阻值调到最大，目的是使直流电压 U 逐步上升，直流电动机 M1 从最低速逐渐上升到额定转速。

启动：按下正转启动按钮 SB1（或反转启动按钮 SB2）→接触器 KM1（或 KM2）线圈得电→KM1（或 KM2）的常开触头闭合→发电机 G1 的励磁绕组 L1 接入直流电压 U_2 开始励磁→电动机 M1 正转启动（或反转启动）。

因为发电机 G1 的励磁绕组 L1 的电感较大，所以励磁电流逐渐增大，使 G1 产生的感应电动势和输出电压从零逐渐增大，这样就避免了直流电动机 M1 在启动时有较大的电流冲击。因此，在电动机启动时，不需要在电枢电路中串入启动电阻就可以很平滑地进行启动。

调速：当 M1 运转后需调速时，将 R1 的阻值调小，使 G1 的励磁电流增大，G1 的输出电压 U 增大，电动机 M1 转速升高。可以看出，调节 R1 的阻值，就能升降直流发电机 G1 的输出电压 U，即可达到调节直流电动机 M1 转速的目的。不过加在直流电动机 M1 电枢上的电压 U 不能超过其额定电压值。所以在一般情况下，调节电阻 R1 的阻值只能使电动机在低于其额定转速的情况下，进行平滑调速。

当需要电动机在额定转速以上进行调速时，应先调节 R1 的阻值，使电动机 M1 的电枢电压 U 保持在额定值不变，然后将电阻 R 的阻值调大，使直流电动机 M1 的励磁电流减小，其主磁通 Φ 也减小，电动机 M1 的转速升高。

制动：按下停止按钮 SB3→接触器 KM1（或 KM2）线圈失电→其触头复位→使直流发电机 G1 的励磁绕组 L1 失电→G1 的输出电压即直流电动机 M1 的电枢电压 U 下降为零。但此时电动机 M1 仍沿原方向惯性运转，因励磁绕组 L 仍有励磁，电枢绕组切割磁力线，产生与原电流方向相反的感应电流，从而产生制动转矩，迫使电动机迅速停转。

G-M 机组的调速是通过调节励磁电流来实现的，调速时控制量小，控制方便，调速平滑性好，可实现无级调速；启动和制动时不需要在电枢回路中串接电阻，能量损耗小，具有较好的启动、调速、正转和反转、制动控制性能，因此曾经被广泛用于龙门刨床、重型镗床、轧钢机、矿井提升设备等生产机械上。但是由于 G-M 机组存在设备费用大、机组多、占用空间大、能量传递效率较低、过渡过程时间较长等缺点，目前正广泛地被晶闸管整流器-直流电动机调速系统所替代。

如图 3-12 所示为带有速度负反馈的晶闸管整流器-直流电动机调速系统，它用晶闸管整流装置代替了 G-M 机组的直流发电机作为直流电动机的可调电源。这种系统具有效率高、功率增益大、快速性和控制性好及噪声小等优点，正在逐渐取代其他的直流调速系统。

在图 3-12 中，输入电压 U_g 由电位器 R_g 调节；TG 为测速发电机，用于转速检测。工作中测速发电机的电枢电压与转速成正比，电枢电压的一部分 U_f 反馈到调速系统的输入端，与 U_g 比较后，产生电压 $\Delta U=U_g - U_f$ 送入放大器。经放大器放大后，送入触发器产生移相脉冲，触发晶闸管，从而改变晶闸管整流电路的输出，使电动机 M 的电枢电压改变，实现电动机转速的变化。当电动机的转速达到某一值，使 $\Delta U=0$，触发脉冲不再移相，晶闸管整流电路的输出就稳定在某一值，使电动机在这一转速下稳定运转。因为反馈信号 U_f 与被控对象的转速 n 成正比，所以这一系统称为转速负反馈闭环调速系统。

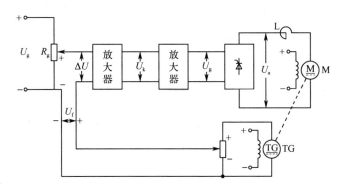

图 3-12　带有速度负反馈的晶闸管整流器-直流电动机调速系统

3.2.4　他励直流电动机的制动控制线路

所谓制动，就是给电动机加上与转子的旋转方向相反的转矩，使电动机迅速停转或者限制电动机的转速。直流电动机制动的方法有机械制动和电力制动两种。

机械制动常用的方法有电磁抱闸制动和电磁离合器制动两种，电力制动常用的方法有能耗制动、反接制动和再生发电制动（又称回馈制动）三种。因为电力制动具有制动转矩大、操作方便、无噪声等优点，所以在电力拖动系统中得到了广泛的应用。

1. 能耗制动

能耗制动是指保持直流电动机的励磁电流不变，将电枢绕组的电源切除后，立即与制动电阻连接成闭合回路，电枢凭惯性处于发电运行状态，将动能转化为电能并消耗在电枢回路中，同时获得制动转矩，迫使电动机迅速停转。

如图 3-13 所示为他励直流电动机能耗制动电路。图中虚线箭头表示电动机处于电动运转状态时的电枢电流 I_a 和电磁转矩 T 的方向；实线箭头表示电动机处于电动能耗制动状态时的电枢电流 I_a 和电磁转矩 T 的方向。

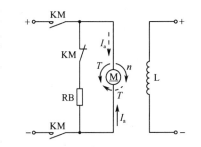

图 3-13　他励直流电动机能耗
制动电路

他励直流电动机制动时，其励磁绕组两端电压极性不变，因而励磁的大小和方向不变。接触器 KM 的常开主触头先断开，使电枢脱离直流电源，KM 的常闭辅助触头再闭合，使外加制动电阻 RB 与电枢绕组构成闭合回路。此时，由于惯性作用，电动机仍按原来的方向继续旋转，电枢反电动势方向不变，并成为电枢回路的电源，这就使得制动电流的方向与原来的电枢电流方向相反，电磁转矩的方向也随之改变，成为制动转矩，从而迫使电动机迅速减速直至停止。

制动电阻的阻值大小要选择合适，若制动电阻的阻值过大，则会导致制动缓慢，若制动电阻的阻值过小，则会导致电枢绕组中的电流超过电枢电流的允许值。一般按照电动机的制动要求，制动电阻的阻值大小要使得最大制动电流不超过电枢额定电流的 2 倍。

如图 3-14 所示为单向运行串联二级电阻启动、停转采用能耗制动的控制线路。该线路的启动情况与图 3-7 的启动情况相似，不再重复介绍。

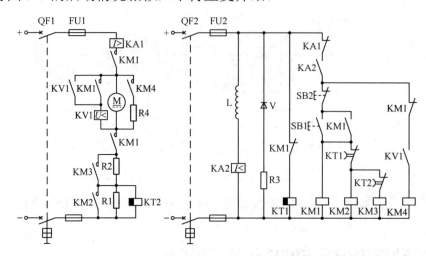

图 3-14　单向运行串联二级电阻启动、停转采用能耗制动的控制线路

停转时，按下 SB2，KM1 线圈断电，KM1 的 3 对常开主触头断开，将电枢与电源分离。KM1 自锁触头断开，使 KM2、KM3 线圈断电，KM2、KM3 的主触头断开，R1、R2 串入电枢回路。串联在 KT1 线圈回路的 KM1 常闭触头恢复闭合，使 KT1 线圈得电，KT1 的延时闭合常闭触头瞬时断开，串联在 KM4 线圈回路的 KM1 常闭触头恢复闭合。

此时，惯性电动机仍以较高的速度旋转，因存在电枢反电动势，电枢绕组两端仍有一定的电压，使经自锁触头并联在电枢两端的欠电压继电器 KV1 仍能保持得电。在控制回路中的 KV1 常开触头闭合，KM4 线圈得电，KM4 主触头闭合，将制动电阻 R4 并联在电枢两端，电动机实现能耗制动，转速迅速下降，电枢电动势也随之下降。当电枢电动势降到一定值时，欠电压继电器 KV1 释放，起自锁作用的 KV1 常开触头断开，在控制回路中与 KM4 线圈串联的 KV1 常开触头也断开，KM4 线圈断电，KM4 主触头断开，制动电阻 R4 从电枢两端脱离，直流电动机能耗制动结束。

2．反接制动

直流电动机的反接制动可通过两种方式实现，即改变电枢两端的电压极性或改变励磁电流的方向来改变电磁转矩的方向，形成制动转矩，迫使电动机迅速停转。他励直流电动机的反接制动可通过负载倒拉反接制动和电枢电压反接制动两种方式实现。

（1）负载倒拉反接制动。

负载倒拉反接制动又称位能负载时转速反向的反接制动。当起重机提升重物时，电磁转矩 T 方向与电动机的转速 n 的方向一致，电动机处于正常运行状态。当起重机下放重物时，在电枢回路中串入一个较大的电阻，使电磁转矩 T 减小，当电磁转矩 T 小于负载自重转矩 T_L 时，负载倒拉电动机反转。此时电磁转矩 T 方向未变，但是转速 n 的方向改变了，电磁转矩 T 成为制动性质的转矩，电动机便处于制动运行状态。

直流电动机负载倒拉反接制动如图 3-15 所示。

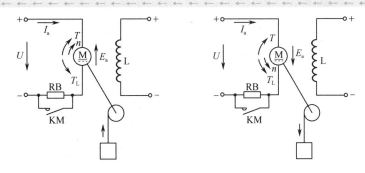

图 3-15 直流电动机负载倒拉反接制动

（2）电枢电压反接制动。

电枢电压反接制动是把正在运转的直流电动机的电枢两端电压极性反接，并保持其励磁电流的大小和方向不变的制动方法。如图 3-16 所示为他励直流电动机反接制动电路图。

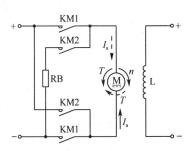

图 3-16 他励直流电动机反接制动电路图

反接制动时，断开正转接触器 KM1 的主触头，闭合反转接触器 KM2 的主触头，直流电源便反接到电枢两端；与此同时，在电枢回路中串入反接制动电阻 RB（又称限流电阻）。电路图中的虚线箭头表示电动机处于电动运转状态时的电枢电流 I_a 和电磁转矩 T 的方向，实线箭头则表示反接制动时的电枢电流 I_a 和制动转矩 T 的方向。

在反接制动时，由于电枢电流反向，电磁转矩也因之反向，而电动机因惯性仍按原方向运转，于是电磁转矩 T 与转速 n 的方向相反，T 成为制动转矩，电动机便处于制动状态。

因为反接制动时的电枢电流是由电源电压与电枢电动势共同建立的，所以电枢电流较大。为了限流，必须在制动回路中串入限流电阻 RB，其阻值要比能耗制动时串入制动电阻的阻值几乎大一倍。另外，在反接制动时，应注意在电动机转速下降到零之前及时切断电源，防止电动机反向启动。

反接制动的优点是制动转矩大、制动时间短；缺点是制动过程中冲击强烈，易损坏传动零部件。在反接制动时，电动机的动能和电源供给的电能均消耗在电枢回路电阻及制动电阻上，能量消耗较大，不经济。因此，反接制动一般适用于不频繁启动和制动的场合。

巩固练习

1．他励直流电动机在启动和运行过程中，为什么不能将励磁电路断开？

2．如何使直流电动机反向旋转？他励直流电动机一般采用什么方法使其反转？

3．直流电动机电力制动常用的方法有几种？各有什么优缺点？

4．如何实现直流电动机的零励磁保护和过载保护？

5．什么是直流电动机的调速？调速的方法有哪几种？各有什么优缺点？

6．"飞车"是什么意思？怎样防止"飞车"事故的发生？

7．简述 G-M 机组的控制原理。

8．请分析如图 3-17 所示的控制线路的工作过程。

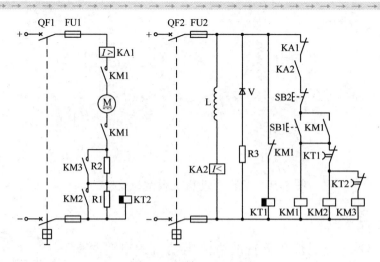

图 3-17　练习题 8 图

特别提示

　　直流电动机的机械特性是指直流电动机在稳态运行时，其转速 n 与电磁转矩 T 的关系 $n=f(T)$。因为转速和转矩都是机械量，所以称为机械特性。机械特性是描述电动机运行性能的主要参数，它可以反映电动机的启动、运行、制动、调速等工作情况。

　　电动机带动负载的目的是向生产机械提供一定的转矩，并使其能以一定的转速运转。所以，转矩和转速是生产机械对电动机提出的两项基本要求，是选用电动机的一个重要依据，而各类电动机也都因有自己的机械特性而适用于不同的场合。

　　机械特性有一个重要的指标就是它的硬度，它表示电动机的转速随转矩改变而变化的程度，反映了当转矩变化时转速的稳定度，通常用硬度系数 β 表示。

　　从硬度的观点看，可以把电动机的机械特性分成以下三种类型。

　● 绝对硬的机械特性，当转矩改变时转速基本不变，如图 3-18 直线 a 所示。

　● 硬的机械特性，转速随转矩的改变变化程度不大，如图 3-18 直线 b 所示。

　● 软的机械特性，转速随转矩的改变有较大的变化，如图 3-18 曲线 c 所示。

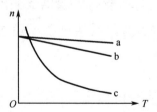

图 3-18　直流电动机的机械特性类型

　　通常，他励和并励直流电动机的机械特性较硬，串励直流电动机的机械特性较软。

3.3　并励直流电动机的基本控制线路

　　并励直流电动机与他励直流电动机并无本质区别，只是连接方式不同。并励直流电动机的励磁绕组与电枢绕组并联。它的特点是励磁绕组匝数多，导线截面较细，励磁电流只占电枢电流的一小部分。转速需保持恒定或需要在宽广范围内进行调速的生产机械，常采用并励直流电动机拖动，如大型车床、磨床、刨床和某些冶金机械等。

3.3.1　并励直流电动机的启动控制线路

1．手动启动控制线路

并励直流电动机手动启动控制线路如图 3-19 所示。

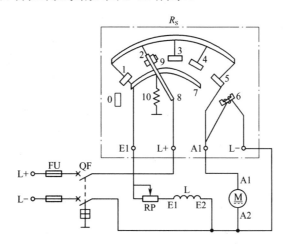

图 3-19　并励直流电动机手动启动控制线路

　　启动前，启动变阻器的手轮置于"0"位，为获得较大的启动转矩，应将励磁电路的外接电阻 RP 短接，使励磁电流最大。启动时，闭合电源开关 QF，慢慢转动手轮 8，使手轮从"0"位转到静触头 1，接通励磁绕组电路，同时将变阻器 R_s 的全部启动电阻接入电枢电路，电动机开始启动旋转。随着转速的升高，手轮依次转到静触头 2、3、4 等位置，使启动电阻逐级切除，当手轮转到最后一个静触头 5 时，电磁铁 6 吸住手轮衔铁 9，此时启动变阻器全部切除，直流电动机启动完毕，进入正常运转状态。

　　当电动机停止工作切断电源时，电磁铁 6 由于线圈断电吸力消失，在复位弹簧 10 的作用下，手轮自动返回"0"位，以备下次启动。电磁铁 6 还具有失压和欠压保护作用。

　　因为并励直流电动机的励磁绕组具有很大的电感，所以当手轮返回到"0"位时，励磁绕组会因突然断电而产生很大的自感电动势，可能会击穿绕组的绝缘材料，在手轮和铜条间还会产生火花，将动触头烧坏。因此，为了防止发生这些现象，应将弧形铜条 7 与静触头 1 相连，当手轮返回到"0"位时，使励磁绕组、电枢绕组和启动电阻组成一个闭合回路，作为励磁绕组断电时的放电回路。

2．电枢回路串二级电阻启动控制线路

如图 3-20 所示为并励直流电动机电枢回路串二级电阻启动控制线路。

图中，KA1 是欠电流继电器，用作励磁绕组的失磁保护；KA2 是过电流继电器，用来对电动机进行过载和短路保护；KT1、KT2 是时间继电器，在调整时间继电器的整定时间时，应使 KT1 比 KT2 的延时时间短；电阻 R 是电动机停转时励磁绕组的放电电阻；V 是

续流二极管，其作用是使励磁绕组正常工作时电阻 R 上没有电流流入。

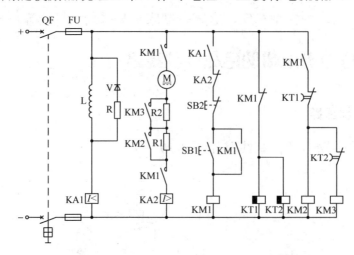

图 3-20　并励直流电动机电枢回路串二级电阻启动控制线路

启动时，先闭合电源开关 QF，励磁绕组得电励磁，欠电流继电器 KA1 线圈得电，KA1 常开触头闭合，接通控制电路电源；同时时间继电器 KT1 和 KT2 线圈得电，KT1 和 KT2 的延时闭合常闭触头瞬时断开。

按下启动按钮 SB2，接触器 KM1 线圈得电，KM1 主触头闭合，电动机串联电阻器 R1、R2 启动；KM1 常开辅助触头闭合，实现自锁；KM1 常闭辅助触头断开，KT1 和 KT2 线圈断电，经过 KT1 的整定时间，KT1 的延时闭合常闭触头闭合，接触器 KM2 线圈得电，KM2 主触头闭合，将电阻器 R1 短接；经过 KT2 的整定时间，KT2 的延时闭合常闭触头也闭合，接触器 KM3 线圈得电，KM3 主触头闭合，将电阻器 R2 短接，电动机全压运行。

停止时，按下 SB1，接触器 KM1 线圈失电，KM1 主触头断开，电动机停转，励磁绕组 L 通过电阻 R 进行放电。

3.3.2　并励直流电动机的正转和反转控制线路

因为并励直流电动机的励磁绕组电感很大，若要使励磁电流改变方向，需要较长时间，所以正转和反转控制不采用改变励磁电流方向的方法，而是保持磁场方向不变，通过改变电枢电流的方向使电动机反转。

并励直流电动机的正转和反转控制线路如图 3-21 所示。该线路采用了断电延时型时间继电器 KT 的一个延时闭合常闭触头，其特点是当 KT 线圈得电吸合时，KT 延时闭合常闭触头瞬时（立即）断开；当 KT 线圈失电释放时，KT 延时闭合常闭触头延时闭合。

启动时，闭合电源开关 QF，励磁绕组通电，用作失磁保护的欠电流继电器 KA 线圈得电，KA 常开触头闭合；同时，时间继电器 KT 线圈得电，KT 的延时闭合常闭触头断开。

按下正转启动按钮 SB1，接触器 KM1 线圈得电，KM1 主触头闭合，电动机串电阻 R 正转启动；KM1 的两个常闭辅助触头断开，KT 线圈失电，KM1 的两个常开辅助触头闭合；经过 KT 的整定时间，KT 的延时闭合常闭触头恢复闭合，使 KM3 线圈得电，KM3 主触头闭合，电阻 R 被短接，电动机串电阻降压启动完毕，进入全压运行状态。

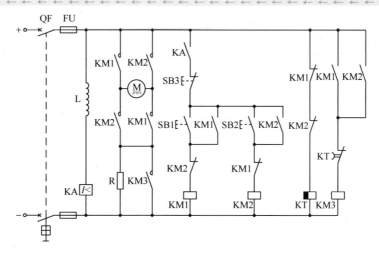

图 3-21 并励直流电动机的正转和反转控制线路

若要从正转改变为反转，则需先按下 SB3，使 KM1 线圈断电，KM1 的所有触头复位；再按下反转启动按钮 SB2，接触器 KM2 线圈得电，KM2 主触头闭合，使电枢电流反向，电动机反转。反转的串电阻降压启动过程与正转相同。

3.3.3 并励直流电动机的调速控制线路

因为并励直流电动机的转速公式与他励直流电动机的转速公式相同，即：

$$n=(U-I_aR_a)/C_e\phi$$

所以并励直流电动机的调速方法与他励直流电动机的调速方法基本相同，都可以在电枢回路中串接电阻进行调速。并励直流电动机电枢回路串电阻调速控制线路如图 3-22 所示。

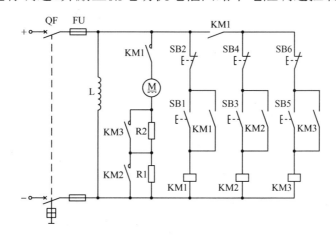

图 3-22 并励直流电动机电枢回路串电阻调速控制线路

在该线路中，接触器 KM1 控制并励直流电动机启动和运行；接触器 KM2 和 KM3 分别用于将调速电阻 R1 和 R2 短接，使电动机实现中速或高速运行。

电枢回路串电阻调速设备简单、操作方便，调速电阻可兼作启动电阻用。当调速电阻全部被短接时，电动机的转速最高，因此这种调速方法只能在电动机的额定转速以下调节。因为调速电阻只能分段调节，属于有级调速，所以调速的平滑性较差。而且随着调速电阻的增大，电动机的机械特性变软，即负载变化引起的转速波动较大。此外，在调速过程中，较大的电枢电流流过调速电阻，会产生较大的电能损耗，使电动机的效率降低。

3.3.4 并励直流电动机的制动控制线路

1. 能耗制动

直流电动机能耗制动方法简单、操作简便、安全、经济。但当电动机低速运转时，制动转矩很小，故转速较低时，应增加机械抱闸制动，迫使电动机更快停转。

如图 3-23 所示为并励直流电动机单向启动能耗制动控制线路。

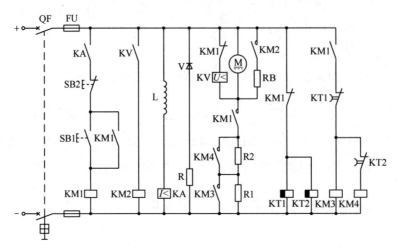

图 3-23　并励直流电动机单向启动能耗制动控制线路

该线路的工作原理如下。

串联二级电阻单向启动运转：

闭合电源开关 QF，按下启动按钮 SB1，电动机 M 接通电源串二级电阻启动。其控制过程参照前述并励直流电动机电枢回路串二级电阻启动控制线路。

停转：

按下停止按钮 SB2→KM1 线圈失电→KM1 主触头断开→电枢回路断电；KM1 常开辅助触头断开→使 KM3、KM4 线圈失电，触头复位；KM1 自锁触头断开；KM1 的两对常闭辅助触头恢复闭合，使 KT1、KT2 的延时闭合常闭触头瞬时断开；惯性运转的电枢切割磁力线，在电枢绕组中产生感应电动势→并联在电枢两端的欠压继电器 KV 线圈得电→KV 的常开触头闭合，使 KM2 线圈得电→KM2 主触头闭合→制动电阻 RB 接入电枢回路进行能耗制动→当电动机的转速减小到一定值时，电枢绕组的感应电动势也随之减小→欠压继电器 KV 释放→KV 的触头复位→KM2 断电释放，断开制动回路，能耗制动完毕。

电路中的电阻 R 为电动机能耗制动停转时励磁绕组的放电电阻，V 为续流二极管。

制动电阻 RB 的电阻值 R_B，可按下式估算：

$$R_B = \frac{E_a}{I_N} - R_a \approx \frac{U_N}{I_N} - R_a$$

式中，I_N——电动机额定电流，单位为 A；R_a——电动机电枢回路电阻，单位为 Ω；U_N——电动机额定电压，单位为 V；E_a——电动机电枢绕组的感应电动势，单位为 V。

2．反接制动

如图 3-24 所示为并励直流电动机双向启动反接制动控制线路。

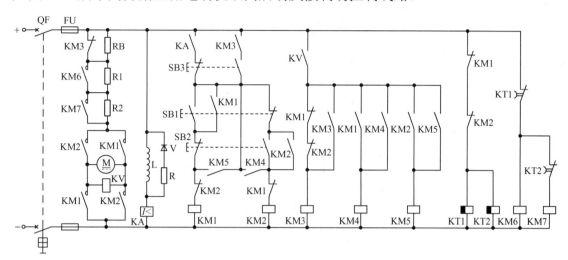

图 3-24 并励直流电动机双向启动反接制动控制线路

该线路的工作原理如下。

闭合电源开关 QF。

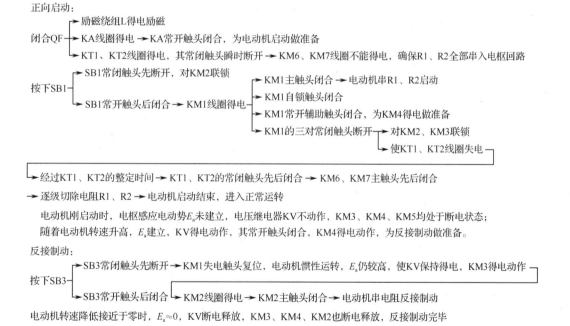

并励直流电动机的反接制动通常是采用电枢绕组反接法，反接制动的原理与反转基本相同，所不同的是转速下降至零时应立即断开电源。

3．再生发电制动

再生发电制动又称回馈制动，适用于电动机的转速大于空载转速的场合。这时电枢产生的感应电动势大于电源电压，电枢电流改变方向，电动机处于发电制动状态，将机械能转化为电能反馈回电网，并产生制动转矩以限制电动机的转速。串励直流电动机采用再生发电制动时，必须先将串励改为他励，以保证电动机的磁通不随电枢电流变化。

巩固练习

1．并励直流电动机一般采用什么方法使其反转？

2．请分析如图 3-25 所示的电路正转和反转工作过程。

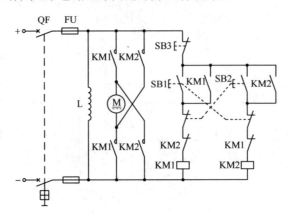

图 3-25　练习题 2 图

3．并励直流电动机采用反接制动时应注意哪些问题？

4．为什么要对直流电动机进行失磁保护？

3.4　串励直流电动机的基本控制线路

串励直流电动机的励磁绕组和电枢绕组相串联，其电磁转矩 T 与电枢电流 I_a 的平方成正比。因此，在同样大的启动电流下，串励直流电动机的启动转矩要比他励或并励直流电动机的启动转矩大得多。所以，串励直流电动机具备易启动、带负载启动能力强、启动时间短等优点。

串励直流电动机的机械特性是双曲线，机械特性较软。因为输出功率与转矩和转速的乘积成正比，当串励直流电动机的转矩增大时，转速显著下降，使其输出功率变化不大，即串励直流电动机能够自动保持恒功率运行，不会因为转矩增大而过载，过载能力较强。

综上所述，串励直流电动机特别适用于要求带大负载启动的场合和负载变化时转速允许变化的恒功率负载场合，如起重机械和运输机械等。当起重机起吊重物时，负载转矩大，串励直流电动机的转速低，可保证吊物时的安全；当起重机起吊轻物时，负载转矩小，串励直流电动机的转速高，可提高生产效率。

串励直流电动机在使用时，切忌空载运行。因为串励直流电动机的空载转速很高，过大的惯性离心力会损坏电动机，所以串励直流电动机启动时要带的负载不得低于 20%～30%的额定负载。同时，串励直流电动机要与生产机械直接耦合，禁止使用皮带或链条传动，以防止皮带滑脱或链条断裂而发生事故。

3.4.1　串励直流电动机的启动控制线路

串励直流电动机较常用的启动方法是电枢回路串联电阻启动，以限制启动电流。

1. 手动启动控制线路

串励直流电动机手动启动控制线路如图 3-26 所示。其工作过程与并励直流电动机相同。

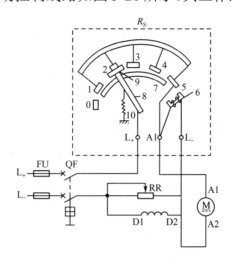

图 3-26　串励直流电动机手动启动控制线路

2. 串励直流电动机串二级电阻启动控制线路

如图 3-27 所示为串励直流电动机串二级电阻启动控制线路。

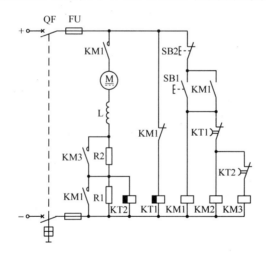

图 3-27　串励直流电动机串二级电阻启动控制线路

该线路的工作原理如下。

闭合电源开关 QF，时间继电器 KT1 得电动作，其常闭触头瞬时断开，使接触器 KM2、KM3 在未启动前均断电，从而保证了启动电阻 R1、R2 全部串入电枢电路中。

按下启动按钮 SB1，KM1 线圈得电，KM1 主触头闭合，接通主电路。刚接通时，R1 两端的电压足以使时间继电器 KT2 线圈得电动作，KT2 延时闭合常闭触头瞬时断开；KM1 常闭辅助触头断开，使时间继电器 KT1 线圈断电，经过 KT1 的整定时间，KT1 延时闭合常闭触头闭合，KM2 线圈得电动作，KM2 主触头闭合，电阻 R1 和 KT2 被短接。经过 KT2 的整定时间，KT2 延时闭合常闭触头闭合，KM3 线圈得电动作，KM3 主触头闭合，将电阻 R2 短接，电动机启动完毕，进入全压运行状态。

若要让电动机停转，则按下停止按钮 SB2，接触器 KM1 线圈断电，KM1 主触头恢复断开，电动机脱离电源，逐渐停转。

3.4.2 串励直流电动机的正转和反转控制线路

因为串励直流电动机电枢绕组两端的电压很高，而励磁绕组两端的电压很低，反接比较容易，所以串励直流电动机常采用磁场反接法来实现正转和反转控制，即保持电枢电流方向不变而改变磁场方向（励磁电流的方向），使电动机反转，内燃机车、电力机车的反转均采用此种方法。串励直流电动机的正转和反转控制线路如图 3-28 所示，工作原理可自行分析。

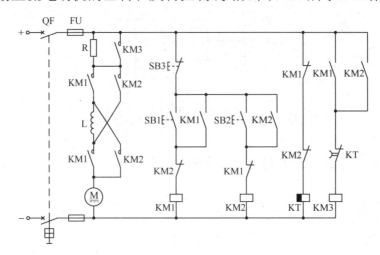

图 3-28　串励直流电动机的正转和反转控制线路

3.4.3 串励直流电动机的调速控制线路

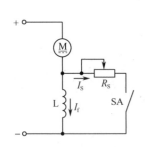

图 3-29　励磁绕组并联
分流电阻调速线路

串励直流电动机的调速方法与他励和并励直流电动机相同，有电枢回路串联电阻调速、改变电枢电压调速、改变主磁通调速三种方法。其中，改变主磁通调速，在小型串励直流电动机上，常采用改变励磁绕组的匝数或改变接线方式的方法；在大型串励电动机上，常采用在励磁绕组两端并联可调分流电阻（R_s）的方法。

励磁绕组并联分流电阻调速线路如图 3-29 所示。

调节分流电阻（R_s）的大小，就可以使励磁绕组中的电流大小发生变化，从而改变电动机的励磁通，达到调节电动机转速的目的。调速过程如下。

$$R_s \downarrow \rightarrow I_s \uparrow \rightarrow I_f \downarrow \rightarrow \Phi \downarrow \rightarrow n \uparrow$$

$$R_s \uparrow \rightarrow I_s \downarrow \rightarrow I_f \uparrow \rightarrow \Phi \uparrow \rightarrow n \downarrow$$

其中，I_s 为流过电阻（R_s）的电流，I_f 为电动机励磁电流。

3.4.4 串励直流电动机的制动控制线路

串励直流电动机有两种制动方式：能耗制动和反接制动。

1. 能耗制动

因为串励直流电动机的理想空载转速趋于无穷大，所以不可能满足再生发电制动的条件，电力制动只有能耗制动和反接制动两种方法，能耗制动有自励式和他励式两种方式。

（1）自励式能耗制动。

如图 3-30 所示为串励直流电动机自励式能耗制动控制线路。

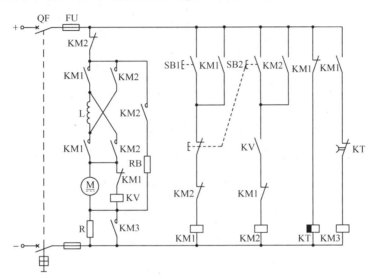

图 3-30　串励直流电动机自励式能耗制动控制线路

自励式能耗制动是将运行着的电动机断开电源后，把励磁绕组反接并与电枢绕组和制动电阻串联构成闭合回路。此时电动机在惯性作用下继续运转，处于自励发电状态，流过电枢绕组的电流方向与原方向相反，产生的电磁转矩 T 方向因与转速 n 方向相反而成为制动转矩，迫使电动机迅速停转，实现制动。

该线路的工作原理如下。

闭合电源开关 QF。

启动运转：

时间继电器 KT 线圈得电，KT 延时闭合常闭触头瞬时断开。

按下启动按钮 SB1，接触器 KM1 线圈得电动作，电动机 M 串电阻 R 启动，由时间继电器控制自动转入全压正常运行。

能耗制动：

按下停止按钮 SB2，SB2 的常闭触头先断开、常开触头后闭合。KM1 线圈断电，KM1 各触头复位，主回路断电，电动机惯性运转，电枢绕组切割磁力线产生感应电动势，使 KV 线圈得电，KV 常开触头闭合；KM2 线圈得电动作，主电路中的 KM2 常闭辅助触头断开，切断电动机与电源的连接，控制线路中的 KM2 常闭辅助触头断开，实现联锁，KM2 常开辅助触头闭合自锁；KM2 主触头闭合，使励磁绕组反接后与电枢绕组和制动电阻 RB 构成闭合回路，实现自励式能耗制动。电动机迅速停转，电枢绕组不再切割磁力线，感应电动势消失，KV 断电释放，KV 常开触头断开，KM2 线圈失电，KM2 各触头复位，制动结束。

自励式能耗制动的磁场是由电动机本身的制动电流励磁产生的，所以这种制动在电动机高速运转时，制动转矩大、制动效果好；在低速运转时，制动转矩衰减很快、制动效果变差。

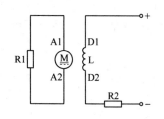

图 3-31　串励直流电动机他励式能耗制动

（2）他励式能耗制动。

串励直流电动机的他励式能耗制动如图 3-31 所示。制动时，切断电动机电源，将电枢绕组与放电电阻 R1 接通，励磁绕组与电枢绕组断开后串入分压电阻 R2，再接入外加直流电源励磁。由于串励励磁绕组电阻很小，若外加电源与电枢电源共用时，需要在串励回路串入较大的降压电阻。这种制动方法不仅需要外加直流电源设备，而且励磁电路消耗的功率较大，所以不太经济。

小型串励直流电动机他励式能耗制动控制线路如图 3-32 所示。其中，SB1 和 SB2 分别是点动正转和点动反转的控制按钮；R1、R2 是电枢绕组的放电电阻，减小它们的阻值可使制动转矩增大；R3 是限流电阻，防止电动机的启动电流过大；R 是励磁绕组的分压电阻；SQ1 和 SQ2 是行程开关。

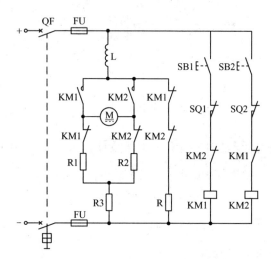

图 3-32　小型串励直流电动机他励式能耗制动控制线路

该线路的工作原理如下。

点动正转：闭合电源开关 QF，按下点动正转按钮 SB1，接触器 KM1 线圈得电，KM1 的 3 对常闭辅助触头断开，分别断开电阻 R1、R 的电路连接，并对 KM2 实现联锁；KM1 主触头闭合，电动机串电阻 R2、R3 正转启动。

制动：

松开按钮 SB1，KM1 线圈断电，KM1 各触头复位。电动机的电枢绕组断电，励磁绕组 L 经 KM1、KM2 的常闭触头与分压电阻 R 串联接入直流电源，电动机因惯性继续运转，电枢绕组经 KM1、KM2 的常闭触头与 R1、R2 构成闭合回路，实现他励式能耗制动。

点动反转及其制动过程与点动正转的情况类似，请自行分析。

2．反接制动

串励直流电动机的反接制动可通过电枢电压反接法和位能负载时转速反向法两种方式实现。串励直流电动机的反接制动如图 3-33 所示。

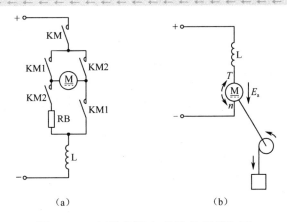

图 3-33　串励直流电动机的反接制动

（1）电枢电压反接法。

电枢电压反接法是指将转动状态下的串励直流电动机在切断直流电源后，将电枢绕组反接，并保持其励磁电流方向不变的制动方法。因为串励直流电动机的励磁绕组与电枢绕组是串联的，其励磁电流就是电枢电流，所以在采用电枢电压反接制动时必须注意：通过电枢绕组的电流和通过励磁绕组的电流不能同时反向，一般只将电枢绕组反接，如图 3-33（a）所示。图中，RB 是制动电阻，起限制反接制动电流的作用。

（2）位能负载时转速反向法。

位能负载转矩强迫电动机反转，即负载倒拉反接制动，如图 3-33（b）示。

巩固练习

1．串励直流电动机的励磁绕组和电枢绕组是怎样连接的？其机械特性有什么特点？适用于什么场合？

2．串励直流电动机为什么不允许空载运行？

3．串励直流电动机在电源反接时，电枢电流方向、磁通方向、旋转方向分别有什么变化？为什么？

4．串励直流电动机的反接制动一般有哪两种情况？

知识小结

本章首先介绍了直流电动机的基本结构、工作原理及分类，然后分别介绍了几种励磁形式的直流电动机的启动、正转和反转、调速及制动控制线路。

直流电动机主要由定子和转子两大部分组成。定子主要用来产生磁场并起机械支撑作用；转子的主要作用是产生感应电动势和电磁转矩。

直流电动机是基于通电导体在磁场中会受到电磁力作用的原理，将直流电通过电刷和换向器向电枢绕组供电。电刷和换向器对电枢绕组中电流的换向作用，使电枢（转子）持续受到同方向的电磁转矩作用而实现连续旋转。

直流电动机按照励磁绕组与电枢绕组的接线方式不同，分为他励式和自励式两种，自励式又分为并励、串励和复励等几种类型。直流电动机的性能与它的励磁方式密切相关。

他励和并励直流电动机在使用时，励磁回路绝对不允许开路；串励直流电动机在使用时不允许空载，不允许采用皮带或链条传动。

直流电动机在稳定运行时，其转速 n 随转矩 T 而变化的特性 $n=f(T)$ 称为机械特性。

直流电动机直接启动时的启动电流很大，这将对电源及电动机本身带来危害。因此，除功率很小的直流电动机可以直接启动，一般都要采取措施来限制启动电流。直流电动机常用的启动方法有两种：一是电枢回路串联电阻启动；二是降低电源电压启动。

直流电动机实现反转的方法有两种：一是电枢绕组反接法，即保持励磁绕组电压极性不变，将电动机的电枢绕组反接，使电枢电流反向，进而使电磁转矩反向。二是励磁绕组反接法，即保持电枢两端电压极性不变，将电动机的励磁绕组反接，使励磁电流反向，进而使磁通和电磁转矩反向。通常采用的是电枢绕组反接法，应当注意在将电枢绕组反接的同时，必须将换向极绕组一起反接，以达到改善换向的目的。

直流电动机的调速可采用机械方法、电气方法或机械和电气配合的方法。其中电气调速可通过电枢回路串电阻、改变主磁通和改变电枢电压三种方法实现。

直流电动机的制动方式分为机械制动和电力制动两类。机械制动常用的方法是电磁抱闸制动；电力制动常用的方法有能耗制动、反接制动和再生发电制动（又称回馈制动）三种。

第4章

常用生产机械控制线路

生产中经常需要搬运和输送物料或设备，本章将简要介绍应用广泛的皮带输送机、电动葫芦和桥式起重机的电气控制线路。

皮带输送机也称带式输送机或胶带输送机等，是组成有节奏的流水作业线不可缺少的经济型物流输送设备，广泛应用于机械、电子、印刷、邮电、食品等行业。

起重机械是指用于垂直升降或垂直升降并水平移动重物的机电设备。机电工程中经常使用的起重机械可分为轻小型起重设备和起重机等。

轻小型起重设备的特点是轻便、结构紧凑、动作简单，其作业范围投影以点、线为主。轻小型起重设备可分为千斤顶、滑车、起重葫芦、卷扬机四大类。其中，起重葫芦又可分为手拉葫芦、手板葫芦、电动葫芦、气动葫芦、液动葫芦等。

起重机是指在一定范围内垂直提升和水平搬运重物的多动作起重机械，又称天车、航吊、吊车。起重机可分为桥架型起重机、臂架型起重机、缆索型起重机三大类。其中，桥架型起重机可以在长方形场地及其上空作业，多用于车间、仓库、露天堆场等处的物品装卸，包含梁式起重机、桥式起重机、龙门起重机、缆索起重机、运载桥等。

4.1 皮带输送机控制线路

皮带输送机具有输送能力强、输送距离远、结构简单、易于维护、能方便地实行程序化控制和自动化操作的特点，其运行高速、平稳、噪声低，并且可以上下坡传送。

如图4-1所示为皮带输送机工作示意图。

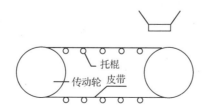

图4-1 皮带输送机工作示意图

皮带输送机采用三相异步电动机拖动传动轮带动皮带在托辊上运行。本节以三条皮带输送机为例，分析其控制线路及工作原理。

4.1.1　皮带输送机的电气要求

三条皮带输送机的工作示意图如图4-2所示。如果皮带较长，装载货物多且重，那么可以采用启动转矩大的双笼型异步电动机或绕线式异步电动机，特殊情况下可采用特殊电动机。

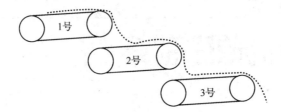

图 4-2　三条皮带输送机的工作示意图

皮带输送机应用顺序控制：为了防止货物在皮带上堆积，启动顺序为 3 号—2 号—1 号；为了保证停止后皮带上不残存货物，停止顺序为 1 号—2 号—3 号。当 2 号或 3 号出现故障时，必须将 1 号停下，以免继续进料。皮带输送机的控制线路如图4-3所示。

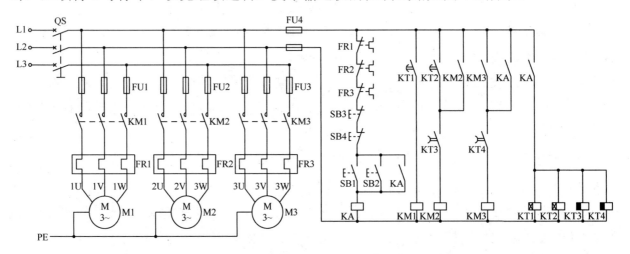

图 4-3　皮带输送机的控制线路

4.1.2　皮带输送机的控制线路分析

1. 主电路

在图 4-3 中，M1、M2、M3 分别为 1 号、2 号、3 号皮带的电动机，由 KM1、KM2、KM3 的主触头控制。三台电动机分别装有熔断器和热继电器，进行短路保护和过载保护，QS 为电源开关。启动顺序为 M3—M2—M1，停止顺序为 M1—M2—M3。

2. 控制线路

在图 4-3 中，SB1、SB2、SB3、SB4 是为实现两地控制而采用的两套启动和停止按钮；KT1～KT4 为时间继电器，其中 KT1 和 KT2 是通电延时型，KT3 和 KT4 是断电延时型。

第 4 章　常用生产机械控制线路

（1）启动过程。

按下 SB1（或 SB2），中间继电器 KA 得电吸合并自锁，其常开触头闭合，使 4 个时间继电器 KT1～KT4 线圈得电，其中 KT3、KT4 得电后瞬时闭合，KM3 线圈得电吸合，其常开触头闭合自锁，KM3 主触头闭合，M3 首先启动；KT1 和 KT2 的线圈得电后，需延时才能闭合，且预先设置 KT1 的整定时间比 KT2 的整定时间长。

经过 KT2 的整定时间，KT2 的延时闭合常开触头闭合，KM2 线圈得电，KM2 主触头闭合，M2 启动，KM2 常开触头闭合自锁；然后经过 KT1 的整定时间，KT1 的延时闭合常开触头闭合，KM1 线圈得电，KM1 主触头闭合，M1 启动，KM1 常开触头闭合自锁。可见，只要恰当选择 KT2～KT1 的延时闭合时间，就可以保证启动按 M3—M2—M1 的顺序进行。

（2）停止过程。

按下 SB3（或 SB4），中间继电器 KA 断电释放，KA 常开触头断开，KT1～KT4 都断电，KT1 的延时闭合常开触头瞬时断开，KM1 线圈失电，KM1 主触头断开，M1 首先停转；KT2 的延时闭合常开触头也瞬时断开，但是 KM2 自锁触头是闭合的，KT3 的延时分断常开触头需要延时之后才能断开，因此 KM2 线圈能保持得电，经过 KT3 的整定时间，KT3 的延时分断常开触头断开，KM2 线圈失电，KM2 主触头断开，M2 停转；KT4 的延时分断常开触头也需要延时之后才能动作，且 KT4 的整定时间预先设置的比 KT3 的整定时间长，经过 KT4 的整定时间，KT4 的延时分断常开触头断开，KM3 失电，M3 停转。可见，只要 KT3～KT4 的延时时间选择合适，就能保证停止按 M1—M2—M3 的顺序进行。

巩固练习

1．皮带输送机的启动顺序和停止顺序是怎样的？为什么要规定这样的顺序？

2．在皮带输送机控制线路中，4 个时间继电器的作用各是什么？如果延时时间不对，那么将产生什么后果？

4.2　电动葫芦控制线路

电动葫芦是一种用来提升或下降重物，并能在水平方向移动的起重运输机械。它具有体积小、自重轻、操作简单、使用方便等特点，广泛应用于企业、仓储、码头等场所。

常用的 CD1、MD1 型钢丝绳电动葫芦具有结构紧凑、轻巧、安全可靠、零部件通用程度大、互换性强、起重能力高、维修方便等特点，是用途广泛、深受欢迎的轻型起重设备。CD1 型为单速起升，MD1 型为常速和慢速两挡起升。

4.2.1　电动葫芦的主要结构及主要运动形式

CD1 型钢丝绳电动葫芦结构图如图 4-4 所示。它是由两个结构上相互联系的提升机构和移动装置构成的，分别由提升电动机和移动电动机拖动。提升的钢丝绳卷筒由电动机经减速箱拖动，主传动轴和电磁制动器的锥形圆盘相连接。

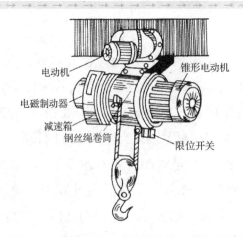

图 4-4   CD1 型钢丝绳电动葫芦结构图

电动葫芦借助导轮的作用在工字梁上来回移动，而导轮由另一台电动机经圆柱形减速箱驱动。在提升机构上端装有限位开关 SQ1，当重物上升到顶端时，SQ1 被撞开，自动切断电源并制动。电动葫芦在行走机构方面设置了电磁制动器，采用机械撞块和行程开关 SQ2、SQ3 限制前后两个方向的移动行程。

4.2.2　电动葫芦的工作原理

电动葫芦的控制线路如图 4-5 所示。

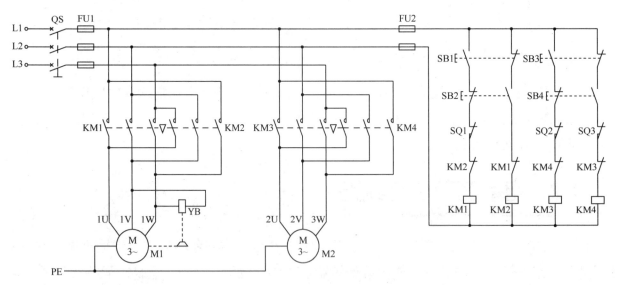

图 4-5   电动葫芦的控制线路

电源由电网经负荷开关 QS、熔断器 FU1 和滑线（或软电缆）供给主电路和控制电路。提升机构由电动机 M1 带动滚筒旋转，滚筒上卷的钢丝绳一端带有吊钩，用以吊住重物上升或下降。提升时按下按钮 SB1，SB1 的常闭触头先断开，使 KM2 线圈不能得电，SB1 的常开触头再闭合，使接触器 KM1 线圈得电，KM1 常闭辅助触头断开，实现联锁，KM1 主触头闭合，M1 正转，提升重物。

重物提升到位后松开 SB1，KM1 线圈失电，KM1 主触头恢复断开，M1 停转。为了在提升过程中保证安全，同时使提升的重物可靠而又准确地停止在空中，在提升电动机上装有特制的断电型电磁抱闸制动器 YB。

当按下按钮 SB2 时，KM2 线圈得电，KM2 常闭辅助触头断开，与 KM1 实现联锁；KM2 主触头闭合，M1 反转，使重物下降。重物下降到位后松开 SB2，KM2 线圈失电，KM2 主触头恢复断开，M1 停转，断电型电磁抱闸制动器 YB 制动。

电动葫芦的前后移动分别是由正转按钮 SB3 和正转接触器 KM3、反转按钮 SB4 和反转接触器 KM4，通过控制电动机 M2 的正转和反转来实现的。

从图中可以看出，电动葫芦的提升、下降及前后运动均采用点动控制，保证操作者离开按钮时，电动葫芦能自动断电。图中还设置了三个行程开关，作为提升及前后运动的限位保护。为了防止电动机正转和反转同时通电，该线路采用了按钮、接触器双重联锁。

巩固练习

分析电动葫芦的工作原理，想一想：电动葫芦的电气控制线路都采取了哪些保护措施？

4.3　桥式起重机控制线路

桥式起重机是应用范围较广、数量较多的一种起重设备。它横架于车间、仓库和料场上空，形状似桥，用于物料的吊运，俗称"行车"或"天车"。桥式起重机的结构示意图如图 4-6 所示。

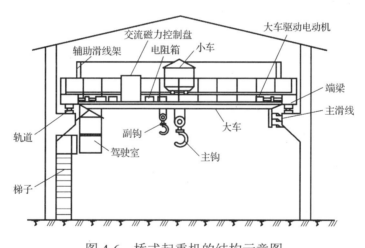

图 4-6　桥式起重机的结构示意图

4.3.1　桥式起重机的主要结构及主要运动形式

1. 桥式起重机的主要结构

（1）桥架。

桥架是起重机的基体，由主梁、端梁等部分组成。主梁横跨在车间中间，两端有端梁。桥架可沿车间长度铺设的轨道上纵向移动。主梁上铺有小车移动轨道，小车可以横向移动。

（2）大车。

大车由大车驱动电动机、制动器、传动轴和车轮等部分组成。拖动方式由一台电动机经减速装置拖动大车的两个主动轮同时移动，或者采用两台电动机经减速装置分别拖动大车的两个主动轮同时移动。

（3）小车。

小车又称跑车，由小车架、提升机构、小车移动机构和限位开关等组成。小车移动机构由小车电动机经减速箱拖动小车横向移动，两端有缓冲装置和限位开关保护。

主钩和副钩都安装在小车上，主钩用来提升重物，副钩除了可以提升轻物，还可以用来协同主钩倾转和翻倒工件，但不允许主、副钩同时提升两个工件。

2. 桥式起重机的主要运动形式

桥式起重机的运动主要有以下形式。

（1）大车沿车间两边轨道纵向移动。

（2）小车及提升机构沿桥架主梁上的轨道横向移动。

（3）提升机构由提升电动机经减速箱拖动卷筒，通过钢丝绳使重物上升或下降。

这些机构配合动作，可使重物在桥架下面的空间起升和搬运，不受地面设备的阻碍。

4.3.2 桥式起重机的电气控制线路分析

桥式起重机的起重量是指起重机实际允许起吊的最大负荷量，以吨（t）为单位。起重量 5～10 t 为小型，10～50 t 为中型，50 t 以上为重型。起重量小于 10 t 的只设一套起升机构，即单钩，有 5 t 和 10 t 两种。起重量大于 10 t 的设两套起升机构，即双钩，有 15/3 t、20/5 t、30/5 t、50/10 t、75/20 t、100/20 t、150/30 t、200/30 t、250/30 t 等多种，这里分子为主钩起重量，分母为副钩起重量。本节以 20/5 t 桥式起重机为例，介绍其电气控制线路的构成和控制原理。

1. 20/5 t 桥式起重机的控制要求

20/5 t 桥式起重机共有五台绕线转子异步电动机，其控制要求如下。

（1）要求电动机的启动转矩大、启动电流小，且有一定的调速要求。因此，多选用绕线转子异步电动机驱动，用转子绕组串联电阻实现启动和调速控制。

（2）有合理的升降速度，空载、轻载时速度要快，以减少辅助工时；重载时速度要慢。

（3）提升开始和重物下降到预定位置附近时，需要低速，因此在 30% 额定速度内应分为几挡，以便灵活操作。

（4）提升的第一挡作为预备级，这是为了消除传动的间隙和张紧钢丝绳，以避免过大的机械冲击，所以启动转矩不能太大。

（5）保证安全生产，停车必须采用安全可靠的制动方式，因此采用电磁抱闸制动。

（6）具有完备的保护环节：短路、过载、终端及零位保护。

如图 4-7 所示为 20/5 t 桥式起重机的电气控制线路和触头分合表。

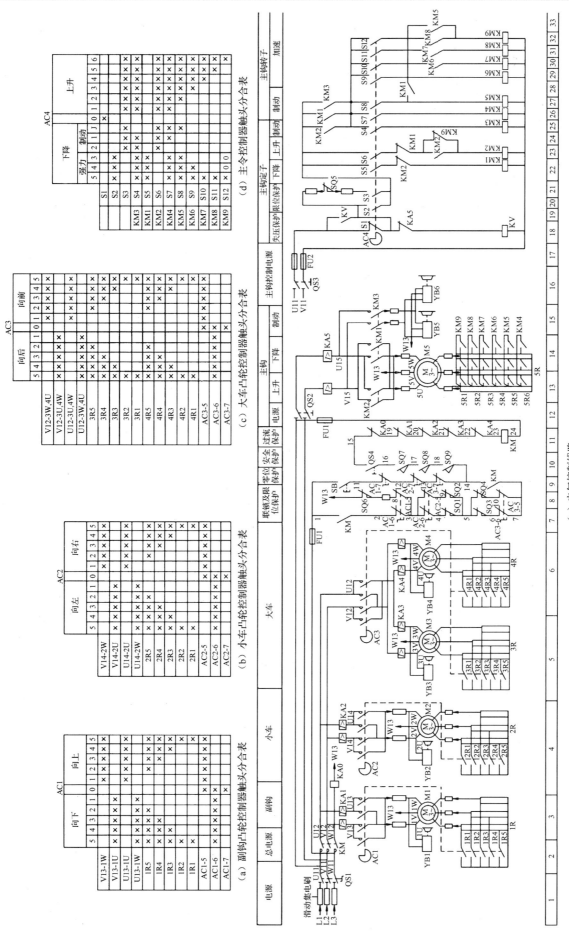

图4-7 20/5 t桥式起重机的电气控制线路和触头分合表

20/5 t 桥式起重机的电气元件明细表见表 4-1。

表 4-1　20/5 t 桥式起重机的电气元件明细表

代　号	名　称	型　号	数　量	作　用
M5	主钩升降电动机	YZR315M-10、75 kW	1	拖动主钩的升降
M1	副钩升降电动机	YZR200L-8、15 kW	1	拖动副钩的升降
M2	小车电动机	YZR132MB-6、3.7 kW	1	拖动小车移动
M3、M4	大车电动机	YZR160MB-6、7.5 kW	2	拖动大车移动
AC1	副钩凸轮控制器	KTJ1-50/1	1	控制副钩电动机
AC2	小车凸轮控制器	KTJ1-50/1	1	控制小车电动机
AC3	大车凸轮控制器	KTJ1-50/5	1	控制大车电动机
AC4	主钩主令控制器	LK1-12/90	1	控制主钩电动机
YB1	副钩电磁制动器	MZD1-300	1	制动副钩
YB2	小车电磁制动器	MZD1-100	1	制动小车
YB3、YB4	大车电磁制动器	MZD1-200	2	制动大车
YB5、YB6	主钩电磁制动器	MZS1-45H	2	制动主钩
1R	副钩电阻器	2K1-41-8/2	1	副钩电动机启动调速
2R	小车电阻器	2K1-12-6/1	1	小车电动机启动调速
3R、4R	大车电阻器	4K1-22-6/1	2	大车电动机启动调速
5R	主钩电阻器	4P5-63-10/9	1	主钩电动机启动调速
QS1	总电源开关	HD-9-400/3	1	接通总电源
QS2	主钩电源开关	HD11-200/2	1	接通主钩电源
QS3	主钩控制电源开关	DZ5-50	1	接通主钩电动机控制电源
QS4	紧急开关	A-3161	1	发生紧急情况断开
SB	启动按钮	LA19-11	1	启动主接触器
KM	主接触器	CJ2-300/3	1	接通大车、小车及副钩电源
KA0	总过电流继电器	JL4-150/1	1	总过流保护
KA1~KA3	过电流继电器	JL4-15	3	过流保护
KA4	过电流继电器	JL4-40	1	过流保护
KA5	主钩过电流继电器	JL4-150	1	过流保护
FU1	熔断器	RL1-15	1	控制回路短路保护
FU2	熔断器	RL-60	2	主钩控制回路短路保护
KM1、KM2	主钩升降接触器	CJ2-250	2	控制主钩电动机旋转
KM3	主钩制动接触器	CJ2-75/2	1	控制主钩制动电磁铁
KM6~KM9	主钩加速接触器	CJ2-75/3	4	控制主钩附加电阻
KV	欠电压继电器	JT4-10P	1	欠压保护
SQ5	主钩上升行程开关	LK4-31	1	限位保护
SQ6	副钩上升行程开关	LK4-31	1	限位保护
SQ1~SQ4	大、小车行程开关	LK4-11	4	限位保护
SQ7	舱门安全开关	LX2-11H	1	舱门安全保护
SQ8、SQ9	横梁安全开关	LX2-111	2	横梁栏杆门安全保护
KM4、KM5	主钩预备级接触器	CJ2-75/3	2	控制主钩附加电阻

2．20/5 t 桥式起重机的电气设备及控制、保护装置

起重机的控制和保护由交流保护柜和交流磁力控制屏实现。总电源由隔离开关 QS1 控制，由过电流继电器 KA0 实现过流保护。KA0 的线圈串联在公用相中，其整定值不应超过全部电动机额定电流总和的 1.5 倍，而过电流继电器 KA1～KA5 的整定值一般整定在被保护电动机额定电流的 1.25～1.5 倍。各控制线路用熔断器 FU1、FU2 作为短路保护。

驾驶室舱门盖上装有安全开关 SQ7；在横梁两侧栏杆门上分别装有安全开关 SQ8、SQ9；在保护柜上还装有一个单刀单掷的紧急开关 QS4，上述各开关的常开触头与副钩、大车、小车的过电流继电器及总过电流继电器的常闭触头串联。这样，当驾驶室舱门或横梁两侧栏杆门开启时，主接触器 KM 不能得电，起重机的所有电动机都不能启动运行，从而保证了人身安全。

设置零位联锁保护，只有当所有控制器的手柄都处于零位时，起重机才能启动运行，其目的是防止电动机在转子回路的电阻被切除的情况下直接启动，产生很大的冲击电流。

电源总开关 QS1、熔断器 FU1 和 FU2、主接触器 KM、紧急开关 QS4 及过电流继电器 KA0～KA5 都安装在保护柜上。保护柜、凸轮控制器及主令控制器均安装在驾驶室内，便于驾驶员操作。电动机转子的串联电阻及交流磁力控制屏则安装在大车桥架上。

因为起重机工作时是经常移动的，所以需要采用可移动的电源供电。小型起重机常采用软电缆供电，软电缆可随大、小车的移动而伸展和叠卷。由于 20/5 t 桥式起重机在工作过程中小车要在大车上横向移动，为了方便供电及各电气设备之间的连接，在桥架的一侧装设了 21 根辅助滑触线，其主要作用如下。

（1）用于主钩部分有 10 根。其中 3 根（13、14 区）用于连接主钩电动机 M5 的定子绕组（5 U、5 V、5 W）接线端；3 根（13、14 区）用于连接转子绕组与转子附加电阻 5R；2 根（15、16 区）用于主钩电磁抱闸制动器 YB5、YB6 与交流磁力控制屏的连接；2 根（21 区）用于主钩上升行程开关 SQ5 与交流磁力控制屏及主令控制器 AC4 的连接。

（2）用于副钩部分有 6 根。其中 3 根（3 区）用于连接副钩电动机 M1 的转子绕组与转子附加电阻 1R；2 根（3 区）用于连接定子绕组（1 U、1 W）接线端与凸轮控制器 AC1；1 根（8 区）用于将副钩上升行程开关 SQ6 接到交流保护柜上。

（3）用于小车部分有 5 根。其中，3 根（4 区）用于连接小车电动机 M2 的转子绕组与附加电阻 2R；2 根（4 区）用于连接 M2 定子绕组（2 U、2 W）接线端与凸轮控制器 AC2。

起重机的导轨及金属桥架必须可靠接地。

3．主接触器（KM）的控制

接触器 KM 的控制线路如图 4-8 所示。

（1）准备阶段。

在起重机投入运行前，应将所有凸轮控制器手柄置于零位，使零位联锁触头 AC1-7、AC2-7、AC3-7（均在 9 区）闭合；闭合紧急开关 QS4（10 区），关好驾驶室舱门和横梁两侧栏杆门，使行程开关 SQ7、SQ8、SQ9 的常开触头也处于闭合状态。

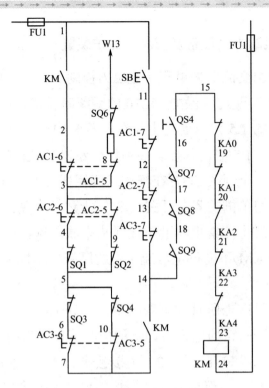

图 4-8　接触器 KM 的控制线路

（2）启动运行阶段。

闭合电源开关 QS1，按下启动按钮 SB，主接触器 KM 得电吸合，KM 主触头闭合，使两相电源 U12、V12 引入各凸轮控制器。同时，KM 的两对常开辅助触头（7 区和 9 区）闭合自锁，主接触器 KM 的线圈的得电路径如下。

FU1→1→SB→11→AC1-7→12→AC2-7→13→AC3-7→14→SQ9→18→SQ8→17→SQ7→
16→QS4→15→KA0→19→KA1→20→KA2→21→KA3→22→KA4→23→KM→24→FU1

KM 线圈闭合自锁路径如下。

W13→SQ6→8→AC1-5 ┌─→AC2-6→SQ1 ┐　　┌─→SQ3→AC3-6 ┐
FU1→1→KM→AC1-6 │　　　　　　├→5→│　　　　　　├→7→
　　　　　　　　　└─→AC2-5→SQ2 ┘→3→└─→SQ4→AC3-5 ┘

└→SQ9→18→SQ8→17→SQ7→16→QS4→15→KA0～KA4→23→KM→24→FU1

4．副钩的控制

20/5 t 桥式起重机副钩电动机的容量为 15 kW，一般采用凸轮控制器控制。

副钩凸轮控制器 AC1 共有 11 个位置，中间是零位，左、右两边各有 5 个位置，用来控制电动机 M1 在不同转速下的正转和反转，即用来控制副钩的升、降。AC1 共有 12 对触头，其中 4 对常开主触头控制 M1 定子绕组的电源，并换接电源相序以实现 M1 的正转和反转；5 对常开辅助触头控制 M1 转子电阻 1R 的切换；3 对常闭辅助触头作为联锁触头，其中 AC1-5 和 AC1-6 为 M1 正转和反转联锁触头，AC1-7 为零位联锁触头。

（1）副钩上升控制。

在主接触器 KM 线圈得电吸合的前提下，转动凸轮控制器 AC1 的手轮至上升"1"挡，AC1 的主触头 V13-1W 和 U13-1U 闭合，触头 AC1-5 闭合，AC1-6 和 AC1-7 断开，电动机 M1 接通三相电源正转，同时电磁抱闸制动器 YB1 线圈得电，闸瓦与闸轮分开，M1 转子回路中串接全部外接电阻器 1R 启动，M1 以最低转速、较大的启动转矩带动副钩上升。

转动 AC1 手轮，依次扳到上升"2"～"5"挡时，5 对常开触头 1R1～1R5 逐个闭合，依次短接电阻 1R1～1R5，电动机 M1 的转速逐步升高，直至达到预定转速。

（2）副钩下降控制。

凸轮控制器 AC1 的手轮转至向下挡位时，AC1 的主触头 V13-1U 和 U13-1W 闭合，改变接入电动机 M1 的电源相序，M1 反转；同时电磁抱闸制动器 YB1 线圈得电，闸瓦与闸轮分开，M1 转子回路中串入全部外接电阻器 1R 启动反转，带动副钩下降；依次转动手轮，AC1 的 5 对常开触头（2 区）依次闭合，短接电阻 1R5～1R1，电动机 M1 的下降转速逐渐升高，直到预定转速。

当断电或将手轮转至"0"挡时，电动机 M1 断电，同时电磁抱闸制动器 YB1 也断电，M1 被迅速制动停转。当副钩带有重负载时，考虑到负载的重力作用，在下降负载时，应先把手轮逐级扳到"下降"的最后一挡，然后根据速度要求逐级退回升速，以免下降速度过快造成事故。

5．小车的控制

小车电动机由凸轮控制器 AC2 控制，其控制过程与副钩相似。

小车的左右两端分别由行程开关 SQ1、SQ2 实现终端限位保护，限位位置和方向应现场调整、校验，确保动作可靠。小车轨道较短，应注意控制小车行进速度，确保安全。

6．大车的控制

大车电动机的容量为 7.5 kW，也采用凸轮控制器控制，其控制过程与副钩相似。因为大车由两台电动机 M3 和 M4 同时驱动，所以大车凸轮控制器 AC3 比 AC1、AC2 多了 5 对常开触头，以供切除电动机 M4 的转子电阻 4R1～4R5 使用。两台大车电动机 M3、M4 的定子绕组是并联的，由 AC3 的 4 对触头进行控制。

因为大车由两台电动机 M3 和 M4 同时驱动，所以必须确保两台大车电动机的运行速度和方向一致；两台大车电磁抱闸制动器的制动力度需要调成一致，短接的电阻需保持一致，避免发生危险。

7．主钩的控制

主钩电动机 M5 的容量较大，一般采用主令控制器配合交流磁力控制屏进行控制，即用主令控制器控制接触器，再由接触器控制电动机。为提高主钩运行的稳定性，在切除转子附加电阻时，采用三相平衡切除，使三相转子电流平衡。主钩控制线路如图 4-9 所示。

主钩上升与副钩上升的工作过程基本相似，区别仅在于它是由主令控制器 AC4 控制接触器，再由接触器控制电动机 M5 的运行。

主钩下降时与副钩的工作过程有明显的差异，主钩下降有 6 挡位置，"J""1""2"挡为制动下降位置，用于重负载低速下降，电动机处于倒拉反接制动运行状态；"3""4""5"挡为强力下降位置，主要用于轻负载快速下降，电动机处于电动或发电制动运行状态。

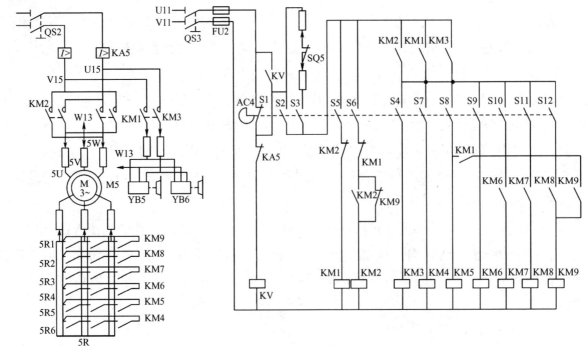

图 4-9 主钩控制线路

先闭合电源开关 QS1（1 区）、QS2（12 区）、QS3（16 区），接通主电路和控制电路电源，将主令控制器 AC4 的手柄置于零位，其触头 S1（18 区）闭合，电压继电器 KV 得电吸合，其常开触头（19 区）闭合，为主钩电动机 M5 启动做好准备。

主令控制器 AC4 的手柄处于各挡时的工作情况如下。

（1）AC4 的手柄在制动下降位置"J"挡时，AC4 的触头 S3、S6、S7、S8 闭合，接触器 KM2、KM4、KM5 得电，电动机 M5 接正序电压，产生提升方向的电磁转矩；由于 YB5、YB6 线圈未得电，仍处于制动状态，在制动器和载重的重力作用下，M5 不能启动运转。此时，M5 转子电路接入四段电阻，为启动做好准备。

（2）AC4 的手柄在制动下降位置"1"挡时，AC4 的触头 S3、S4、S6、S7 闭合，接触器 KM2、KM3、KM4 得电，电动机 M5 仍然接正序电压；由于 KM3 得电动作，YB5、YB6 得电松开，M5 能旋转；由于 KM5 失电释放，转子回路接入五段电阻，M5 产生的提升转矩减小，此时若重物产生的负载倒拉转矩大于 M5 的电磁转矩，M5 将运转在负载倒拉反接制动状态，低速下放重物；反之，若重物产生的负载倒拉转矩小于 M5 的电磁转矩，重物将被提升。此时，必须将 AC4 的手柄迅速扳到下一挡。

（3）AC4 的手柄在制动下降位置"2"挡时，AC4 的触头 S3、S4、S6 闭合，接触器 KM2、KM3 得电，电动机 M5 仍接正序电压，但 S7 断开，KM4 失电释放，附加电阻全部串入转子回路，M5 产生的电磁转矩减小，重负载的下降速度比"1"挡时加快。

（4）AC4 的手柄在强力下降位置"3"挡时，AC4 的触头 S2、S4、S5、S7、S8 闭合，接触器 KM1、KM3、KM4、KM5 得电，KM1 得电吸合，电动机 M5 接负序电压，产生下降方向的电磁转矩；KM4、KM5 得电吸合，转子回路切除两级电阻 5R6 和 5R5；KM3 得电吸合，YB5、YB6 的抱闸松开。此时若负载较轻，则 M5 处于反转电动状态，强力下降重物；若负载较重，使电动机的转速超过其同步转速，则 M5 将进入再生发电制动状态，限制下降速度。

（5）AC4 的手柄在强力下降位置"4"挡时，AC4 的触头 S2、S4、S5、S7、S8、S9 闭合，接触器 KM1、KM3、KM4、KM5、KM6 得电。KM6 得电吸合，转子附加电阻 5R4 被切除，M5 进一步加速，轻负载下降速度加快。另外，KM6 的常开辅助触头（30 区）闭合，为 KM7 得电做准备。

（6）AC4 的手柄在强力下降位置"5"挡时，AC4 的触头 S2、S4、S5、S7～S12 闭合，接触器 KM1、KM3、KM4～KM9 得电。KM7～KM9 依次得电吸合，转子附加电阻 5R3、5R2、5R1 依次逐级切除，以避免过大的冲击电流；M5 旋转速度逐渐增加，最后以最高速度运转，负载以最快速度下降。此时若负载较重，使实际下降速度超过电动机的同步转速，电动机将进入再生发电制动状态，电磁转矩变成制动转矩，限制负载下降速度的继续增加。

桥式起重机在实际运行过程中，操作人员要根据具体情况选择不同的挡位。例如，主令控制器 AC4 的手柄在强力下降位置"5"挡时，仅适用于起重较小负载的场合。如果在较小的下降速度或起重较大负载的情况下，那么就需要将 AC4 的手柄扳回到制动下降位置"1"或"2"挡进行反接制动下降。

为了避免转换过程中可能发生过高的下降速度，在接触器 KM9 电路中常用常开辅助触头 KM9（33 区）自锁；同时，为了不影响提升调速，在该支路中再串联一个常开辅助触头 KM1（28 区），以保证 AC4 的手柄由强力下降位置向制动下降位置转换时，接触器 KM9 线圈始终通电，只有将手柄扳至制动下降位置后，KM9 的线圈才断电。

在 AC4 的触头分合表中，强力下降位置"3"和"4"挡上有符号"0"，表示手柄由"5"挡回转时，触头 S12 接通。如果没有以上的联锁措施，在手柄由强力下降位置向制动下降位置转换时，若操作人员误操作，将手柄停在了"3"或"4"挡，那么正在高速下降的负载的下降速度不但得不到控制，反而会加快下落，很可能造成事故。

另外，串接在接触器 KM2 线圈电路中的 KM2 常开触头（23 区）与 KM9 常闭触头（24 区）并联，其主要作用是：当接触器 KM1 线圈断电释放后，只有在 KM9 断电释放的情况下，接触器 KM2 才能得电自锁，从而保证了只有在转子电路中串接一定的附加电阻的前提下，才能进行反接制动，以防止反接制动时产生过大的冲击电流。

4.3.3　桥式起重机的电气控制线路故障分析与维修

桥式起重机对电器运行的可靠性要求较高。桥式起重机的常见故障及排除方法见表 4-2。

表 4-2　桥式起重机的常见故障及排除方法

故　障　现　象	故　障　原　因	排　除　方　法
（一）电动机		
电动机均匀发热	1．通电持续率超过规定值	1．减轻负载
	2．被驱动的机械有卡阻、润滑不良等故障	2．检查机械自由转动情况，对症处理
	3．电源电压过低	3．减小负载或升高电压

续表

故 障 现 象	故 障 原 因	排 除 方 法
接通电源并转动凸轮控制器的手轮后，电动机不启动	1. 线路中无电或缺相 2. 制动器线圈断路或制动器未松开 3. 凸轮控制器主触头接触不良 4. 滑触线与集电刷接触不良 5. 电动机的定子绕组或转子绕组接触不良	1. 使用万用表检查有无电压或造成缺相的原因 2. 维修电磁抱闸制动器 3. 使用万用表检查凸轮控制器主触头接触是否良好 4. 调整电刷与滑线的接触 5. 维修有断线的定子或转子；调整电刷与定子或转子的接触
电动机输出功率不足，转速慢	1. 制动器未完全松开 2. 转子回路启动电阻未安全切除 3. 有机械卡阻现象 4. 电网电压偏低	1. 检查调整制动器 2. 检查控制器，使接触器按控制线路动作 3. 排除机械故障 4. 消除电压下降原因或调整负荷
电刷产生火花超过规定等级或滑环被烧毛	1. 电刷接触不良或有油污 2. 电刷接触太紧或太松 3. 电刷牌号不准确	1. 修复电刷，保证接触良好 2. 调整电刷弹簧 3. 更换电刷
电动机在空载时转子开路，或带负载后转速变慢	1. 转子绕组开路 2. 转子绕组有两处接地 3. 绕组有部分短路或端部接线处有短路	1. 检查转子电路 2. 使用兆欧表检查，并修补破损 3. 降低电压，排除短路故障
电动机在运转中有异常响声	1. 轴承缺油或滚珠烧毛 2. 转子磨定子铁芯 3. 有异物入内	1. 加油，更换轴承 2. 更换轴承 3. 进行清除
（二）制动电磁铁		
制动电磁铁线圈过热	1. 电磁铁线圈的电压与线路电压不符 2. 制动电磁铁工作时，动、静铁芯间隙过大 3. 制动电磁铁的牵引力过载 4. 制动器的工作条件与线圈数据不符 5. 制动电磁铁铁芯歪斜或机械卡阻	1. 使用与线路电压相符的制动电磁铁 2. 调整制动电磁铁动、静铁芯间隙 3. 排除过载 4. 选择合适的制动器 5. 排除机械故障
制动电磁铁噪声过大	1. 制动电磁铁过载 2. 铁芯表面有油污 3. 电压过低 4. 短路环断裂 5. 铁芯面不平	1. 调整弹簧压力或调整制动电磁铁运动轨道 2. 使用汽油擦净 3. 检查电压 4. 更换短路环 5. 修整铁芯平面
制动电磁铁断电后衔铁不复位	1. 机构被卡住 2. 铁芯面有油污黏住 3. 寒冷时润滑油冻结	1. 整修机构 2. 清除铁芯面的油污 3. 处理润滑油
（三）交流接触器及继电器		
线圈过热或烧坏	1. 线圈过载 2. 线圈有匝间短路 3. 动、静铁芯闭合后有间隙 4. 电压过高或过低	1. 减小动触头上的弹簧压力 2. 更换线圈 3. 检查间隙的原因，排除故障 4. 调整电压
衔铁噪声大	1. 铁芯与衔铁的接触不良或衔铁歪斜 2. 短路环损坏 3. 触头弹簧压力过大 4. 电源电压低	1. 清除铁芯面上的油污、锈蚀，修整铁芯面 2. 更换短路环 3. 调整弹簧 4. 调整电源电压

续表

故　障　现　象	故　障　原　因	排　除　方　法
衔铁吸不上或吸不到底	1. 电源电压过低或波动过大 2. 可动部分被卡住 3. 线圈断线或烧坏，线圈支路有接触不良或断路点 4. 触头压力过大	1. 调整电源电压 2. 排除卡住故障 3. 检查修复线路或更换线圈 4. 将触头调整合适
衔铁不释放或释放缓慢	1. 触头压力过小 2. 触头熔焊 3. 可动部分被卡住 4. 反力复位弹簧损坏 5. 铁芯中剩磁过大 6. 铁芯面有油污	1. 调整触头压力 2. 排除故障，更换触头 3. 排除卡住故障 4. 更换反力复位弹簧 5. 更换铁芯 6. 清除油污
触头过热或磨损过大	1. 触头压力过小 2. 接触不良 3. 操作频率过高，电磨损和机械磨损增大	1. 调整触头压力弹簧 2. 清理、修复触头 3. 更换触头
（四）操作线路		
闭合电源开关，熔断器熔断	操作电路中有一相接地短路	检查对地绝缘，消除接地故障
电源接触器不能接通	1. 线路无电压 2. 刀开关未合好 3. 紧急开关未合或未合好 4. 安全开关未压或未压好 5. 控制手柄未置零位 6. 过电流继电器触头未合好 7. FU1 断路 8. KM 线圈断路 9. 零位保护和安全联锁触头电路断开	1. 使用万用表检查有无电压 2～7. 检查各电气元件，排除故障 8. 检查 KM 线圈支路或更换 9. 检查线路，找出断路点
接触器（KM）吸合后，过电流继电器动作	1. 凸轮控制器或电动机绕组或电磁抱闸制动器线圈接地 2. 接触器灭弧罩未紧固好，造成相间短路	1. 逐一检查接地点 2. 拧紧螺钉，若灭弧罩有缺口，则应更换
控制器闭合后，过电流继电器动作	1. 整定值偏小 2. 定子线路中有接地故障 3. 机械部分有卡阻现象	1. 重新调整整定值 2. 使用兆欧表查找绝缘损坏的地方 3. 排除机械卡阻
电动机只向一个方向转动	1. 终端开关有一个失灵 2. 检修时接错线	1. 检查终端开关并修复 2. 检查线路，重新接好
起重机改变原有转向	检修时将相序搞错	恢复相序
行程开关动作而相应电动机不断电	1. 行程开关的触头发生短路现象 2. 杠杆动作，触头不动作	1. 检查短接点，排除故障 2. 行程开关传动机构失灵
（五）凸轮控制器		
控制器有卡轧或转不到位	1. 凸轮控制器的动触头卡在静触头下面 2. 定位机构松动、滑移	1. 检修 2. 调整、固定定位机构
触头之间火花过大	1. 动、静触头接触不良、烧毛 2. 控制的电动机容量过大	1. 调整并修复动、静触头 2. 更换符合电动机容量的凸轮控制器或调整负荷

巩固练习

1．为什么桥式起重机多选用绕线转子异步电动机拖动？

2．桥式起重机的电气控制线路中设置了哪些安全保护措施来保证人身安全？

3．桥式起重机在启动前各控制手柄为什么都要置于零位？

知识小结

本章介绍了几种应用广泛的生产机械，如皮带输送机、电动葫芦和桥式起重机等，分析了这些设备的电气控制线路的工作过程及常见故障的排除方法。

学习本章应理论联系实际，在保障安全的前提下，教师可以组织学生到现场参观。

第 **5** 章

典型机床控制线路

机床是将金属毛坯加工成机器零件的机器，它是制造机器的机器，所以又称"工业母机""工作母机""工具机"。但凡精度要求较高和表面粗糙度要求较细的零件，一般都需要在机床上用切削的方法进行最终加工。在一般的机器制造中，机床所负担的加工工作量占机器总制造工作量的 40%～60%。

电气控制系统是机床的重要组成部分，通过电气控制系统可以实现对电力拖动系统的启动、正转和反转、制动和调速等运动的控制和对拖动系统的保护。

在机床电气控制线路中，把电动机及其启动电器、主熔断器、热继电器的热元件和接触器的主触头等组成的电路称为主电路，又称主回路、一次回路、大电流电路等。除了主电路以外的电路，如继电器和接触器的线圈、辅助触头、按钮开关、热继电器的常闭触头及其他电气元件组成的电路称为控制电路，又称辅助回路、二次回路、小电流电路等。

机床线路一般比较复杂，但是任何一个复杂的电气控制线路都是由基本控制环节组成的，通过阅读设备的技术资料，了解其主要结构，熟悉其主要运动形式及控制要求，就能理解其电气控制线路的工作原理，从中找出规律，进行正确的维护、维修。

分析机床电气控制系统时，应注意以下几个问题。

（1）要了解机床的主要技术性能及机械传动、液压和气动的工作原理。

（2）了解各电动机的安装部位、作用、规格和型号。

（3）初步掌握各种电器的安装部位、作用，以及各操作手柄、开关、控制按钮的功能和操纵方法。

（4）注意了解与机床的机械、液压发生直接联系的各种电器的安装部位及作用，如行程开关、撞块、压力继电器、电磁离合器、电磁制动器等。

（5）分析电气控制系统时，要结合说明书或有关的技术资料将整个电气控制线路划分成几个部分并逐一进行分析。

本章介绍了几种典型机床，主要学习其主要结构、运动形式、电气控制特点，着重分析了其电气控制线路，以提高学生阅读电气原理图的能力，培养学生的维修技能。

5.1 普通卧式车床电气控制线路

车床分卧式和立式两种，立式的主轴是直立的，卧式的主轴是横卧的。卧式车床是机床中应用较为广泛的一种，它可以用于切削各种工件的外圆、内圆、端面、螺纹（螺钉，长的又称螺杆）和定型表面，并可以装上钻头、铰刀等进行钻孔和铰孔等加工。

5.1.1 普通卧式车床的主要结构及主要运动形式

1．普通卧式车床的主要结构

普通卧式车床主要由床身、主轴变速箱、挂轮箱、溜板箱、刀架、尾架、丝杠和光杠等部分组成。普通卧式车床构造示意图如图 5-1 所示。如图 5-2 所示为 CA6140 型卧式车床实物图，其主轴水平放置，在机械加工中应用较广，其型号含义如下。

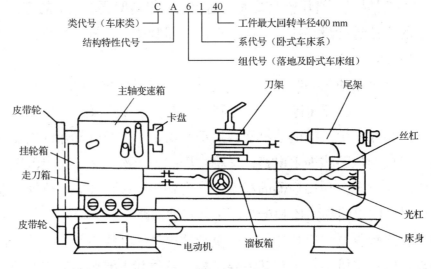

图 5-1　普通卧式车床构造示意图

图 5-2　CA6140 型卧式车床实物图

2．车床的主要运动形式及控制要求

（1）车床的主运动是工件的旋转运动。它是由主轴通过卡盘、顶尖带动工件旋转的。

（2）车床的进给运动是溜板带动刀架做纵向或横向的直线运动，分手动和电动两种。

进给运动是由主轴电动机经过主轴箱输出轴、挂轮箱传动到进给箱，进给箱通过丝杠将运动传入溜板箱，再通过溜板箱的齿轮与床身上的齿条或通过刀架下面的光杠分别获得纵横两个方向的进给运动。在加工螺纹时，要求刀具的移动和主轴转动有固定的比例关系。

主运动和进给运动都是由主电动机 M1 带动的。对主轴电动机的控制要求如下。

① 主轴电动机选用三相笼型异步电动机，不需要电气调速，主轴采用齿轮变速箱进行机械有级调速。

② 车削螺纹时要求主轴有正转和反转，一般采用机械方法实现，主轴电动机只做单向旋转。

③ 主轴电动机的容量不大，可采用直接启动方法。

（3）辅助运动。

① 刀架的快速移动。由刀架快速移动电动机 M3 拖动，该电动机可直接启动，采用点动控制，不需要正转和反转及调速，且因 M3 只短时工作，可不设过载保护。

② 尾架的纵向移动。由手动操作控制。

③ 工件的夹紧与放松。由手动操作控制。

④ 加工过程的冷却。冷却泵电动机 M2 不需要正转和反转及调速，且与 M1 为顺序控制关系，在 M1 启动工作后，根据需要决定 M2 是否需要启动，当 M1 停转时，M2 立即停转。

5.1.2 绘制和识读机床电气控制线路图的基本知识

识读机床电气控制线路图，要熟悉以下 4 点原则。

（1）在线路图上按电路功能划分并标注功能区域名称。

将电气控制线路按电路功能分成若干个单元，并用文字将其功能标注在电气控制线路上部的栏内。例如，如图 5-3 所示的车床电气控制线路按功能可分为电源保护、电源开关、主轴电动机、短路保护、冷却泵电动机、刀架快速移动电动机等 13 个单元。

（2）在线路图上按回路或支路划分图区。

在电气控制线路图下部（或上部）划分若干个图区，并从左向右依次用阿拉伯数字编号标注在图区栏内。通常是将一条回路或一条支路划为一个图区，如图 5-3 所示的电气控制线路图，共划分为 12 个图区，分别与图区编号上方的电气回路相对应，这样可以在线路图中标明每个电气元件（或部件）在图中所处的区域，以便迅速查找电气元件的触头、线圈等在线路图中的位置。

（3）在电气元件触头的文字符号下面标注该电气元件线圈所处的图区。

在电气控制线路中，每个电气元件触头的文字符号下面用数字表示该电气元件线圈所处的图区号。如图 5-3 所示的电气控制线路图，在图区 4 中有"9"，表示中间继电器 KA2 的线圈在图区 9，这样看到触头就能迅速找到对应的线圈。

（4）在电气元件线圈的文字符号下面标注该电气元件触头所处的图区。

在电气控制线路中，每个接触器线圈下方画出两条竖直线，分成左、中、右三栏，每个继电器线圈下方画出一条竖直线，分成左、右两栏。把受其控制而动作的触头所处的图区号填入相应的栏内，对备而未用的触头，在相应的栏内用符号"×"标出或不标出任何符号。接触器触头在电气控制线路图中位置的标记见表5-1，继电器触头在电气控制线路图中位置的标记见表5-2。

表5-1　接触器触头在电气控制线路图中位置的标记

栏　目	左　栏	中　栏	右　栏
触头类型	主触头所处的图区号	常开辅助触头所处的图区号	常闭辅助触头所处的图区号
举例 KM 2　8　× 2　10　× 2	表示三对主触头均在图区2	表示一对常开辅助触头在图区8，另一对常开辅助触头在图区10	表示两对常闭辅助触头未用

表5-2　继电器触头在电气控制线路图中位置的标记

栏　目	左　栏	右　栏
触头类型	常开触头所处的图区号	常闭触头所处的图区号
举例 KA2 4 4 4	表示三对常开触头均在图区4	表示常闭触头未用

5.1.3　CA6140型卧式车床电气控制线路分析

如图5-3所示为CA6140型卧式车床的电气控制线路图。

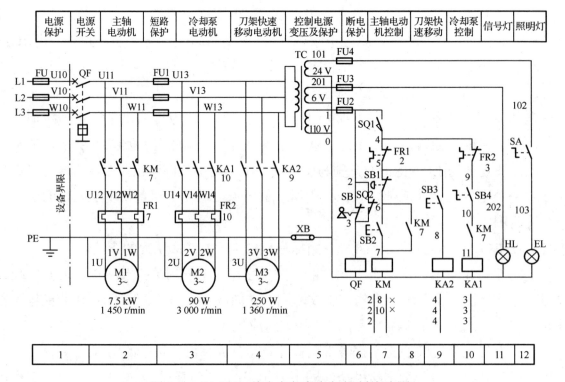

图5-3　CA6140型卧式车床电气控制线路图

1. 主电路分析

低压断路器 QF 作为机床的三相电源总开关，主电路中共有三台电动机。CA6140 型卧式车床各台电动机的作用及控制和保护元件表见表 5-3。

表 5-3 CA6140 型卧式车床各台电动机的作用及控制和保护元件表

名称及代号	作　用	控制元件	过载保护元件	短路保护元件
主轴电动机 M1	带动主轴旋转和刀架做进给运动	接触器 KM	热继电器 FR1	低压断路器 QF
冷却泵电动机 M2	输送切削液	中间继电器 KA1	热继电器 FR2	熔断器 FU1
刀架快速移动电动机 M3	拖动刀架快速移动	中间继电器 KA2	无	熔断器 FU1

2. 控制电路分析

控制电路通过控制变压器 TC 输出 110 V 交流电压供电，由熔断器 FU2 作短路保护。在正常工作时，关闭主轴传动带罩，安装于主轴传动带罩后的行程开关 SQ1 常开触头闭合，三台电动机才能启动；若打开主轴传动带罩，SQ1 的常开触头断开，切断控制电路电源，则三台电动机都不能得电工作，以确保人身安全。插入钥匙将钥匙开关 SB 旋至"接通"位置，关闭配电箱门，安装于配电箱门后的行程开关 SQ2 常闭触头（2—3）（表示线路图中等电位点 2 和 3 之间的触头）断开，使 QF 线圈不能得电，断路器 QF 才能合闸。当打开配电箱门时，SQ2 闭合，QF 线圈得电，断路器 QF 自动跳闸，切断车床的电源。

（1）主轴电动机 M1 的控制。主轴电动机 M1 的启动和停止是由启动按钮 SB2 和停止按钮 SB1 控制接触器 KM 线圈的通电和断电来实现的。其控制过程如下。

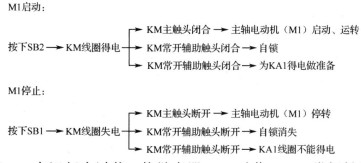

如果主轴电动机 M1 在运行中过载，热继电器 FR1 动作，FR1 常闭触头（4—5）断开，接触器 KM 线圈断电，KM 主触头断开，将 M1 电源切除，防止 M1 因过载而发热烧毁。

（2）冷却泵电动机 M2 的控制。冷却泵电动机 M2 的运行由继电器 KA1 控制。KM 常开辅助触头（10—11）实现主轴电动机 M1 和冷却泵电动机 M2 的顺序控制，保证只有主轴电动机 M1 启动后冷却泵电动机 M2 才能启动运行，输送切削液。

当 KM 得电动作，KM 常开触头闭合，主轴电动机 M1 启动。若在车削加工过程中，刀具和工件温度过高需要冷却，则闭合旋钮开关 SB4，中间继电器 KA1 吸合，KA1 常开触头闭合，冷却泵电动机 M2 启动运转。当 KM 断电释放，M1 停止运行或断开旋钮开关 SB4 时，M2 停止运转。

（3）刀架快速移动电动机 M3 的控制。刀架的移动方向（前、后、左、右），是由进给操作手柄配合机械装置实现的。刀架快速移动电动机 M3 的启动是由安装在进给操作手柄顶端的按钮 SB3 控制的，它与中间继电器 KA2 构成点动控制环节。将操作手柄扳到所需移动的方向，按下 SB3，KA2 得电吸合，电动机 M3 启动运转，刀架沿指定的方向快速移动；松开 SB3，KA2 线圈失电，KA2 触头复位，电动机 M3 停止运行，刀架停止快速移动。

（4）信号与照明电路。图 5-3 中最右方的信号灯和照明灯区域表示的是 CA6140 型卧式车床的信号与照明电路。其中，HL 为电源信号灯，EL 为车床的低压照明灯。车床电源开关 QF 闭合以后，电源信号灯 HL 就一直保持亮的状态。低压照明灯 EL 由开关 SA 控制，SA 闭合照明灯亮，SA 打开照明灯灭。控制变压器 TC 的二次侧输出 24 V 和 6 V 电压，分别作为车床低压照明灯和信号灯的电源。熔断器 FU4 和熔断器 FU3 用作短路保护。

5.1.4 普通卧式车床的电气控制线路故障分析与维修

1．主电动机 M1 不能启动

按下启动按钮 SB2，主电动机 M1 或运行中突然自行停转，并且不能再启动。

检查方法：首先应重点检查主回路熔断器及控制回路熔断器是否熔断，若有熔断，则更换熔断器后便能启动；若未熔断，则应检查 FR1 和 FR2 是否动作过，若已动作过，则应查找出动作原因。热继电器经常是由于规格选择不当，或是由于机械部分被卡住，或是由于频繁启动的大电流使电动机过载，而造成热继电器脱扣的。找到原因排除后，将热继电器复位，就可以重新启动。若热继电器没有动作过，则应检查接触器线圈的接线是否有松动，触头接触是否良好。

经过上述检查，若没有发现问题，则应将主电机引线拆下，闭合电源开关，使控制电路带电，进行接触器动作试验。按下启动按钮 SB2，若接触器不动作，则断定故障在控制电路。例如，按钮的触头接触不良、接触器的线圈引出线断线等，都会使接触器不能通电动作，应及时查清原因，排除故障。有时会发生由于触头没有调整好，导致位置偏移、松动、机械卡阻或触头氧化、油污及压力不足等引起的故障，可能会自然消失，但会重复发生，对于这些问题应及时检查排除。

经过检查若控制线路完好，电动机仍不能转动，则故障一般在主电路上。除了熔断器熔断和接触器触头接触不良，还应考虑电动机断线或其内部故障、电源电压过低及连接线断线等。

2．主电动机缺相运行

按下启动按钮 SB2，主电动机不能启动或转动很慢，且发出嗡嗡声，或电机在运行中突然发出嗡嗡声，这种状态一般是由于缺相运行造成的。此时应立即切断电动机电源，否则将烧毁电动机。造成这类故障的原因是三相电源中有一相断线，如三相熔断器中有一相熔断、三相开关中某一相接头处接触不良、三相接触器中有一对触头接触不良、电动机接线盒内的接线有一处脱落、电动机绕组中有一相断线、热继电器的热元件中有一相断开等。通过检查排除故障，主电动机就可正常工作。

3．主电动机能启动但不能自锁

按下启动按钮，主电动机启动，但松开启动按钮，主电动机停止运转。

故障原因是接触器的常开辅助自锁触头接触不良或连接线松脱，使自锁回路断路，不能实现自锁，应接好连接线，检修接触器的常开辅助触头。

4．主电动机不能停转

主电动机启动后，按下停止按钮，主电动机不能停转。此时应检查接触器 KM，若 KM 缓慢释放，则故障为接触器铁芯表面有污垢，应维修接触器 KM；若 KM 不释放，则故障为 KM 主触头被电弧熔焊，应更换接触器或主触头。还有一种可能是停止按钮 SB1 的常闭触头被卡住，不能分断，也会造成主电动机不能停转，必须修复或更换停止按钮。

5．冷却泵电动机不能启动

冷却泵电动机不能启动，应检查主轴电动机有没有启动，因为只有主轴电动机启动后，冷却泵电动机才能启动。另外应检查旋钮开关 SB4 有无损坏，若损坏应更换旋钮开关 SB4；检查热继电器 FR2 是否动作或其常闭触头是否损坏，若热继电器 FR2 动作了，应将热继电器复位，若其常闭触头损坏，应更换热继电器 FR2；检查中间继电器 KA1 是否损坏或线圈是否断开，若损坏应更换中间继电器 KA1；检查电动机 M2 是否损坏，若损坏应更换电动机 M2。

6．刀架快速移动电动机 M3 不能启动

检查按钮 SB3 是否损坏，若损坏应更换按钮 SB3；检查中间继电器 KA2 的触头是否损坏或线圈是否断开，若有应更换中间继电器 KA2；检查电动机 M3 是否损坏，若损坏应更换电动机 M3。

7．照明灯不亮

先检查灯泡是否已坏，熔断器是否熔断，灯开关是否正常，照明变压器原副绕组的接线端是否良好。排除以上故障，仍不亮，则应考虑照明变压器内部绕组有故障。

巩固练习

1．CA6140 型卧式车床电气控制线路中有几台电动机？它们的作用分别是什么？

2．在 CA6140 型卧式车床电气控制线路中，如果接触器主触头中有一个触头接触不良，那么将产生什么现象？应如何解决？

5.2　摇臂钻床电气控制线路

机械加工过程中经常需要加工各种孔，钻床是一种用途广泛的孔加工机床，可以进行钻孔、扩孔、铰孔、攻螺纹及修剖面等多种形式的加工。钻床按结构形式可分为立式钻床、卧式钻床、摇臂钻床、深孔钻床等。本节以 Z3040 型摇臂钻床为例分析其电气控制线路。

5.2.1 摇臂钻床的主要结构及主要运动形式

1. 摇臂钻床的主要结构

摇臂钻床的结构示意图如图 5-4 所示。如图 5-5 所示为 Z3040 型摇臂钻床实物图。

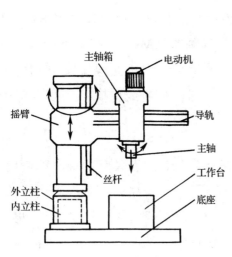

图 5-4 摇臂钻床的结构示意图

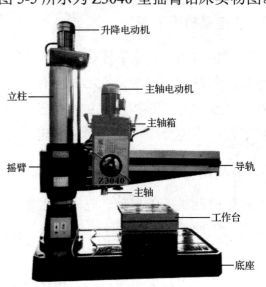

图 5-5 Z3040 型摇臂钻床实物图

Z3040 型摇臂钻床的型号含义如下。

Z3040 型摇臂钻床主要由底座、内立柱、外立柱、摇臂、主轴箱、主轴、工作台等部分组成。内立柱固定在底座上，外面套着空心的外立柱，外立柱可绕着固定不动的内立柱回转 360°。摇臂一端的套筒部分与外立柱滑动配合，摇臂可沿外立柱上下移动，但不能绕外立柱转动，只能与外立柱一起相对内立柱回转。

主轴箱安装于摇臂的水平导轨上，可由手轮操纵，沿摇臂做水平方向移动。

2. 摇臂钻床的主要运动形式

（1）主运动：主要用于对零件进行钻孔、扩孔、铰孔、镗孔、平面和攻螺纹。

① 主轴的旋转运动：主轴电动机带动刀具做旋转运动。

② 主轴进给主要是调整主轴电动机带动刀具的上下进给运动。

（2）辅助运动：主要用于调整主轴电动机带动刀具与加工工件的位置。

① 摇臂沿外立柱的垂直移动。

② 主轴箱沿摇臂的径向移动。

③ 摇臂与外立柱一起相对于内立柱的回转运动，该运动为手动。

④ 主轴箱、摇臂、内外立柱的夹紧和松开。

当需要钻削加工时，先将主轴箱固定在摇臂导轨上，摇臂固定在外立柱上，外立柱紧固在内立柱上。工件不大可压紧在工作台上加工，较大工件需安装在夹具上加工。调整摇臂的高度、回转角度及主轴箱在摇臂上的位置，使钻头对准工件的钻削孔位置，启动主轴电动机并转动手轮操纵钻头进行钻削加工。

操作摇臂钻床时应注意两点：一是钻孔前必须将摇臂及主轴箱调到需要位置并夹紧；二是钻孔时必须将工件放平、放稳、固定牢靠。

5.2.2　摇臂钻床的电气控制线路分析

如图 5-6 所示为 Z3040 型摇臂钻床的电气控制线路图，Z3040 型摇臂钻床主要的电气元件表见表 5-4。

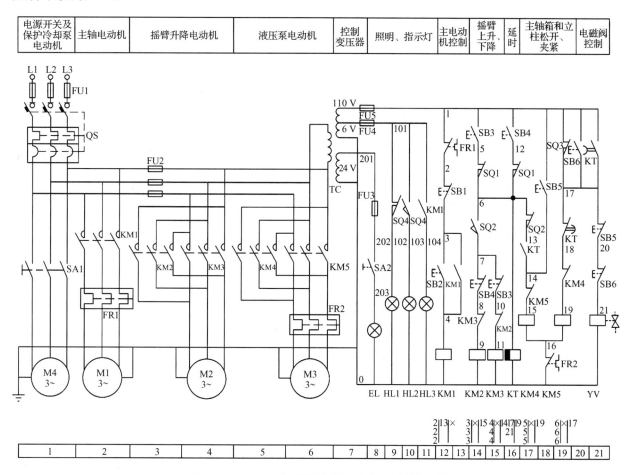

图 5-6　Z3040 型摇臂钻床的电气控制线路图

1. 主电路分析

（1）主轴电动机 M1 为单向旋转，由接触器 KM1 控制，主轴的正转和反转则由机床液压系统操作机构配合正转和反转摩擦离合器实现，热继电器 FR1 用作电动机 M1 的过载保护。

（2）摇臂升降电动机 M2 的正转和反转由接触器 KM2、KM3 控制。因为该电动机是点动、短时运行，所以不需要设置过载保护。

（3）液压泵电动机 M3 拖动液压泵送出不同流向的压力油，推动活塞，带动菱形块动作，以实现主轴箱、内外立柱和摇臂的松开、夹紧。M3 由接触器 KM4、KM5 实现正转和反转控制，并由热继电器 FR2 作过载保护。

（4）冷却泵电动机 M4 容量较小，所以由开关 SA1 直接控制，也不需要设置过载保护。

表 5-4　Z3040 型摇臂钻床主要的电气元件表

符　　号	名称及用途	符　　号	名称及用途
M1	主轴及进给电动机	SQ2	摇臂松开信号行程开关
M2	摇臂升降电动机	SQ3	摇臂夹紧信号行程开关
M3	液压泵电动机	SQ4	主轴箱与立柱夹紧行程开关
M4	冷却泵电动机	TC	控制变压器
KM1	M1 控制接触器	QS	电源开关
KM2、KM3	M2 正转和反转接触器	FR1、FR2	热继电器
KM4、KM5	M3 正转和反转接触器	FU1～FU4	熔断器
KT	断电延时型时间继电器	SA1、SA2	转换开关
SB2、SB1	主轴电动机启动、停止按钮	EL	照明灯
SB3、SB4	摇臂升降按钮	HL1、HL1	主轴箱和立柱松开夹紧指示灯
SB5、SB6	主轴箱及立柱松开、夹紧按钮	HL3	主轴电动机工作指示灯
SQ1	摇臂上升、下降限位开关	YV	控制用电磁阀

2．控制电路分析

（1）主轴电动机 M1 的控制。

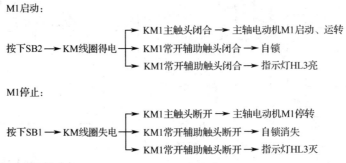

（2）摇臂升降与夹紧控制。

若开机时，摇臂未被夹紧在外立柱上，触头 SQ3 为闭合状态，KM5 线圈得电，电磁阀 YV 也将得电，使液压泵电动机 M3 带动液压泵送出压力油，通过液压机构使摇臂被夹紧，摇臂夹紧后触头 SQ3 断开，该回路断开。

摇臂的升降按照"摇臂松开→摇臂移动→摇臂到位自动夹紧"的程序自动进行。

摇臂升降的极限保护由限位开关 SQ1 来实现。SQ1 有两对常闭触头，当摇臂上升或下降到极限位置时，相应触头断开，切断对应上升或下降接触器 KM2 与 KM3 的电源，使 M2 停止旋转，摇臂停止移动，实现极限位置的保护。

行程开关 SQ2 用来反映摇臂是否松开到位。当摇臂松开到位时，SQ2 常闭触头断开，KM4 线圈断电，KM4 主触头断开，液压泵电动机 M3 的电源断开，摇臂停止继续松开，SQ2 常开触头闭合，为摇臂升降电动机 M2 的启动做准备。

行程开关 SQ3 反映了摇臂自动夹紧的程度。若夹紧机构液压系统出现故障不能夹紧，或由于 SQ3 安装调整不当，摇臂夹紧后仍不能压下 SQ3，SQ3 常闭触头不能断开，使液压泵电动机 M3 长期处于过载状态而损坏，为此，M3 主电路采用热继电器 FR2 作过载保护。

摇臂上升的控制过程如下。

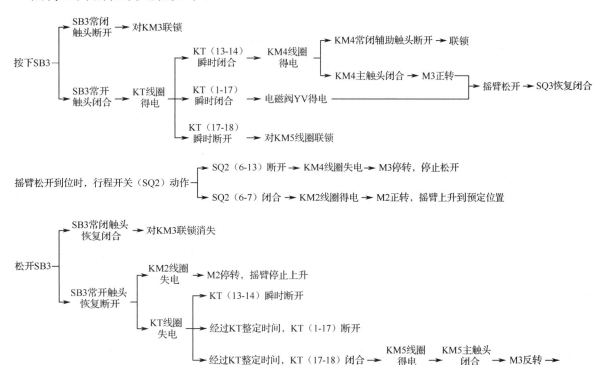

摇臂下降的控制过程和摇臂上升相同，区别是由下降启动按钮 SB4 和下降接触器 KM3 实现控制。

（3）主轴箱与立柱的夹紧与放松控制。

主轴箱在摇臂上的放松夹紧与内外立柱间的放松夹紧是同时进行的，均由液压机构控制。其工作过程如下。

松开控制：按下松开按钮 SB5→KM4 线圈得电吸合→M3 正转启动，推动液压机构使主轴箱和立柱分别松开→行程开关 SQ4 不再受压，其常闭触头复位闭合→指示灯 HL1 亮，表明主轴箱和立柱都已经松开，然后可以松开按钮 SB5。

夹紧控制：按下夹紧按钮 SB6→KM5 线圈得电吸合→M3 反转启动，推动液压机构使主轴箱和立柱分别夹紧→行程开关 SQ4 受压，其常开触头闭合→指示灯 HL2 亮，表明主轴箱和立柱都已经夹紧，然后可以松开按钮 SB6，进行钻削加工。

（4）冷却泵电动机 M4 的控制。

冷却泵电动机 M4 单向旋转，直接由开关 SA1 控制。闭合或断开 SA1，即可接通或断开电源，实现对 M4 的启动或停止。冷却泵电动机拖动冷却泵，为加工过程提供冷却液。

（5）电路的联锁环节。

① 行程开关 SQ2 实现摇臂松开到位，开始升降的联锁。

② 行程开关 SQ3 实现摇臂完全夹紧，液压泵电动机 M3 停止旋转的联锁。

③ 时间继电器 KT 实现摇臂升降电动机 M2 断开电源，待惯性旋转停止后再进行夹紧

的联锁。

④ 摇臂升降电动机 M2 正转和反转具有双重联锁。

⑤ SB5、SB6 常闭触头接入电磁阀 YV 线圈，电路实现进行主轴箱与立柱夹紧、松开操作时，压力油不进入摇臂夹紧油腔的联锁。

（6）电路的保护环节。

① FU1 为总电路和电动机 M1、M4 的短路保护。

② FU2 为电动机 M2、M3 及控制变压器 TC 一次侧的短路保护。

③ FR1、FR2 为电动机 M1、M3 的过载保护。

④ SQ1 为摇臂上升、下降的限位保护。

⑤ FU3 为照明电路的短路保护。

⑥ 带自锁触头的启动按钮与相应接触器实现电动机欠电压、失压保护。

（7）照明与信号指示电路分析。

① HL1 为主轴箱和立柱松开指示灯，灯亮表示已松开，可以手动操作主轴箱沿摇臂移动或者摇臂的回转。

② HL2 为主轴箱和立柱夹紧指示灯，灯亮表示已夹紧，可以进行钻削加工。

③ HL3 为主轴电动机旋转工作指示灯。

照明灯 EL 由控制变压器 TC 供给 24 V 安全电压，经开关 SA2 操作，实现钻床局部照明。

5.2.3 摇臂钻床的电气控制线路故障分析与维修

摇臂钻床主电路和控制电路常见故障的检修方法与车床相似。

1. 主轴电动机不能启动

引起主轴电动机不能启动的原因有以下几种情况。

（1）熔断器的熔体烧断，查出熔断原因，排除故障后，更换熔体即可。

（2）按钮损坏或接触不良，应予修复或更换。

（3）接触器 KM1 的主触头接触不良或接线松脱，应修复或更换。

（4）检查热继电器是否动作过。若已动作过，则应查找出动作原因。找到原因排除后，将热继电器复位，即可重新启动。

2. 主轴电动机不能停转

主轴电动机不能停转，这类故障大多是由于 KM1 的主触头熔焊在一起造成的，更换主触头即可排除。

3. 摇臂上升（或下降）后不能完全夹紧

若出现摇臂的放松和夹紧故障，应检查液压泵电动机 M3 的主电路和控制电路；若摇臂不能完全夹紧，应调整行程开关 SQ3，调整到保证摇臂夹紧后，行程开关 SQ3 能够动作。

4．摇臂无法升降

摇臂钻床升降按钮的控制过程：在摇臂处于松开的位置时，控制系统检测到放松到位的信号后，液压泵停止工作，启动移动电动机，摇臂移动到位后，移动电动机停止运行，经过 1～2 s 延时后，液压泵电动机开始运行，使得摇臂开始夹紧，在控制系统检测到夹紧到位的信号后，液压泵电动机停止工作，这就完成了一个升降循环的过程。

由 Z3040 型摇臂钻床摇臂上升或下降的动作过程可知，摇臂移动的前提是摇臂完全松开，此时活塞杆通过弹簧片压下行程开关 SQ2，SQ2 常闭触头断开，电动机 M3 停转，SQ2 常开触头闭合，电动机 M2 启动运转，带动摇臂上升或下降。

（1）在使用中要注意，只有摇臂在完全松开的状态下，摇臂钻床才能正常升降。

（2）虽然摇臂能够完全松开，但也要检查 SQ2 的安装位置，活塞杆压不上行程开关 SQ2，使得摇臂不能松动。

（3）如果电动机的电源反相，那么在摇臂上升或下降时摇臂不能夹紧，不能达到行程开关，也不能进行下一步的操作，液压系统出现故障也会导致摇臂不能完全松开。

（4）如果 SQ2 在摇臂松开后已经动作，而摇臂仍不能上升或下降，那么有可能是以下原因引起的。

① 按钮 SB3、SB4 的常闭触头损坏或接线脱落。

② 接触器 KM2、KM3 线圈损坏或接线脱落。

③ KM2、KM3 的触头损坏或接线脱落。

④ 检查摇臂钻床升降电动机是否正常。

因为 Z3040 摇臂钻床的升降运动是借助电气、机械传动的紧密配合来实现的，所以在检修时既要注意电气控制部分，又要注意机械部分的协调，如检查摇臂钻床升降丝母和升降箱齿轮连接键是否完好、是否能正常使用。应根据具体情况逐项检查，直到故障排除。

5．立柱松紧电动机不能启动

立柱松紧电动机不能启动产生的原因有按钮 SB5 或 SB6 接触不良、接触器 KM4 或 KM5 的触头接触不良、熔断器 FU2 的熔体已断、滑线连接点松脱或断线等。通过故障现象排查故障原因即可排除。

6．所有的电动机都不能启动

当发现该机床的所有电动机都不能正常启动时，一般可以断定故障发生在电气路线的公共部分。可按以下步骤来检查。

（1）在 Z3040 型摇臂钻床电气箱内检查从回流环 YG 引入电气箱的三相电源是否正常，若发现三相电源有缺相或其他故障现象，则应在立柱下端配电盘处检查引入机床电源隔离开关 QS1 处的电源是否正常，并查看汇流环 YG 的接触头是否良好。

（2）检查各熔断器的熔体是否熔断。

（3）检查控制变压器 TC 的一、二次侧绕组的电压是否正常，若一次侧绕组的电压不正常，则应检查变压器的接线有否松动；若一次侧绕组两端的电压正常，而二次侧绕组的电压不正常，则应检查变压器输出 110 V 端绕组是否有断路或短路情况。

7. 立柱松紧电动机工作后不能切断电源

这是由于接触器 KM4 或 KM5 的主触头熔焊造成的。发生这类故障应及时切断总电源，更换接触器主触头，以防电动机过载而烧毁。

8. 液压系统故障

液压系统故障的主要原因是离合器电磁阀或油路堵塞等。

巩固练习

1. 摇臂钻床的主要运动形式有哪些？这几种运动是如何实现的？
2. 如何保证 Z3040 型摇臂钻床的摇臂上升或下降不能超出允许的极限位置？

5.3　M7130 型平面磨床电气控制线路

在机械加工过程中，当对零件表面的光洁度要求较高时，一般需要用磨床进行加工。磨床是用砂轮的周边或端面对工件的表面进行磨削加工的一种精密机床。磨床的种类很多，根据用途的不同可分为平面磨床、内圆磨床、外圆磨床、无心磨床等。

M7130 型平面磨床是机械加工中应用较为广泛的一种磨床，其作用是用砂轮磨削加工各种零件的平面。它的操作十分方便，磨削精度和光洁度都比较高，适用于磨削精密零件和各种工具，并可作镜面磨削。

M7130 型平面磨床的型号含义如下。

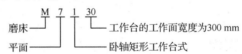

5.3.1　M7130 型平面磨床的结构、主要运动形式及控制要求

1. M7130 型平面磨床的结构

M7130 型平面磨床是卧轴矩形工作台式。M7130 型平面磨床的外形和结构如图 5-7 所示。它主要由床身、工作台、电磁吸盘、砂轮箱、滑座和立柱等部分组成。床身上装有液压传动装置，可使工作台在床身导轨上通过压力油推动活塞做往复直线运动，实现水平方向进给；床身上固定有立柱，砂轮与砂轮电动机均装在砂轮箱内，砂轮直接装在电动机轴上，由砂轮电动机直接驱动；砂轮箱装在滑座上，滑座安装在立柱的垂直导轨上，并可沿立柱导轨上下运动，实现垂直方向进给；滑座内部装有液压传动机构，可实现横向进给。

工作台表面上有 T 形槽，可以用螺钉和压板将工件直接固定在工作台上，也可以在工作台上安装电磁吸盘，用以固定铁磁性工件。

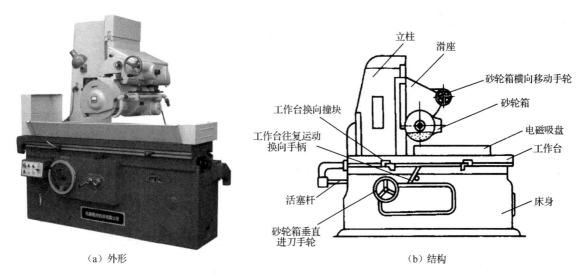

（a）外形　　　　　　　　　　　　（b）结构

图 5-7　M7130 型平面磨床的外形和结构

2．M7130 型平面磨床的主要运动形式

（1）主运动：砂轮的旋转运动。

（2）进给运动。

① 工作台沿床身导轨的纵向（水平方向）往复运动。

② 砂轮架在滑座上的横向进给运动。

③ 滑座沿着立柱导轨的垂直进给运动。

（3）辅助运动。

① 工件的夹紧。

② 工作台的快速移动。

③ 工件的冷却。

3．M7130 型平面磨床的控制要求

（1）砂轮电动机 M1、冷却泵电动机 M2 和液压泵电动机 M3 只要求单方向旋转，因为三台电动机的容量都不大，所以都可采用直接启动。

（2）为保证磨削加工质量，要求砂轮有较高的转速，通常砂轮电动机采用两极笼型异步电动机。

（3）冷却泵电动机 M2 驱动冷却泵旋转，输送切削液；要求砂轮电动机 M1 和冷却泵电动机 M2 实现顺序控制，M1 启动后，M2 才能启动。

（4）为将工件吸附在电磁吸盘上，电磁吸盘要有充磁、去磁控制电路，并设弱磁保护，即在电磁吸力不足时，使机床停止工作。

（5）要求有完善的保护环节，即各电路的短路保护、电动机的过载保护、零压、欠压保护等。

5.3.2 M7130 型平面磨床的电气控制线路分析

M7130 型平面磨床的电气控制线路如图 5-8 所示。

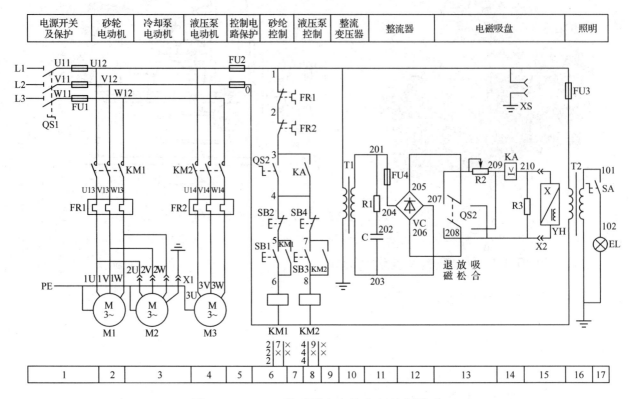

图 5-8 M7130 型平面磨床的电气控制线路

该线路分为主电路、控制电路、电磁吸盘控制电路和照明电路四部分。

1. 主电路分析

三相交流电由电源开关 QS1 引入，熔断器 FU1 作短路保护。主电路中有三台电动机，M1 为砂轮电动机，由 KM1 控制，热继电器 FR1 对其进行过载保护；M2 为冷却泵电动机，通过接插器 X1 和砂轮电动机 M1 的电源线相连，并在主电路实现顺序控制；M3 为液压泵电动机，由 KM2 控制，热继电器 FR2 对其进行过载保护。

2. 控制电路分析

M7130 型平面磨床控制电路中的电气元件较少，直接采用交流 380 V 电压供电，熔断器 FU2 用作短路保护。用电磁吸盘吸持工件加工时，当电磁吸盘得电正常工作，欠电流继电器 KA 线圈得电吸合，其常开触头（8 区，3—4）闭合后，接通砂轮电动机 M1 和液压泵电动机 M3 的控制电路，砂轮电动机 M1 和液压泵电动机 M3 才能启动，进行磨削加工。

砂轮电动机 M1 和液压泵电动机 M3 均采用接触器自锁正转控制线路，按下砂轮电动机 M1 的启动按钮 SB1，接触器 KM1 得电并自锁，KM1 主触头闭合，砂轮电动机 M1 得电启动连续运转；插上接插器 X1，冷却泵电动机 M2 启动运行；按下停止按钮 SB2，KM1 失电，M1 和 M2 同时断电、停止运转。

液压泵电动机 M3 的控制与 M1 相似，由 SB3 控制启动，SB4 控制停止。

3．电磁吸盘控制电路分析

电磁吸盘是装夹在工作台上用来固定工件的一种夹具。它与机械夹具相比，具有夹紧迅速、操作快速简便、不损伤工件、一次能吸牢多个小工件，以及磨削过程中工件发热可自由伸缩、不会变形等优点。其不足之处是只能吸铁磁材料的工件，不能吸非磁性材料（如铝、铜等）的工件。电磁吸盘电路包括整流电路、控制电路和保护电路三部分。

（1）电磁吸盘整流电路。

整流变压器 T1 将 220 V 的交流电压降为 145 V，经桥式整流器 VC 整流后，输出约 130 V 的直流电压，作为电磁吸盘的电源。

（2）电磁吸盘控制电路。

电磁吸盘有"吸合""放松""退磁"三种工作状态，由转换开关 QS2 控制工作状态的转换。QS2 有三个位置："吸合""放松""退磁"。当 QS2 置于"吸合"位置时，其触头（205—208）和（206—209）接通；当 QS2 置于"退磁"位置时，其触头（3—4）与（205—207）及（206—208）接通；当 QS2 置于"放松"位置时，QS2 的所有触头都断开。

对应 QS2 各个位置，电路工作状态如下。

① 吸合控制。

将 QS2 置于"吸合"位置，其触头（205—208）和（206—209）闭合，直流电压接入电磁吸盘 YH，工件被牢牢吸住。此时，欠电流继电器 KA 线圈得电吸合，KA 的常开触头（3—4）闭合，为 KM1 和 KM2 通电做好准备。

② 放松控制。

工件加工完毕，先把 QS2 置于"放松"位置，其触头（205—208）和（206—209）恢复断开，切断电磁吸盘 YH 的直流电源。因为工件具有剩磁而不易取下，所以必须进行退磁。

③ 退磁控制。

将 QS2 置于"退磁"位置，其触头（205—207）和（206—208）闭合，因为退磁回路中串入了退磁电阻 R2，电磁吸盘 YH 通入较小的反向电流进行退磁。调节退磁电阻 R2 的阻值即可以改变退磁电流的大小，达到既能充分退磁又不致反向磁化的目的。

退磁结束，将 QS2 置于"放松"位置，即可将工件取下。

如果工件对退磁要求严格或不易退磁时，那么可将附件交流退磁器的插头插入插座 XS，使工件在交变磁场的作用下进行退磁。

如果工件夹在工作台上而不需要电磁吸盘时，那么应将电磁吸盘 YH 的插头 X2 从插座上拔下，同时将转换开关 QS2 置于"退磁"位置。这时，接在控制电路中的 QS2 常开触头（3—4）闭合，为 KM1 和 KM2 得电做好准备。

（3）电磁吸盘保护电路。

电磁吸盘具有欠电流保护、过电压保护及短路保护等。

因为电磁吸盘的电感很大，当电磁吸盘从"吸合"状态转变为"放松"状态的瞬间，电磁吸盘的线圈两端将产生很大的自感电动势，易使线圈或其他元件由于过电压而损坏。电阻 R3 的作用是在电磁吸盘断电瞬间给线圈提供放电通路，吸收线圈释放的磁场能量。

欠电流继电器 KA 的作用是防止电磁吸盘断电或电流不足时，电磁吸盘的吸力消失或减小导致工件飞出发生的事故，其保护原理是：当电磁吸盘突然发生断电或欠压等故障时，欠电流继电器 KA 因通过线圈的电流小于整定值而释放，其常开触头（3—4）断开，切断 KM1、KM2 线圈回路，KM1、KM2 断电释放，砂轮电动机 M1 和液压泵电动机 M3 立即停转，从而避免发生工件飞出事故。

电阻 R1 与电容器 C 并联组成阻容吸收电路，用以吸收电磁吸盘回路交流侧的过电压和直流侧通断时产生的浪涌电压，对整流器进行过电压保护。

熔断器 FU4 为电磁吸盘提供短路保护。

4．照明电路分析

照明变压器 T2 将 380 V 的交流电压降为 24 V 的安全电压供给照明电路。EL 为照明灯，由开关 SA 控制，熔断器 FU3 作照明电路的短路保护。

5.3.3　M7130 型平面磨床的电气控制线路故障分析与维修

M7130 型平面磨床的常见故障及检修方法如下。

1．电磁吸盘无吸力

闭合电源开关 QS1，接通照明开关 SA，观察照明灯 EL 是否正常。若照明灯 EL 工作正常但电磁吸盘无吸力，则说明控制回路电源正常，故障在电磁吸盘控制电路。

检修时，应先测量电磁吸盘两端（210—208）电压是否正常，逐步排查故障位置。检查 YH 线圈有无断线或接插器 X2 有无接触不良；检查 R2、KA 有无断路或接线有无松脱；检查熔断器 FU4 有无熔断；检查整流变压器 T1 线圈有无断路或接线有无松脱，检查桥式整流器 VC 有无损坏；检查转换开关 QS2 有无故障。查出故障元件，进行修理或更换。

2．电磁吸盘吸力不足

（1）交流电源电压低，导致整流后直流电压相应下降，引起吸力不足。

（2）电磁吸盘线圈发生局部短路或整流器输出电压不正常。M7130 型平面磨床电磁吸盘的电源由整流器 VC 供给，空载时，整流器直流输出电压应为 130 V 左右；负载时，应不低于 110 V。若整流器空载输出电压正常，带负载时电压远低于 110 V，故障原因可能是电磁吸盘线圈短路，短路点多发生在线圈各绕组间的引线接头处。造成电磁吸盘线圈短路的原因通常是电磁吸盘密封不好，切削液流入，引起线圈绝缘损坏，若短路严重，过大的短路电流会将整流元件和整流变压器烧坏。出现这种故障，必须更换电磁吸盘线圈，并且要处理好线圈绝缘，安装时应注意要完全密封好。

若空载时电磁吸盘电源电压不正常，大多是因为整流元件短路或断路造成的，应检查整流器 VC 的交流侧电压及直流侧电压。若交流侧电压正常，直流输出电压不正常，则表明整流器元件发生短路或断路故障，可用万用表测量整流器的输出及输入电压。若某一桥臂的整流二极管断路，则整流输出电压降至额定输出电压的一半；若相邻的二极管都断路，则输出电压为零。判断出故障部位，查出故障元件，进行修理或更换即可。

实践证明，在直流输出回路中加装快速熔断器，可有效地保护整流二极管。

3．电磁吸盘退磁不好，造成工件难以取下

（1）退磁电路断路，根本没有退磁，这时应检查转换开关 QS2 的触头接触是否良好，退磁电阻 R2 是否损坏。

（2）退磁电压过高，这时应调整电阻 R2，将退磁电压调至 5～10 V。

（3）退磁时间掌握不当，退磁时间太长或太短。不同材料的工件，所需的退磁时间不同，应根据经验注意掌握退磁时间。

4．三台电动机都不能启动

（1）检查各熔断器的熔体是否熔断，若熔断应分析原因，排除故障后，更换新熔体。

（2）检查电路中的热继电器 FR1、FR2 是否动作或接触不良。

（3）检查欠电流继电器 KA 常开触头和转换开关 QS2 的触头（3—4）有无接触不良或接线松脱。

5．砂轮电动机的热继电器 FR1 经常脱扣

（1）砂轮电动机为装入式电动机，若因进刀量太大或轴承磨损而发生堵转现象，会引起电流增大导致热继电器 FR1 脱扣，应选择合适的进刀量，及时检修或更换轴承的轴瓦。

（2）注意热继电器应按照被保护电动机的额定电流选择其规格和调整其整定电流。

巩固练习

1．M7130 型平面磨床电磁吸盘夹持工件有什么特点？为什么电磁吸盘要用直流电而不用交流电？

2．M7130 型平面磨床电磁吸盘吸力不足会造成什么后果？如何防止出现这种现象？

3．M7130 型平面磨床电气控制线路中欠电流继电器 KA 和电阻 R3 的作用分别是什么？

4．M7130 型平面磨床电磁吸盘退磁不好的原因有哪些？

知识小结

本章介绍了三种常用机床的电气控制线路和故障分析、维修的一般方法。

各类机床的型号不止一种，即使同一种型号，制造厂家不同，其控制线路也有差别。但是，如果了解了机床的主要结构和主要运动形式，掌握了识读电气控制线路原理图的方法，了解其工作原理和控制过程，就能够逐渐掌握其安装、调试、使用及维修的方法。

通过学习典型机床的电气控制线路，我们发现机床控制线路虽然复杂，但也都是由基本控制线路组成的。"天下难事，必作于易；天下大事，必作于细。"同学们要有信心，抓住各类机床的控制要求和功能特点，多实践，多练习，举一反三，就一定可以掌握。

电动机基本控制线路实训

实训一　常用低压开关和低压熔断器的识别与检测

1．实训目的

（1）了解常用低压开关和低压熔断器的结构，识别其名称、型号和规格。

（2）检查判断常用低压开关和低压熔断器是否完好，使用万用表判断其有无故障。

2．实训器材

工具、仪表及器材

工具	验电笔、螺钉旋具、钢丝钳、尖嘴钳、斜口钳、剥线钳、电工刀等常用电工工具				
仪表	ZC25-3 型兆欧表（500 V，0～500 MΩ）、MF47 型万用表				
器材	代号	名称	型号规格		数量
	QS	开启式负荷开关	HK1 系列		1
	QS-FU	封闭式负荷开关	HH3 系列		1
	QS	组合开关	HZ10-25 型		1
	QF	低压断路器	DZ5-20 型、DZ47 型、DW10 型		1
	FU	熔断器	不同系列规格的熔断器		若干

3．实训过程

（1）识别低压开关。

① 仔细观察各种不同类型、规格的低压开关的外形和结构，思考它们是怎样控制电路通断的？熟悉它们的型号和主要技术参数，理解它们的功能和工作原理。

② 根据实物写出各电器的名称、型号规格及文字符号，并画出图形符号。

（2）检测低压开关。

将低压开关的手柄扳到合闸位置，使用万用表的电阻挡测量各对触头之间的通断情况，再使用兆欧表测量每两相触头之间的绝缘电阻。

（3）熟悉低压断路器的结构和原理。

将一个 DZ5-20 型塑壳式低压断路器的外壳拆开，认真观察其结构，理解其控制和保护原理，记录主要部件和参数。

（4）识别熔断器。

① 仔细观察不同类型、规格的熔断器的结构，想一想它们是怎样实现短路保护的？

② 根据实物外形判断，写出所给五个熔断器的名称、型号规格、主要结构及特性。

③ 熔断器外壳不应有损坏，无气孔、无裂纹等；熔丝外观正常，无发黑、熔断现象；封口无松动。

④ 用万用表电阻挡测量熔断器的电阻值，应为 0 Ω，否则该熔断器已损坏。

（5）更换 RL1 系列熔断器的熔体。

① 检查所给熔断器的熔体是否完好。对于 RL1 系列熔断器，首先查看其熔断指示器。

② 若熔体已熔断，应按原规格选配熔体。

③ 更换熔体。对于 RL1 系列熔断器，熔管不能倒装。

④ 使用万用表检查更换熔体后的熔断器各部分接触是否良好。

4．注意事项

（1）开启式负荷开关在分闸和合闸操作时，应动作迅速，使电弧尽快熄灭。

（2）封闭式负荷开关接线时，应将电源进线接在静夹座一边的接线端子上，负载引线接在熔断器一边的接线端子上，且进出线都必须穿过开关的进出线孔。

（3）低压断路器应垂直安装，电源线接在上端，负载线接在下端。

（4）低压断路器用作电源总开关或电动机的控制开关时，在电源进线侧必须加装开启式负荷开关或熔断器等，以形成明显的断开点。

（5）低压断路器使用前应将脱扣器工作面上的防锈油脂擦净，以免影响其正常工作。同时应定期检修，清除断路器上的积尘，给操作机构添加润滑剂。各脱扣器的动作值调整好后，不允许随意变动，并应定期检查各脱扣器的动作值是否满足要求。

（6）断路器的触头使用一定次数或分断短路电流后，应及时检查触头系统，如果触头表面有毛刺、颗粒等，应及时维修或更换。

（7）熔体熔断后应分析原因，排除故障后再更换新的熔体。在更换熔体时，不能轻易改变熔体的规格，更不能使用铜丝或铁丝代替熔体。对 RM10 系列熔断器，在切断过三次相当于分断能力的电流后，必须更换熔管，以保证能够可靠地切断所规定分断能力的电流。

5．实训思考

（1）如果低压开关的转轴弹簧松脱或断裂，那么会发生什么后果？

（2）熟悉低压熔断器和低压开关的各部件，分析各部件是如何起作用的？当电路发生故障（短路、过载、欠电压等）时，低压断路器是如何实现自动跳闸保护的？

（3）对于 RL1 系列熔断器，熔管为什么不能倒装？如果倒装，会发生什么情况？

（4）有一台砂轮切割机，使用的是 4kW 的三相异步电动机，偶尔用来切割材料，请问这台砂轮切割机应选用何种规格的熔断器？配多大的熔体？

实训二　主令电器的识别与检测

1．实训目的

（1）了解常用主令电器的内部结构。

（2）掌握常用主令电器的识别与检测方法。

2．实训器材

工具、仪表及器材

工具	验电笔、螺钉旋具、钢丝钳、尖嘴钳、斜口钳、剥线钳、电工刀等常用电工工具			
仪表	ZC25-3 型兆欧表（500 V，0～500 MΩ）、MF47 型万用表			
器材	代号	名称	型号规格	数量
	SB	按钮开关	LA18-22、LA18-22J、LA18-22X、LA18-22Y、LA19-11D、LA19 11DJ、LA20-22D	各 1
	SQ	行程开关	JLXK1-311、JLXK1-211、JLXK1-111	各 1
	SA	万能转换开关	LW5-15/5.5N	1
	AC	主令控制器	LK1-12/90	1

3．实训过程

（1）识别主令电器。

① 仔细观察各种主令电器，了解它们的外形和结构，理解其工作原理，分析其功能；了解其主要技术参数和型号含义。

② 识别各种主令电器实物，写出它们的名称、型号，画出图形符号，并标注文字符号。

（2）检测按钮开关和行程开关，拆开外壳观察其内部结构；比较按钮开关和行程开关的相似和不同之处；了解常开触头、常闭触头和复合触头的动作情况；使用万用表的电阻挡测量各触头之间的接触情况，辨别常开触头和常闭触头。

（3）检测万能转换开关和主令控制器。

① 认真观察、比较这两种主令电器，熟悉它们的外观、型号和功能。

② 用万用表依次测量手柄置于不同位置时各对触头的通断情况，根据测量结果分别做出两种主令电器的触头分合表，并与给出的分合表对比，判断触头工作情况是否良好。

③ 打开外壳，仔细观察、比较它们的结构和动作过程，指出各主要零部件的名称，理解万能转换开关和主令控制器的工作原理。

④ 检查各对触头的接触情况和各凸轮块的磨损情况，若触头接触不良，应予以修整，若凸轮块磨损严重，应予以更换。

⑤ 使用兆欧表测量各触头的对地电阻，其值应不小于 0.5 MΩ。

⑥ 合上外壳，转动手柄检查转动是否灵活、可靠，并再次使用万用表依次测量手柄置于不同位置时各触头的通断情况，观察是否与给定的触头分合表相符。

4．注意事项

（1）按钮开关安装在面板上时，应布置整齐，排列合理，如根据电动机启动的先后顺序，从上到下或从左到右排列。

（2）同一机床运动部件有几种不同的工作状态（如上、下，前、后，松、紧等）时，应使每一对相反状态的按钮安装在一组。

（3）按钮开关的安装应牢固，安装按钮开关的金属板或金属按钮盒必须可靠接地。

（4）按钮开关的触头间距较小，如有油污等极易发生短路故障，应注意保持触头清洁。

（5）光标式按钮开关一般不宜用于需长期通电显示的地方，以免塑料外壳过度受热而变形，使更换灯泡困难。

（6）行程开关安装时，其位置要准确，安装要牢固；滚轮的方向不能装反，挡铁与其碰撞的位置应符合控制线路的要求，并确保能可靠地与挡铁碰撞。

（7）行程开关在使用中要定期检查和保养，去除油垢及粉尘，清理触头，经常检查其动作是否灵活、可靠，及时排除故障，防止因行程开关触头接触不良或接线松脱而产生误动作，导致设备和人身安全事故。

（8）当万能转换开关有故障时，必须立即切断电路，检查有无妨碍可动部分正常转动的故障、弹簧有无变形或失效、触头工作状态和触头状况是否正常等。

5．实训思考

（1）如何根据拨动前后开关触头阻值的变化，判断主令电器的常开触头和常闭触头？

（2）万能转换开关和主令控制器触头的通断是怎样实现的？在符号和触头分合表中，应怎样识别？当停止使用时，手柄应放在什么位置？

实训三　交流接触器的识别、拆装与检修

1．实训目的

（1）能正确识别、选择、安装和使用交流接触器。

（2）通过对交流接触器的拆装，掌握交流接触器的基本结构和工作原理。

（3）掌握校验交流接触器的方法。

（4）掌握交流接触器常见故障的检修方法。

2．实训器材

工具、仪表及器材

工具	验电笔、螺钉旋具、钢丝钳、尖嘴钳、斜口钳、剥线钳、电工刀等常用电工工具			
仪表	ZC25-3 型兆欧表（500 V，0～500 MΩ）、MF47 型万用表、MG3-1 型钳形电流表、T10-A（5 A）电流表、T10-V（600 V）电压表			
器材	代号	名称	型号规格	数量
	T	调压变压器	TDGC2-10/0.5	1
	KM	交流接触器	CJ10-20 等各种系列、规格	1
	QS1	开启式负荷开关	HK1-15/3	1
	QS2	开启式负荷开关	HK1-15/2	1
	EL	照明灯	220 V、25 W	3
	FU1	熔断器	RL1-15/2	3
	FU2	熔断器	RL1-15/2	2
		控制板	500 mm×400 mm×30 mm	1
		连接导线	BVR 1.0 mm²	若干

3. 实训过程

（1）识别交流接触器。

① 仔细观察各种不同系列、规格的交流接触器，了解它们的外形、结构、型号、主要技术参数的意义、工作原理，注意识别主触头、常开及常闭辅助触头、线圈接线柱等。

② 根据实物写出各接触器的系列名称、型号、文字符号，并画出图形符号。

（2）CJ10-20 型交流接触器的拆装与检修。

拆卸步骤如下。

① 卸下灭弧罩的紧固螺钉，取下灭弧罩。

② 拉紧主触头定位弹簧夹，取下三副主触头的触头压力弹簧片，将主触头侧转 45° 后，取下主触头。

③ 松开常开触头的线桩螺钉，取下常开辅助静触头。

④ 松开底盖上的紧固螺钉，取下盖板。取出静铁芯、铁皮支架和缓冲弹簧，用尖嘴钳拔出线圈与连接桩头之间的连接线。

⑤ 拔出线圈接线端的弹簧夹片，从静铁芯上取出线圈，取下反作用弹簧、动铁芯（衔铁）和胶木支架。

⑥ 从胶木支架上取下动铁芯定位销，取下动铁芯及缓冲绝缘纸片。

检修步骤如下。

① 检查灭弧罩有无破裂或烧毁炭化的现象，如有，用锉刀或小刀刮掉，并将灭弧罩内吹刷干净，清除灭弧罩内的金属飞溅物。

② 检查触头的磨损状况，判断是否需要修整或调换触头。磨损严重时应更换触头；若不需要更换，则应清除触头表面烧毛的颗粒。

③ 清除铁芯端面的油垢，检查动、静铁芯接合处是否紧密，有无变形、卡阻现象，端面接触是否平整，决定是否需要修整；检查短路环是否完好。

④ 检查触头压力弹簧及反作用弹簧是否变形或压力不足。若有需要，则更换弹簧。

装配步骤如下。

① 维修完毕，将各零部件擦干净。

② 装配按拆卸的相反顺序进行。

③ 使用万用表电阻挡检查线圈及各触头是否良好；使用兆欧表测量各触头间及主触头对地电阻是否符合要求；用手按住主触头检查运动部分是否灵活，以防产生接触不良、振动和噪声。

（3）交流接触器的校验。

① 将装配好的交流接触器接入检验电路，如实训图 1 所示。

② 选择电流表、电压表的量程并调零；将调压变压器的输出置于零位。

③ 闭合开关 QS1 和 QS2，均匀调节调压变压器，使电压上升，直到接触器铁芯吸合为止，此时电压表的指示值即为接触器的动作电压值，该电压应该小于或等于 $85\%U_N$（U_N 为线圈的额定电压）。

④ 保持吸合电压值，分合开关 QS2，做两次冲击合闸试验，以检验动作的可靠性。

⑤ 均匀地降低调压变压器的输出电压，直至衔铁分离，此时电压表的指示值即为接触器的释放电压，释放电压值应大于 $50\%U_\mathrm{N}$。

⑥ 将调压变压器的输出电压调至接触器线圈的额定电压，观察铁芯有无振动及噪声，从照明灯的明暗可以判断主触头的接触情况。

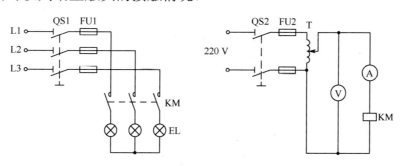

实训图 1　交流接触器接入检验电路

（4）触头压力的测量及调整。

将一张厚约 0.1 mm、比触头稍宽的纸条夹在触头间，使触头处于闭合位置，用手拉动纸条，判断触头的压力。

① 若稍用力纸条即可拉出，则说明触头压力合适。

② 若纸条很容易被拉出，则说明触头压力不够，需调整或更换触头压力弹簧片，直至符合要求。

③ 若纸条被拉断，则说明触头压力过大，需调整或更换触头压力弹簧片，直至符合要求。

4．注意事项

（1）拆卸时，应准备盛放零部件的容器，以免零部件丢失。

（2）拆卸弹簧时要防止其崩出。

（3）拆装过程中，不允许硬撬，以免损坏电器。

（4）拆装灭弧罩时，应避免碰撞。

（5）装配辅助静触头时，要防止卡住动触头。

（6）调整触头压力时，注意不要损坏接触器的主触头。

（7）接触器通电校验，应有指导教师监护，以确保安全。

（8）接触器通电校验时，应把接触器固定在控制板上。

（9）在通电校验过程中，要均匀、缓慢地改变调压变压器的输出电压，以使测量结果尽量准确，应注意安全操作。

5．实训思考

（1）简述接触器中短路环、反作用弹簧、触头压力弹簧和缓冲弹簧的作用。

（2）交流接触器的灭弧方式及灭弧原理是什么？

实训四　常用继电器的识别与热继电器的校验

1．实训目的

（1）认识各种常用继电器，了解它们的外形、结构、功能。

（2）通过实验进一步加深理解各种常用继电器的工作原理。

（3）了解常用继电器的型号、规格、主要参数，了解其整定值的调整方法。

2．实训器材

工具、仪表及器材

工具	验电笔、螺钉旋具、钢丝钳、尖嘴钳、斜口钳、剥线钳、电工刀等常用电工工具			
仪表	ZC25-3 型兆欧表（500 V，0～500 MΩ）、MF47 型万用表、MG3-1 型钳形电流表、T10-A（5 A）电流表、T10-V（600 V）电压表			
器材	**代号**	**名称**	**型号规格**	**数量**
	KA	中间继电器	JZ7 系列	1
	KA	交流通用继电器	JT4 系列	1
	KT	时间继电器	JS20 系列	1
	FR	热继电器	JR36-20、热元件额定电流 16 A、JRS2（3UA）系列	1
	KS	速度继电器	JY1 型	1
	KP	压力继电器	YJ 系列	1
	TC1	接触式调压器	TDGC2-5/0.5	1
	TC2	小型变压器	DG-5/0.5	1
	QS	开启式负荷开关	HK1-30/2	1
	TA	电流互感器	HL24、100 A/5 A	1
	HL	指示灯	220 V、15 W	1
	FU	熔断器	RL1-15/2	2
		控制板	500 mm×400 mm×30 mm	1
		连接导线	BVR 1.5 mm²、BVR 4.0 mm²	若干

3．实训过程

（1）仔细观察不同类型、不同系列、不同规格的继电器，了解它们的外形、型号及主要技术参数的意义。

（2）识别继电器，根据实物写出它们的系列名称、型号、文字符号，并画出图形符号，熟悉这些继电器接入电路的元件及其接线柱等。

（3）了解这几种继电器的结构，简述它们的功能和工作原理。

（4）检查各继电器的外观。外壳有无裂纹，各接线柱螺栓有无生锈，零部件是否齐全。

（5）检查电磁机构动作是否灵活可靠，有无衔铁卡阻等不正常现象；触头表面是否光洁平整、接触紧密，有无触头熔焊、变形、严重氧化锈蚀现象，防止粘连、卡阻。

（6）用万用表检查电磁线圈的通断情况。若线圈的直流电阻为零，则说明该线圈短路；若为无穷大，则说明该线圈断路；若以上两种情况均不合格，则不能使用。

（7）用万用表检查继电器触头情况。分别用万用表测量继电器的常开及常闭触头，观察常开触头测得的阻值是否为无穷大，常闭触头测得阻值是否很小（接近0Ω）。

（8）若继电器上有手动操作的可动部分，按下可动部分，观察用万用表测得的常开及常闭触头的阻值变化情况。

（9）如实训图2（a）所示为时间继电器校验电路。调整时间继电器的整定值，根据时间继电器线圈的额定电压值连接测试电路，测试观察时间继电器的动作情况及电路状态。

（10）观察热继电器的结构和原理。

（11）将热继电器的后绝缘盖板卸下，仔细观察它的结构，指出其热元件、传动机构、电流整定装置、复位按钮及常闭触头的位置，叙述它们的作用及热继电器的工作原理。

（12）热继电器的校验和调整。

热继电器更换热元件后应进行校验和调整，方法如下。

① 如实训图2（b）所示为热继电器校验电路。将接触式调压器的输出调到零位置，将热继电器置于手动复位状态，并将整定值旋钮置于额定值处。

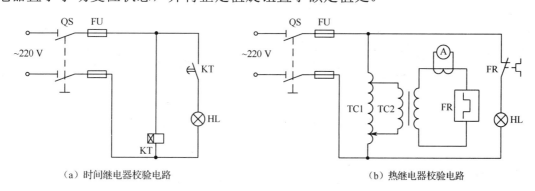

（a）时间继电器校验电路　　　　（b）热继电器校验电路

实训图2　时间继电器检验电路和热继电器检验电路

② 经指导教师检查同意后，闭合电源开关QS，指示灯HL亮。

③ 将接触式调压器输出电压从零开始升高，使热继电器通过的电流升至额定值，1h内热继电器应不动作；若1h内热继电器动作，则应将调节旋钮向整定值大的方向旋动。

④ 将电流升至1.2倍额定电流，热继电器应在20min内动作，指示灯HL熄灭；若在20min内不动作，则应将调节旋钮向整定值小的方向旋动。

⑤ 将电流降至零，待热继电器冷却并手动复位后，再调升电流至1.5倍额定值，热继电器应在2min内动作。

⑥ 再将电流降至零，待热继电器冷却并复位后，快速调升电流至6倍额定值，断开QS再随即闭合，其动作时间应大于5s。

（13）复位方式的调整。

热继电器出厂时，一般都调在手动复位。如果需要自动复位，那么可将复位调节螺钉顺时针旋动。自动复位时，应在热继电器动作后5min内自动复位；手动复位时，在动作2min后，按下手动复位按钮，热继电器应复位。

4．注意事项

（1）实训过程中注意不得损坏继电器。

（2）JT4系列电压继电器与电流继电器的外形和结构相似，但线圈不同，刻度值不同，应注意其区别。

（3）热继电器校验时的环境温度应尽量接近工作环境温度，连接导线长度一般不应小于0.6 m，连接导线的截面积应与使用时的实际情况相同。

（4）热继电器校验过程中电流变化较大，为使测量结果准确，校验时应注意选择电流互感器的合适量程。

（5）通电校验时，必须将热继电器、电源开关等固定在校验板上，并由指导教师监护，以确保用电安全。

（6）电流互感器通电过程中，电流表回路不可开路，接线时应格外注意。

5．实训思考

（1）电磁式继电器通常主要由哪几部分组成？各部分是怎样配合工作的？
（2）简述两极双金属片式热继电器的工作原理。

实训五　三相异步电动机手动正转控制线路的安装与检修

1．实训目的

（1）能够正确识读手动正转控制线路的原理图（电路图）、接线图和布置图，能够按照工艺要求，根据接线图正确安装三相异步电动机手动正转控制线路。

（2）能够正确使用万用表进行线路通电前的检查。

（3）初步掌握三相异步电动机手动正转控制线路中低压电器的选用与检修方法。

（4）通过实验进一步加深理解三相异步电动机手动正转控制线路的工作原理。

（5）能够根据故障现象检修三相异步电动机手动正转控制线路。

2．实训器材

工具、仪表及器材

工具	验电笔、螺钉旋具、钢丝钳、尖嘴钳、斜口钳、剥线钳、电工刀等电工常用工具 冲击钻、弯管器、套螺纹扳手等线路安装工具				
仪表	ZC25-3型兆欧表（500 V，0～500 MΩ）、MG3-1型钳形电流表、MF47型万用表				
器材	代号	名称	型号	规格	数量
	M	三相笼型异步电动机	Y100L2-4	3 kW、380 V、6.8 A、Y接法、1 420 r/min	1
	QS	开启式负荷开关	HK1-30/3	三极、380 V、30 A、熔体直连	1
	QS	封闭式负荷开关	HH4-30/3	三极、380 V、30 A、配熔体20 A	1
	QS	组合开关	HZ10-25/3	三极、380 V、25 A	1

	QF	低压断路器	DZ5-20/330	三极复式脱扣器、380 V、20 A、整定 10 A	1
	FU	螺旋式熔断器	RL1-60/20	500 V、60 A、配熔体 20 A	3
		控制板		500 mm×400 mm×20 mm	1
		动力电路线		BVR 1.5 mm^2（黑色）	若干
		接地线		BVR 1.5 mm^2（黄绿双色）	若干
器材		主电路导线		BV1.5 mm^2	若干
		橡胶电缆线		YHZ 4×1.5 mm^2	若干
		电线管、管夹		ϕ16 mm	若干
		木螺钉		ϕ5 mm×60 mm	若干
		膨胀螺栓			若干
		紧固体及编码套管			若干

3. 实训过程

（1）元器件规格、质量检查。

① 检查各元器件的规格、型号、技术参数是否符合要求。

② 检查各元器件的外观是否完好无损，附件、备件是否齐全。

（2）根据如实训图 4 所示的手动正转控制线路布置图和元件的外形尺寸在控制板上划线，确定安装位置。

（3）安装固定电气元件，符合安装固定的工艺要求。

① 各元件的安装位置应整齐、均匀，间距合理，便于元器件的更换。

② 紧固各元件时，用力要均匀，紧固程度适当。

③ 断路器、熔断器的受电端子应安装在控制板的外侧，并使熔断器的受电端为底座的中心端。

（4）根据如实训图 5 所示的手动正转控制线路接线图接线，符合布线的工艺要求。

① 布线通道要尽可能少，同路并行导线按主、控电路分类集中，单层密排，紧贴安装面布线。

② 同一平面的导线应高低一致或前后一致，不能交叉。非交叉不可时，该根导线应在接线端子引出时就水平架空跨越，但必须走线合理。

③ 布线应横平竖直，分布均匀，变换走向时应垂直转向。

④ 布线时严禁损伤线芯和导线绝缘层。

⑤ 布线顺序一般以接触器为中心，按由里向外、由低至高，先控制电路、后主电路的顺序进行，以不妨碍后续布线为原则。

⑥ 在每根剥去绝缘层的导线两端套上编码套管。所有从一个接线端子（或接线桩）到另一个接线端子（或接线桩）的导线必须连续，中间无接头。

⑦ 导线与接线端子或接线桩连接时，不得压绝缘层、不反圈及不露铜过长。

⑧ 同一元件、同一回路的不同接点的导线间距离应保持一致。

⑨ 一个电气元件接线端子上的连接导线不得多于两根，每节接线端子板上的连接导线一般只允许连接一根。

（5）安装电动机时要符合接线的要求。

① 电动机使用的电源电压和绕组的接法必须与铭牌上规定的一致。接线时，必须先接

负载端，后接电源端；先接保护零线，后接三相电源线。电动机的金属外壳必须可靠接地。

② 接至电动机的导线，必须穿在导线套管内加以保护，或采用坚韧的四芯橡皮线或塑料护套线进行临时通电校验。

③ 接线时，必须先接负载端，后接电源端；先接接地线，后接三相电源相线。

④ 安装开启式负荷开关时，应将开关的熔体部分用导线直接连接，并在出线端另外加装熔断器用作短路保护；安装组合开关和低压断路器时，应在电源进线侧加装熔断器。

（6）自检。

① 按照如实训图3所示的原理图或实训图5所示的接线图从电源端开始，逐段核对检查接线接点。

② 使用万用表检查线路的通断情况。注意选用倍率适当的电阻挡并进行校零，以防发生短路故障。

③ 使用兆欧表检查线路的绝缘电阻的阻值。

（7）连接电源，通电试运行。

① 经指导教师检查允许后，在教师的监护下，接通三相电源。

② 闭合手动开关，仔细观察电动机的运行情况，判断电路的运行是否正常。

③ 通电试运行时，应先空载点动后再连续运行。若空载运行正常，再接上负载运行。

④ 若发现有异常现象，应立即断开电源，使电动机停转，不得对线路进行带电检查。

（8）检修。

手动正转控制线路的常见故障有电动机不能启动或电动机缺相。

故障原因排查：熔断器熔体是否熔断，若熔体熔断则应查出熔断原因，排除故障后，更换熔体；组合开关或断路器是否有损坏情况，若有则应拆装组合开关或断路器并修复；负荷开关或组合开关的动、静触头接触不良，如果属于此种情况，应对触头进行修整。

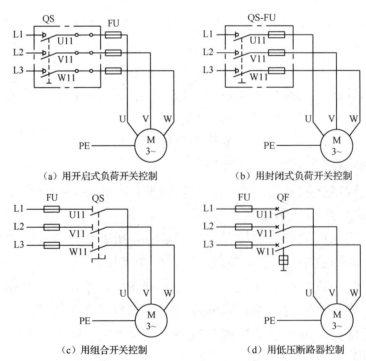

实训图3　手动正转控制线路原理图

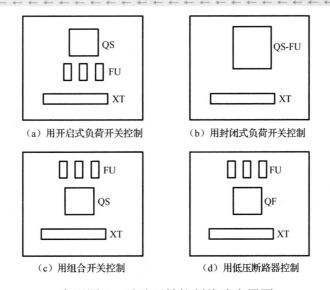

（a）用开启式负荷开关控制　　　　　　（b）用封闭式负荷开关控制

（c）用组合开关控制　　　　　　（d）用低压断路器控制

实训图4　手动正转控制线路布置图

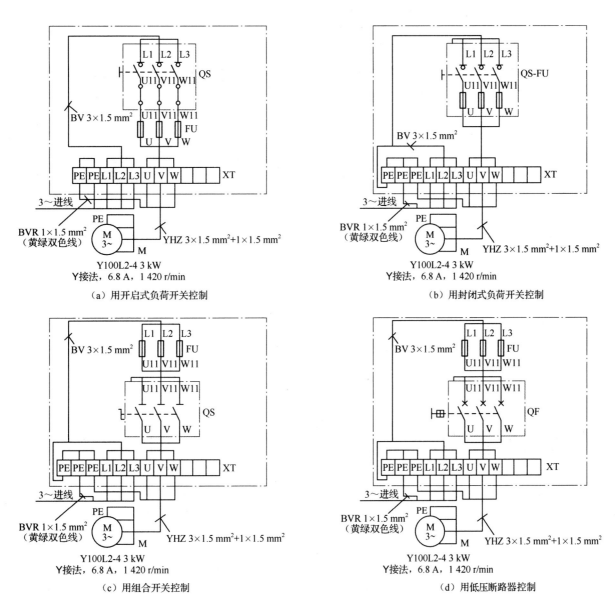

（a）用开启式负荷开关控制　　　　　　（b）用封闭式负荷开关控制

（c）用组合开关控制　　　　　　（d）用低压断路器控制

实训图5　手动正转控制线路接线图

4．注意事项

（1）接线时注意，螺钉旋紧后稍稍加力即可，要防止螺钉滑丝。

（2）不要忘记在导线的两端套上编码套管。

（3）检查导线连接点是否符合要求，压接是否牢固，接点接触是否良好。

（4）用万用表对电路的检查，可将表棒分别依次搭在 U、L1，V、L2，W、L3 线端上，读数应为"0"。用兆欧表检查线路的绝缘电阻时，绝缘电阻的阻值应不得小于 1MΩ。

（5）通电试运行完毕，停转，切断电源。先拆除三相电源线，再拆除电动机线。

（6）设定故障一定要在断开电源的情况下进行。如果需要通电观察故障现象，必须有指导教师在场的情况下进行。

5．实训思考

（1）电路的安装固定有哪些工艺要求？布线的时候应该注意哪些工艺要求？

（2）安装电动机接线的时候应该注意什么问题？

（3）开启式负荷开关、封闭式负荷开关、组合开关、低压断路器这四种开关有什么异同？它们与熔断器分别是怎样连接的？

（4）送电后，电动机不能启动，可能的故障点有哪几个？应怎样检查？

实训六　三相异步电动机点动正转控制线路的安装与检修

1．实训目的

（1）能够看懂点动正转控制线路的电气原理图（电路图），并正确分析线路的工作原理。

（2）能够识读电器布置图并完成元器件的布局安装。

（3）能够识读电气接线图并完成线路的连接，并使用万用表进行通电前检查。

（4）能够完成点动控制线路通电试运行的操作。

2．实训器材

工具、仪表及器材

工具	验电笔、螺钉旋具、钢丝钳、尖嘴钳、斜口钳、剥线钳、电工刀等电工常用工具				
仪表	ZC25-3 型兆欧表（500 V，0～500 MΩ）、MG3-1 型钳形电流表、MF47 型万用表				
器材	代号	名称	型号	规格	数量
	M	三相笼型异步电动机	Y112M-4	4 kW、380 V、8.8 A、△接法、1 440 r/min	1
	QF	低压断路器	DZ5-20/330	三极复式脱扣器、380 V、20 A	1
	FU1	螺旋式熔断器	RL1-60/25	500 V、60 A、配熔体 25 A	3
	FU2	螺旋式熔断器	RL1-15/2	500 V、15 A、配熔体 2 A	2
	KM	交流接触器	CJT1-20	20 A、线圈电压 380 V	1
	SB	按钮开关	LA4-3H	保护式、钮数 3（代用）	1

续表

XT	端子板	TD-1515	15A、15 节、660 V	1
器材	控制板		500 mm×400 mm×20 mm	1
	主电路导线		BV 1.5 mm^2 和 BVR 1.5 mm^2（黑色）	若干
	控制电路导线		BV 1 mm^2（红色）	若干
	按钮线		BVR 0.75 mm^2（红色）	若干
	接地线		BVR 1.5 mm^2（黄绿双色）	若干
	橡胶电缆线		YHZ 4×1.5 mm^2	若干
	紧固体及编码套管			若干

3．实训过程

（1）元器件规格、质量检查。

① 检查各元器件的规格、型号、技术参数是否符合要求。

② 检查各元器件的外观是否完好无损，附件、备件是否齐全。

（2）安装电气元件，安装固定的工艺要求见实训五。

按照如实训图 6（b）所示的布置图在控制板上安装电气元件，并贴上醒目的文字符号。

（3）布线，布线的工艺要求见实训五。

按照如实训图 6（c）所示的接线图的走线方法，进行板前明线布线和套编码套管。

（4）检查布线。

根据如实训图 6（a）所示的电路图检查控制板布线的正确性。

（5）安装电动机。

（6）连接。

先连接电动机和按钮金属外壳的保护接地线，然后连接电源、电动机等控制板外部的导线。

（7）自检。

自检的工艺要求如下。

① 按照电路图或接线图从电源端开始，逐段核对接线及接线端子处线号是否正确，有无漏接、错接之处。检查导线连接点是否符合要求，压接是否牢固。同时注意连接点接触应良好，以避免带负载运转时产生闪弧现象。

② 使用万用表检查线路的通断情况。检查时，应选用倍率适当的电阻挡，并进行校零，以防发生短路故障。对控制电路和主电路应分别检查。

③ 使用兆欧表检查线路的绝缘电阻的阻值，该阻值不得小于 1 MΩ。

（8）交验。

（9）通电试运行。

通电试运行的工艺要求如下。

① 通电试运行前，应检查相关电气设备是否存在不安全因素，若查出应立即整改。

② 通电试运行前，必须征得指导教师的同意，并由指导教师接通三相电源 L1、L2、L3，同时在现场监护。

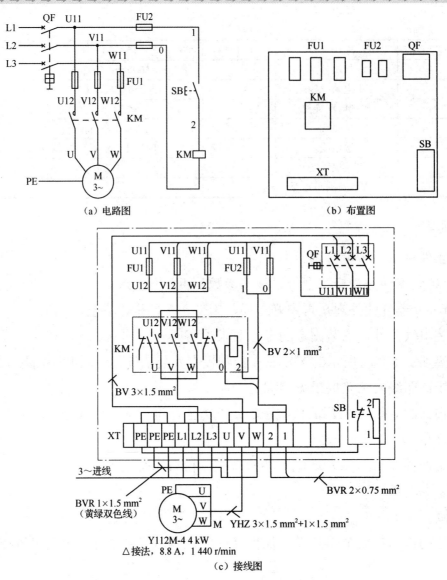

（a）电路图　　　　　　　（b）布置图

（c）接线图

实训图6　点动正转控制线路

③ 闭合电源开关QF后，用验电笔检查熔断器出线端，氖管亮说明电源接通。按下SB，观察接触器情况是否正常，是否符合线路功能要求，电气元件的动作是否灵活，有无卡阻及噪声过大等现象，电动机运行情况是否正常等。

不得对线路接线是否正确进行带电检查。试运行过程中，若发现异常现象，应立即停止。待电动机运转平稳后，用钳形电流表测量三相电流是否平衡。

④ 出现故障后，应立即进行检修。若需带电检查，则必须有指导教师在现场监护。检修完毕后，如需要再次试运行，也应有指导教师在现场监护。

⑤ 通电试运行完毕，切断电源，使电动机停转。

⑥ 先拆除三相电源线，再拆除电动机线，实训结束后，清理实训场地。

4．注意事项

（1）电动机及按钮的金属外壳必须可靠接地。按钮内接线时，用力不可过猛，以防螺钉打滑。接至电动机的导线，必须穿在导线通道内加以保护，或采用坚韧的四芯橡皮线或塑料护套线进行临时通电校验。

（2）电源进线应接在螺旋式熔断器的下接线座上，出线应接在上接线座上。

（3）安装完毕的控制线路板，必须经过认真检查后，才允许通电试运行，以防止错接、漏接，导致不能正常运转或短路事故。

5．实训思考

（1）在电路图中，电源电路、主电路、控制电路、指示电路和照明电路一般怎样布局？

（2）电路图中，怎样辨别同一电器的不同元件？

（3）简述电动机基本控制线路的一般安装步骤。记录实训过程，完成实训报告。

实训七　接触器自锁正转控制线路的安装与检修

1．实训目的

（1）能够识读接触器控制的电动机单向运行线路的电气原理图（电路图），能够正确分析线路的工作原理，掌握接触器自锁正转控制线路的安装方法。

（2）正确识别、选用、校验、安装、使用热继电器，了解它的结构、功能和工作原理。

（3）正确安装、调试、分析、检测、试运行具有过载保护的接触器自锁正转控制线路。

2．实训器材

工具、仪表及器材

工具	验电笔、螺钉旋具、钢丝钳、尖嘴钳、斜口钳、剥线钳、电工刀等电工常用工具				
仪表	ZC25-3 型兆欧表（500 V，0～500 MΩ）、MG3-1 型钳形电流表、MF47 型万用表				
器材	代号	名称	型号	规格	数量
	M	三相笼型异步电动机	Y112M-4	4 kW、380 V、8.8 A、△接法、1 440 r/min	1
	QF	低压断路器	DZ5-20/330	三极复式脱扣器、380 V、20 A	1
	FU1	螺旋式熔断器	RL1-60/25	500 V、60 A、配熔体 25 A	3
	FU2	螺旋式熔断器	RL1-15/2	500 V、15 A、配熔体 2 A	2
	KM	交流接触器	CJT1-20	20 A、线圈电压 380 V	1
	FR	热继电器	JR36-20	三极、20 A、热元件 11 A、整定电流 8.8 A	1
	SB	按钮开关	LA4-3H	保护式、钮数 3（代用）	1
	XT	端子板	TD-1515	15 A、15 节、660 V	1
		控制板		500 mm×400 mm×20 mm	1
		主电路导线		BV 1.5 mm² （黑色）	若干
		控制电路导线		BV 1 mm²（红色）	若干
		橡胶电缆线		YHZ 4×1.5 mm²	若干
		按钮线		BVR 0.75 mm²（红色）	若干
		接地线		BVR 1.5 mm²（黄绿双色）	若干
		紧固体及编码套管			若干

3．实训过程

（1）元器件规格、质量检查。

（2）安装电气元件，安装固定的工艺要求见实训五。

按照如实训图7（b）所示的布置图在控制板上安装电气元件，并贴上醒目的文字符号。

（3）布线，布线的工艺要求见实训五。

按照如实训图7（c）所示的接线图布线。

（4）安装接触器自锁正转控制线路。

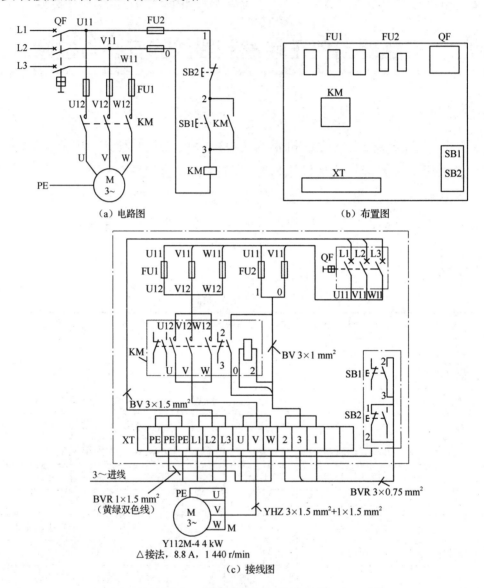

实训图7　接触器自锁正转控制线路

（5）安装具有过载保护的接触器自锁正转控制线路。

根据实训图8所示的具有过载保护的接触器自锁正转控制线路，在已安装好的自锁正转控制线路板上加装热继电器 FR，完成具有过载保护的接触器自锁正转控制线路的安装。

（6）检查布线，根据如实训图8（a）所示的电路图检查控制板布线的正确性。

（7）安装电动机，自检，交验，通电试运行。

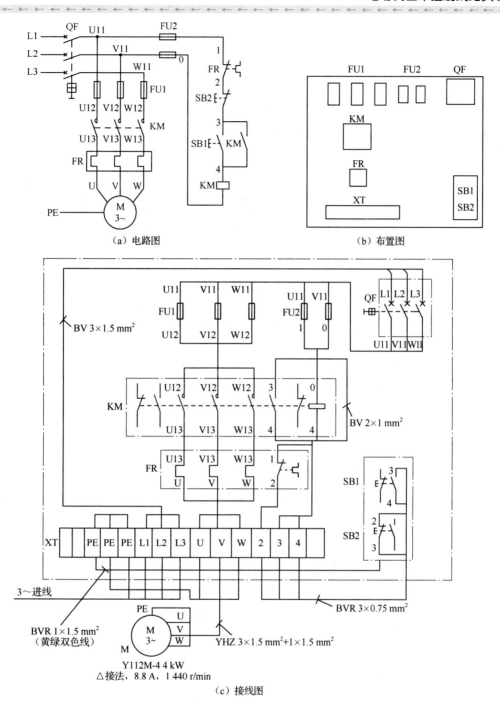

实训图 8　具有过载保护的接触器自锁正转控制线路

4．注意事项

（1）接触器 KM 的自锁触头应并接在启动按钮 SB1 两端，停止按钮 SB2 应串接在控制电路中；热继电器 FR 的热元件应串接在主电路中，它的常闭触头应串接在控制电路中。

（2）热继电器的整定电流应按电动机的额定电流自行调整，绝对不允许弯折双金属片。

（3）热继电器因电动机过载动作后，若需再次启动电动机，必须待热元件冷却并且热继电器复位后才可进行。

（4）编码套管套装要正确。

（5）启动电动机时，在按下启动按钮 SB1 的同时，手还必须按在停止按钮 SB2 上，以保证万一出现故障时，可立即按下 SB2 停止，防止事故扩大。

5．实训思考

（1）比较点动控制线路与自锁控制线路，它们在线路结构上的主要区别是什么？功能上的主要区别是什么？接触器 KM 的自锁触头应该怎样接入控制电路才能起到自锁作用？

（2）接触器自锁正转控制线路试运行发现电动机只能点动运行，请分析故障原因。

实训八　连续与点动混合正转控制线路的安装与检修

1．实训目的

（1）正确理解三相异步电动机连续与点动混合正转控制线路的工作原理。

（2）正确识读连续与点动混合正转控制线路的原理图（电路图）、布置图和接线图。

（3）能够按照工艺要求正确安装三相异步电动机连续与点动混合正转控制线路。

（4）掌握三相异步电动机连续与点动混合正转控制线路的检测方法。

（5）能够根据故障现象，检修三相异步电动机连续与点动混合正转控制线路。

2．实训器材

工具、仪表及器材

工具	验电笔、螺钉旋具、钢丝钳、尖嘴钳、斜口钳、剥线钳、电工刀等电工常用工具				
仪表	ZC25-3 型兆欧表（500 V，0～500 MΩ）、MG3-1 型钳形电流表、MF47 型万用表				
器材	代号	名称	型号	规格	数量
	M	三相笼型异步电动机	Y112M-4	4 kW、380 V、8.8 A、△接法、1 440 r/min	1
	QF	低压断路器	DZ5-20/330	三极复式脱扣器、380 V、20 A	1
	FU1	螺旋式熔断器	RL1-60/25	500 V、60 A、配熔体 25 A	3
	FU2	螺旋式熔断器	RL1-15/2	500 V、15 A、配熔体 2 A	2
	KM	交流接触器	CJT1-20	20 A、线圈电压 380 V	1
	FR	热继电器	JR36-20	三极、20 A、热元件 11 A、整定电流 8.8 A	1
	SB1～SB3	按钮开关	LA4-3H	保护式、钮数 3	3
	XT	端子板	TD-1515	15 A、15 节、660 V	1
		控制板		500 mm×400 mm×20 mm	1
		主电路导线		BV 1.5 mm² 和 BVR 1.5 mm²（黑色）	若干
		控制电路导线		BVR 1 mm²（红色）	若干
		橡胶电缆线		YHZ 4×1.5 mm²	若干
		按钮线		BVR 0.75 mm²（红色）	若干
		接地线		BVR 1.5 mm²（黄绿双色）	若干
		紧固体及编码套管			若干

3．实训过程

（1）安装连续与点动混合正转控制线路。

手动开关控制的连续与点动混合正转控制线路如实训图 9 所示。

复合按钮控制的连续与点动混合正转控制线路如实训图 10 所示。

根据电动机基本控制线路的一般安装步骤和工艺要求，安装这两种连续与点动混合正转控制线路。

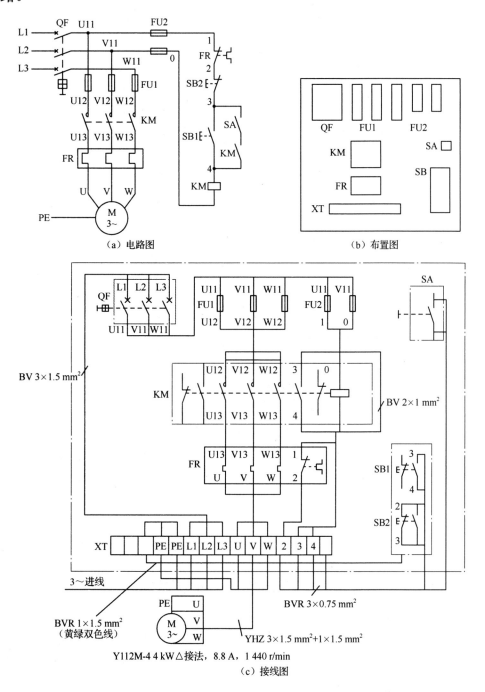

实训图 9　手动开关控制的连续与点动混合正转控制线路

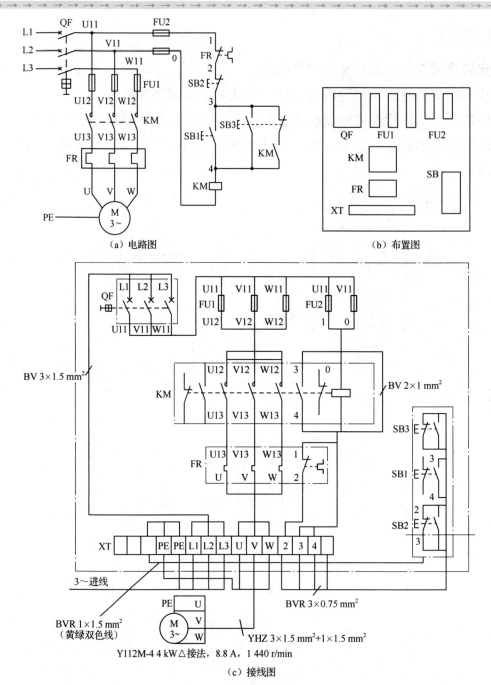

(a) 电路图

(b) 布置图

(c) 接线图

实训图 10　复合按钮控制的连续与点动混合正转控制线路

（2）自检，校验，试运行。

（3）电动机基本控制线路故障检修的一般步骤和方法。

① 使用试验法观察故障现象，初步判定故障范围。

在不扩大故障范围、不损坏电气设备和机械设备的前提下，对线路进行通电试验，通过观察电气设备和电气元件的动作是否正常、各控制环节的动作程序是否符合要求，初步确定故障发生的大致部位或回路。

② 使用逻辑分析法缩小故障范围。

根据电气控制线路的工作原理、控制环节的动作程序，以及它们之间的联系，结合故障现象做具体的分析，缩小故障范围。逻辑分析法特别适用于对复杂线路的故障检查。

③ 使用测量法确定故障点。

测量法是利用电工工具和仪表对线路进行断电或带电测量，常用的方法有电压分阶测量法和电阻分阶测量法。

下面举例说明这两种故障检测的方法：在接触器自锁正转控制线路中，若接通电源，按下启动按钮 SB1 时，接触器 KM 不吸合，则说明控制线路有故障。

a．电压分阶测量法。

测量检查时，把万用表的转换开关置于交流电压 500 V 的挡位上，然后按照如实训图 11（a）所示的方法进行测量。检测时，在松开按钮 SB1 的条件下，先使用万用表测量 0 和 1 两点之间的电压，若电压为 380 V，则说明控制线路的电源电压正常。

把万用表的黑表笔接到 0 点上，红表笔依次接到 2、3 各点上，分别测量 0—2、0—3 两点间的电压；若电压均为 380 V，再把黑表笔接到 1 点上，红表笔接到 4 点上，测量出 1—4 两点间的电压，根据测量结果即可找出故障点。使用电压分阶测量法查找故障点见表 1。

表 1　使用电压分阶测量法查找故障点

故障现象	0—2 之间电压	0—3 之间电压	1—4 之间电压	故障点
按下启动按钮 SB1，接触器 KM 不吸合	0	×	×	FR 常闭触头接触不良
	380	0	×	SB2 常闭触头接触不良
	380	380	0	KM 线圈断路
	380	380	380	SB1 接触不良

注：表中符号"×"表示无须再测量。

若主电路有故障，则首先测量接触器电源端的 U12—V12、U12—W12、W12—V12 之间的电压。若均为 380 V，则说明 U12、V12、W12 三点至电源无故障，可进行第二步测量；否则，可再测量 U11—V11、U11—W11、W11—V11，顺次至 L1—L2、L2—L3、L3—L1，直到发现故障。

b．电阻分阶测量法。

测量检查时，把万用表的转换开关置于倍率适当的电阻挡位上（一般选 R×100 Ω 以上的挡位），然后按照如实训图 11（b）所示的方法进行测量。

检测时，首先切断电路的电源，使用万用表依次测量出 1—2、1—3、0—4 各两点间的电阻值，根据测量结果即可找出故障点。使用电阻分阶测量法查找故障点见表 2。

表 2　使用电阻分阶测量法查找故障点

故障现象	1—2 之间电阻	1—3 之间电阻	0—4 之间电阻	故障点
按下启动按钮 SB1，接触器 KM 不吸合	∞	×	×	FR 常闭触头接触不良
	0	∞	×	SB2 常闭触头接触不良
	0	0	∞	KM 线圈断路
	0	0	R	SB1 接触不良

注：R 为接触器（KM）线圈的电阻值。

如果主电路有故障，需断开主电路电源，使用万用表的电阻挡（一般选 R×1 Ω 以上挡位）测量接触器负载端 U13—V13、U13—W13、W13—V13 之间的电阻。若电阻均较小（电动机定子绕组的直流电阻），则说明 U13、V13、W13 三点至电动机无故障，可判断为接触器主触头有故障；否则，可再测量 U—V、U—W、W—V 到电动机接线端子处，直到发现故障。

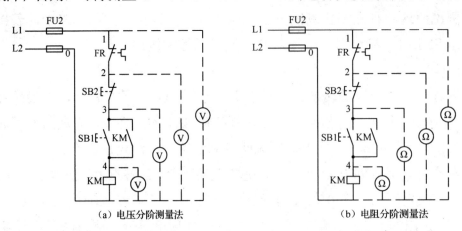

实训图 11　电路故障检测的方法

（4）检修连续与点动混合正转控制线路人为设置的两个故障。

① 故障设置。在线路的主电路和控制电路中，人为设置两处故障。

② 排查、维修电路故障。通电检查时，一般先查控制电路，后查主电路。

4．注意事项

（1）在排除故障的过程中，分析故障的思路和排除故障的方法要正确。

（2）使用验电笔检测故障时，必须检查验电笔是否符合使用要求。

（3）不能随意更改线路或带电触摸电气元件。

（4）仪表使用要正确，以避免引起错误判断。

（5）带电检修故障时，必须有指导教师在现场监护，确保用电安全。

5．实训思考

（1）简述电动机基本控制线路故障检修的一般步骤和方法。

（2）有人设计了一个既能点动又能连续运行，并且具有短路和过载保护的电气控制线路，如实训图 12 所示。请分析说明该线路能否正常工作。若不能，应怎样修改？

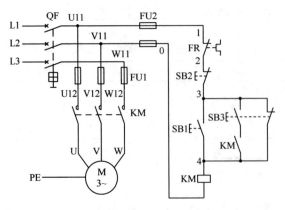

实训图 12　实训思考题（2）电气控制线路

实训九　三相异步电动机正转和反转控制线路的安装与检修

1．实训目的

（1）正确识别、选用、安装、使用倒顺开关，了解它的基本结构、功能、工作原理及型号含义，熟记它的图形符号和文字符号。

（2）正确识读倒顺开关控制的正转和反转控制线路、接触器联锁的正转和反转控制线路和按钮、接触器双重联锁的正转和反转控制线路的电路图、布置图和接线图。

（3）能够按照工艺要求正确安装倒顺开关控制的正转和反转控制线路、接触器联锁的正转和反转控制线路和按钮、接触器双重联锁的正转和反转控制线路。

（4）能够根据故障现象，检修三相异步电动机的正转和反转控制线路。

2．实训器材

工具、仪表及器材

工具	验电笔、螺钉旋具、钢丝钳、尖嘴钳、斜口钳、剥线钳、电工刀等电工常用工具 冲击钻、弯管器、套螺纹扳手等线路安装工具				
仪表	ZC25-3 型兆欧表（500 V，0～500 MΩ）、MG3-1 型钳形电流表、MF47 型万用表				
器材	代号	名称	型号	规格	数量
	M	三相笼型异步电动机	Y100L1-4Y	2.2 kW、380 V、5 A、Y 接法、1 440 r/min（倒顺开关控制）	1
		三相笼型异步电动机	Y112M-4	4 kW、380 V、8.8 A、△接法、1 440 r/min	1
	QS	倒顺开关	HZ3-132	三极、500 V、10 A	1
	QF	低压断路器	DZ5-20/330	三极复式脱扣器、380 V、20 A	1
	FU	螺旋式熔断器	RL1-15/15	500 V、15 A、配熔体 15 A	1
	FU1	螺旋式熔断器	RL1-60/25	500 V、60 A、配熔体 25 A	3
	FU2	螺旋式熔断器	RL1-15/2	500 V、15 A、配熔体 2 A	2
	KM1、KM2	交流接触器	CJ10-20	20 A、线圈电压 380 V	2
	FR	热继电器	JR36-20	三极、20 A、热元件 11 A、整定电流 8.8 A	1
	SB1～SB3	按钮开关	LA10-3H	保护式、380 V、5 A、钮数 3	1
	XT	端子板	JX2-1015	380 V、10 A、15 节	1
		主电路导线		BV 1.5 mm² 和 BVR 1.5 mm²（黑色）	若干
		控制电路导线		BVR 1 mm²（红色）	若干
		橡胶电缆线		YHZ 4×1.5 mm²	若干
		按钮线		BVR 0.75 mm²（红色）	若干
		接地线		BVR 1.5 mm²（黄绿双色）	若干
		控制板		500 mm×400 mm×20 mm	1
		紧固体及编码套管			若干

3. 实训过程

（1）安装与检修倒顺开关正转和反转控制线路。

根据如实训图 13 所示的电路图和接线图完成倒顺开关正转和反转控制线路的安装。

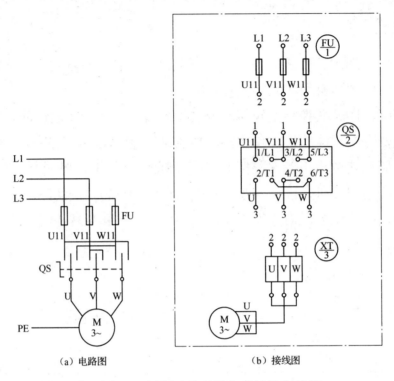

实训图 13　倒顺开关正转和反转控制线路

倒顺开关的安装与使用提示如下。

① 电动机和倒顺开关的金属外壳等必须可靠接地，且必须将接地线接到倒顺开关指定的接地螺钉上，切忌接在开关的罩壳上。

② 倒顺开关的进出线接线切忌接错。接线时，应看清开关线端标记，保证标记为 L1、L2、L3 接电源，标记为 U、V、W 接电动机，否则会造成两相电源短路。

③ 若作为临时性装置安装，如将倒顺开关安装在墙上（属于半移动形式）时，接到电动机的引线可采用 BVR 1.5 mm^2（黑色）塑铜线或 YHZ 4×1.5 mm^2 橡胶电缆线，并采用金属软管保护；若将开关与电动机一起安装在同一金属结构件或支架上（属移动形式）时，开关的电源进线必须采用四脚插头和插座连接，并在插座前加装熔断器或再加装隔离开关。可移动的引线必须完好无损，不得有接头，引线的长度一般不超过 2 m。

④ 通电试运行时，倒顺开关的操作顺序要正确。在改变电动机的转向时，必须先把倒顺开关的手柄置于"停止"位置，待电动机停转后，再扳动手柄令其反方向旋转，以免因电源突然反接，产生很大的冲击电流，损坏电动机和电路中的其他设备。

（2）安装接触器联锁正转和反转控制线路。

根据实训图 14 所示的电路图、布置图和接线图完成接触器联锁正转和反转控制线路的安装。

① 接触器联锁触头接线必须正确，否则将会造成主电路中两相电源短路事故。

② 通电试运行时，应先闭合 QF，再按下 SB1 或 SB2 及 SB3，观察控制是否正常，并在按下 SB1 后再按下 SB2，观察有无联锁作用。

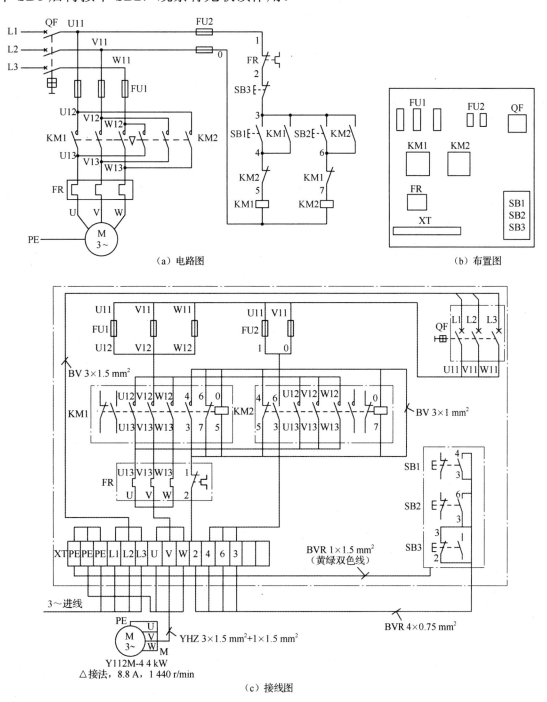

（a）电路图　　（b）布置图

（c）接线图

实训图 14　接触器联锁正转和反转控制线路

（3）安装按钮、接触器双重联锁正转和反转控制线路。

① 根据如实训图 15 所示的电路图和接线图，安装双重联锁正转和反转控制线路。

② 通电试运行时，注意总结该线路的优点。

（4）检修双重联锁正转和反转控制线路。

① 故障设置。在控制电路或主电路中，人为设置两处故障。

② 检修步骤如下。

a．使用试验法来观察故障现象。注意观察电动机的运行情况、接触器的动作情况和线路的工作情况等，如发现有异常情况，应马上断电检查。

  b．使用逻辑分析法缩小故障范围，并在电路图上用虚线标出故障部位的最小范围。

  c．使用测量法准确、迅速地找出故障点。

  d．根据故障点的不同情况，采取正确的修复方法，迅速排除故障。

  e．排除故障后，再次通电试运行。

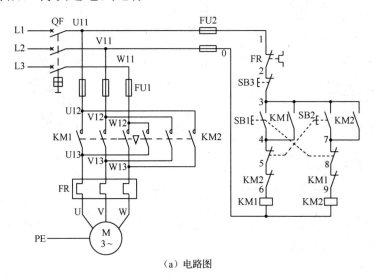

（a）电路图

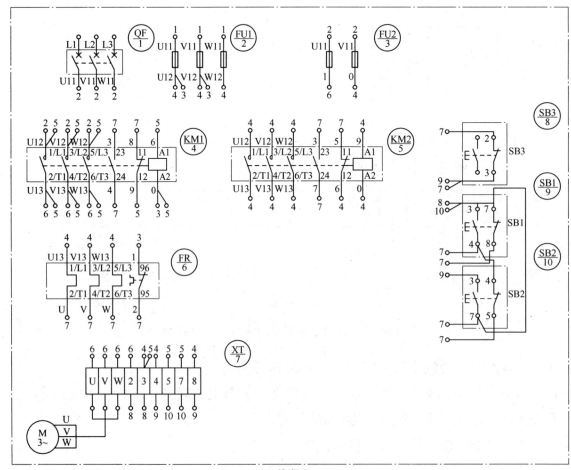

（b）接线图

实训图15　双重联锁正转和反转控制线路

4．注意事项

（1）倒顺开关要装设在操作时能看到电动机的地方，以保证操作安全。

（2）电动机的安装必须牢固。在紧固地脚螺栓时，必须按对角线均匀受力，依次交错，逐步拧紧，连接倒顺开关至电动机的导线。

（3）连接接地线。电动机和倒顺开关的金属外壳，以及连成一体的线管，按规定要求必须接到保护接地专用端子上。

（4）针对接触器联锁的正转和反转控制线路与按钮、接触器双重联锁的正转和反转控制线路，电动机旋转方向的改变，是通过两个接触器主触头的接线变化来改变相序的，因此接触器主触头的接线必须正确，否则将会造成主电路中两相电源短路事故。

（5）通电试运行前，要按照电路图或接线图逐段检查，从电源端开始，逐段核对接线及接线端子处线号是否正确，有无漏接、错接之处；检查导线接点是否符合要求，压接是否牢固，接点接触是否良好。

（6）通电试运行前，要用万用表检查线路的通断情况。

（7）用兆欧表检查线路的绝缘电阻的阻值应不得小于 $1M\Omega$。

（8）一定要在断开电源的情况下进行故障设定，一般设定元器件故障和线路的断路故障，而不将正确的线路改错。

（9）如果需要通电观察故障现象，必须在有指导教师监护的情况下进行。

5．实训思考

（1）什么是自锁？自锁是如何实现的？

（2）什么是联锁？联锁是如何实现的？

（3）如果自锁触头出现故障短接了，还有自锁作用吗？会发生什么现象？如果联锁触头出现故障短接了，还有联锁作用吗？会发生什么现象？

实训十　工作台自动往返控制线路的安装与检修

1．实训目的

（1）能够识读工作台自动往返控制线路的电路图、布置图和接线图。

（2）正确识别、选用、安装、使用行程开关，了解它的基本结构、功能、工作原理及型号含义，熟记它的图形符号和文字符号。

（3）能够按照工艺要求正确安装工作台自动往返控制线路，正确完成接线、检测、试运行。

（4）能够根据故障现象，检修工作台自动往返控制线路。

2．实训器材

工具、仪表及器材

工具	验电笔、螺钉旋具、钢丝钳、尖嘴钳、斜口钳、剥线钳、电工刀等电工常用工具				
仪表	ZC25-3 型兆欧表（500 V，0～500 MΩ）、MG3-1 型钳形电流表、MF47 型万用表				
器材	代号	名称	型号	规格	数量
	M	三相笼型异步电动机	Y112M-4	4 kW、380 V、8.8 A、△接法、1 440 r/min	1
	QF	低压断路器	DZ5-20/330	三极复式脱扣器、380 V、20 A	1
	FU1	螺旋式熔断器	RL1-60/25	500 V、60 A、配熔体 25 A	3
	FU2	螺旋式熔断器	RL1-15/2	500 V、15 A、配熔体 2 A	2
	KM1、KM2	交流接触器	CJ10-20	20 A、线圈电压 380 V	2
	FR	热继电器	JR36-20	三极、20 A、热元件 11 A、整定电流 8.8 A	1
	SQ1～SQ4	行程开关	JLXK1-111	单轮防护式	4
	SB1～SB3	按钮开关	LA10-3H	保护式、380 V、5 A、钮数 3	1
	XT	端子板	JD0-1020	380 V、10 A、20 节	1
		主电路导线		BVR 1.5 mm² （黑色）	若干
		控制电路导线		BVR 1 mm² （红色）	若干
		按钮线		BVR 0.75 mm² （红色）	若干
		接地线		BVR 1.5 mm² （黄绿双色）	若干
		控制板		500 mm×400 mm×20 mm	1
		紧固体及编码套管			若干
		针形及叉形轧头			若干
		金属软管			若干

3．实训过程

（1）安装布线。

① 检验所选电气元件的质量。

② 在控制板上按平面布置图安装走线槽和所有的电气元件，并贴上醒目的文字符号。安装走线槽时，应做到横平竖直、排列整齐匀称、安装牢固、便于走线。

③ 按照如实训图 16（a）所示的电路图进行板前线槽布线，并在导线端部套编码套管和冷压接线头。

板前线槽布线的工艺要求如下。

a．所有导线的截面积大于或等于 0.5 mm² 时，必须采用软线。考虑机械强度的原因，所用导线的最小截面积在控制箱外为 1 mm²，在控制箱内为 0.75 mm²。但对于控制箱内通过很小电流的电路连线，可用 0.2 mm² 的截面积，如电子逻辑电路，并且可以采用硬线，但只适用于不移动又无振动的场合。

b．布线时，严禁损伤线芯和导线绝缘。

c．各电气元件接线端子引出导线的走向以元件的水平中心线为界限。在水平中心线以上接线端子引出的导线，必须进入元件上面的走线槽；在水平中心线以下接线端子引出的导线，必须进入元件下面的走线槽。任何导线都不允许从水平方向进入走线槽内。

d．各电气元件接线端子上引出或引入的导线，除了间距很小或元件机械强度很差时允

电动机基本控制线路实训

许直接架空敷设，其他导线必须经过走线槽进行连接。

e．进入走线槽内的导线要完全置于走线槽内，并应尽可能避免交叉，装线不要超过其容量的 70%，以便能盖上线槽盖和以后的装配及维修。

f．各电气元件与走线槽之间的外露导线应合理走线，并尽可能做到横平竖直，垂直变换走向。同一个元件上位置一致的端子和同型号电气元件中位置一致的端子引出或引入的导线，要敷设在同一平面上，并应做到高低一致或前后一致，不得交叉。

g．所有接线端子、导线线头上都应套有与电路图上相应连接点线号一致的编码套管，并按线号进行连接，连接必须牢固，不得松动。

h．任何情况下，接线端子都必须与导线截面积和材料性质相适应。当接线端子不适合连接软线或不适合连接较小截面积的软线时，可以在导线端头穿上针形或叉形轧头并压紧。

i．一般一个接线端子只能连接一根导线，如果采用专门设计的端子，可以连接两根或多根导线，但导线的连接方式必须是公认的，在工艺上是成熟的，如夹紧、压接、焊接、绕接等，并应严格按照连接工艺的工序要求进行。

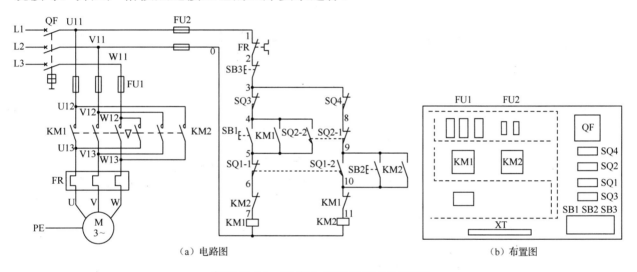

实训图 16　工作台自动往返控制线路

④ 根据如实训图 16（a）所示的电路图检查控制板内部布线的正确性。

应注意行程开关必须牢固安装在合适的位置上，位置要准确，安装要牢固；滚轮的方向不能装反，挡铁与其碰撞位置应符合控制线路的要求，并确保能可靠地与挡铁碰撞。安装后，必须用手动工作台或受控机械进行试验，合格后才能使用。若无条件进行实际机械安装试验时，可将行程开关安装在控制板上方（或下方）两侧，进行手控模拟试验。

（2）安装电动机，连接电动机和按钮金属外壳的保护接地线。

（3）连接电源、电动机等控制板外部的导线。

（4）自检，交验。经指导老师检查无误后通电试运行。

（5）检修。

在主电路或控制电路中，人为设置两处故障，注意不要在行程开关上设置故障。

自编检修步骤，经指导教师审查合格后，开始检修。需要带电检修故障时，必须有指导教师在现场监护，确保用电安全。

4．注意事项

（1）通电校验前，必须先手动操作行程开关，试验各行程控制和终端保护动作是否正常可靠。

（2）通电校验时，必须有指导教师在现场监护，学生应根据线路的控制要求独立进行校验，若出现故障也应自行排除。

（3）检修前，要先掌握电路图中各个控制环节的作用和原理。

（4）在检修过程中，严禁扩大和产生新的故障，否则要立即停止检修。

（5）检修思路和方法要正确。

5．实训思考

（1）通电校验时，在电动机正转（工作台向左运动）时，扳动行程开关 SQ1，电动机不反转，且继续正转，请判断故障原因是什么？应如何处理？

（2）简述板前线槽布线的工艺要求。

实训十一　顺序控制线路的安装与检修

1．实训目的

（1）能够识读电路图，并自行设计绘制布置图和接线图。

（2）掌握顺序控制线路的构成，理解顺序控制线路的工作原理。

（3）能够按照工艺要求正确安装顺序控制线路，正确完成接线、检测、试运行。

（4）能够根据故障现象，检修顺序控制线路。

2．实训器材

工具、仪表及器材

工具	验电笔、螺钉旋具、钢丝钳、尖嘴钳、斜口钳、剥线钳、电工刀等电工常用工具				
仪表	ZC25-3 型兆欧表（500 V，0～500 MΩ）、MG3-1 型钳形电流表、MF47 型万用表				
器材	代号	名称	型号	规格	数量
	M1	三相笼型异步电动机	Y112M-4	4 kW、380 V、8.8 A、△接法、1 440 r/min	1
	M2	三相笼型异步电动机	Y90S-2	1.5 kW、380 V、3.4 A、Y 接法、2 845 r/min	1
	QF	低压断路器	DZ5-20/330	三极复式脱扣器、380 V、20 A	1
	FU1	螺旋式熔断器	RL1-60/25	500 V、60 A、配熔体 25 A	3
	FU2	螺旋式熔断器	RL1-15/2	500 V、15 A、配熔体 2 A	2
	KM1	交流接触器	CJT1-20	20 A、线圈电压 380 V	1
	KM2	交流接触器	CJT1-10	10 A、线圈电压 380 V	1
	FR1	热继电器	JR36-20/3	三极、20 A、热元件 11 A、整定电流 8.8 A	1
	FR2	热继电器	JR36-20/3	三极、20 A、整定电流 3.4 A	1
	SB11、SB12	按钮开关	LA4-3H	保护式、钮数 3	1

续表

SB21、SB22	按钮开关	LA4-3H	保护式、钮数3	1
XT	端子板	JD0-1020	380 V、10 A、20 节	1
	主电路导线		BVR 1.5 mm² (黑色)	若干
	控制电路导线		BVR 1 mm² (红色)	若干
	按钮线		BVR 0.75 mm² (红色)	若干
	接地线		BVR 1.5 mm² (黄绿双色)	若干
	走线槽		25 mm×25 mm	若干
	控制板		500 mm×400 mm×20 mm	1
	紧固体及编码套管			若干
	针形及叉形轧头			若干
	金属软管			若干

3. 实训过程

（1）安装布线。

① 配齐所用工具、仪表和器材，并检验电气元件质量。

② 根据如实训图 17 所示的电路图，画出布置图。

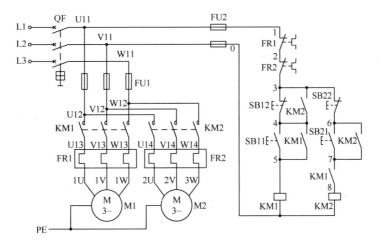

实训图 17　两台电动机的顺序启动、逆序停止控制线路

③ 在控制板上按布置图安装走线槽和所有电气元件，并贴上醒目的文字符号。

④ 在控制板上进行板前线槽布线，并在导线端部套编码套管和冷压接线头。

（2）安装电动机。

（3）连接电动机和电气元件金属外壳的保护接地线。

（4）连接控制板外部的导线。

（5）自检，交验。经指导教师检查无误后通电试运行。

4. 注意事项

（1）通电试运行前，应熟悉线路的操作顺序，即先闭合电源开关 QF，然后按下 SB11 后再按下 SB21 顺序启动，按下 SB22 后再按下 SB12 逆序停止。

（2）通电试运行时，注意观察电动机、各电气元件及线路各部分工作是否正常。若发现异常情况，必须立即切断电源开关 QF，而不是按下 SB12，因为此时停止按钮 SB12 可能已失去作用了。

5. 实训思考

本次实训安装的是两台电动机的顺序启动、逆序停止控制线路，如果想要改装成两台电动机的顺序启动同时停止控制线路，电路应该怎样改变？

实训十二 两地控制线路的安装与检修

1. 实训目的

（1）能够识读电路图，理解其工作原理，并自行绘制布置图和接线图。

（2）能够按照工艺要求正确安装两地控制线路，正确完成接线、检测、试运行。

（3）能够根据故障现象，检修两地控制线路。

2. 实训器材

工具、仪表及器材

工具	验电笔、螺钉旋具、钢丝钳、尖嘴钳、斜口钳、剥线钳、电工刀等电工常用工具				
仪表	ZC25-3 型兆欧表（500 V，0～500 MΩ）、MG3-1 型钳形电流表、MF47 型万用表				
器材	代号	名称	型号	规格	数量
	M	三相笼型异步电动机	Y112M-4	4 kW、380 V、8.8 A、△接法、1 440 r/min	1
	QF	低压断路器	DZ5-20/330	三极复式脱扣器、380 V、20 A	1
	FU1	螺旋式熔断器	RL1-60/25	500 V、60 A、配熔体 25 A	3
	FU2	螺旋式熔断器	RL1-15/2	500 V、15 A、配熔体 2 A	2
	KM	交流接触器	CJ10-20	20 A、线圈电压 380 V	1
	FR	热继电器	JR36-20/3	三极、20 A、热元件 11 A、整定电流 8.8 A	1
	SB11、SB12	按钮开关	LA4-3H	保护式、380 V、5 A、钮数 3	1
	SB21、SB22	按钮开关	LA4-3H	保护式、380 V、5 A、钮数 3	1
	XT	端子板	JD0-1020	380 V、10 A、20 节	1
		主电路导线		BVR 1.5 mm² （黑色）	若干
		控制电路导线		BVR 1 mm² （红色）	若干
		按钮线		BVR 0.75 mm² （红色）	若干
		接地线		BVR 1.5 mm² （黄绿双色）	若干
		走线槽		25 mm×25 mm	若干
		控制板		500 mm×400 mm×20 mm	1
		紧固体及编码套管			若干
		针形及叉形轧头			若干
		金属软管			若干

3．实训过程

（1）安装布线。

① 配齐所用工具、仪表和器材，并检验电气元件质量。

② 根据如实训图 18 所示的电路图，画出布置图。

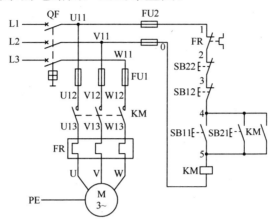

实训图 18　在两地控制同一台电动机的控制线路

③ 在控制板上按照布置图安装走线槽和所有电气元件，并贴上醒目的文字符号。

④ 在控制板上进行板前线槽布线，并在导线端部套编码套管和冷压接线头。

（2）安装电动机。

（3）连接电动机和电气元件金属外壳的保护接地线。

（4）连接控制板外部的导线。

（5）自检，交验，经指导教师检查无误后通电试运行。

4．注意事项

（1）两地的启动按钮 SB11、SB21 要并联在一起；停止按钮 SB12、SB22 要串联在一起。这样就可以分别在甲、乙两地启动和停止同一台电动机，达到操作方便的目的。

（2）出现故障后，若需带电检查时，必须在指导教师现场监护的情况下进行。检修完毕后，如需要再次试运行，也应该有指导教师在现场监护。

5．实训思考

如果在本次实训线路安装布线完成后，试运行过程中发现以下现象，请判断故障原因并提出检修办法。

（1）按下 SB11 或 SB21 后，电动机都不能启动。

（2）按下 SB11 后，电动机不能启动，按下 SB21 却能启动。

（3）按下 SB11 或 SB21 后，电动机都能启动，但是只能实现点动控制。

实训十三　时间继电器控制的 Y-△ 降压启动控制线路的安装与检修

1. 实训目的

（1）能够识读时间继电器控制的 Y-△ 降压启动控制线路的电路图，理解其工作原理，并自行绘制布置图和接线图。

（2）能够按照工艺要求正确安装时间继电器控制的 Y-△ 降压启动控制线路，完成接线、检测、试运行。

（3）能够根据故障现象，检修时间继电器控制的 Y-△ 降压启动控制线路。

2. 实训器材

工具、仪表及器材

工具	验电笔、螺钉旋具、钢丝钳、尖嘴钳、斜口钳、剥线钳、电工刀等电工常用工具				
仪表	ZC25-3 型兆欧表（500 V，0～500 MΩ）、MG3-1 型钳形电流表、MF47 型万用表				
器材	代号	名称	型号	规格	数量
	M	三相笼型异步电动机	Y132M-4	7.5 kW、380 V、15.4 A、△接法、1 440 r/min	1
	QF	低压断路器	DZ47-60/3P D20A	三极复式脱扣器、400 V、额定电流 20 A	1
	FU1	螺旋式熔断器	RL1-60/25	500 V、60 A、配熔体 35 A	3
	FU2	螺旋式熔断器	RL1-15/2	500 V、15 A、配熔体 2 A	2
	KM、KM△、KMY	交流接触器	CJT1-20	20 A、线圈电压 380 V	3
	KT	时间继电器	JS7-2A	线圈电压 380 V	1
	FR	热继电器	JR36B-20/3	三极、额定电流 20 A、整定电流 15.4 A	1
	SB1、SB2	按钮开关	LA10-3H	保护式、380 V、5 A、钮数 3	1
	XT	端子板	TD-1515	660 V、15 A、15 节	1
		控制板		600 mm×500 mm×20 mm	1
		主电路导线		BVR 1.5 mm² （黑色）	若干
		控制电路导线		BVR 1 mm² （红色）	若干
		按钮线		BVR 0.75 mm² （红色）	若干
		接地线		BVR 1.5 mm² （黄绿双色）	若干
		走线槽		25 mm×25 mm	若干
		紧固体及编码套管			若干
		针形及叉形轧头			若干
		金属软管			若干

3. 实训过程

（1）安装布线。

① 配齐所用工具、仪表和器材，并检验电气元件质量。

② 根据如实训图 19 所示的电路图，绘制元件布置图和接线图。

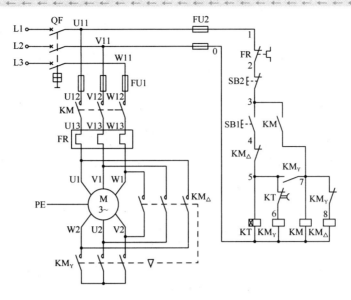

实训图 19　时间继电器控制的 Y-△降压启动控制线路

③ 按布置图在控制板上安装电气元件，并贴上醒目的文字符号。

④ 开始布线，布线工艺要求同前述。

（2）自检。

① 从电源端开始核对接线。

按照电路图或接线图从电源端开始，逐段核对接线及接线端子处线号是否正确，有无漏接、错接之处；检查导线接点是否符合要求，压接是否牢固，连接点接触是否良好。

② 用万用表检查线路的通断情况。

万用表选用倍率适当的电阻挡（R×1），并进行校零。断开 QF，摘下接触器灭弧罩。

a. 主电路检测。

将万用表笔跨接在 QF 下端子 U11 和端子排 U1 处，应测得断路，按下 KM 的触头架，万用表显示通路，重复以上步骤进行 V11—V1 和 W11—W2 之间的检测。

将万用表笔跨接在 QF 下端子 U1 和端子排 W2 处，应测得断路，按下 KM△的触头架，万用表显示通路，重复以上步骤进行 V1—U2 和 W1—V2 之间的检测。

将万用表笔跨接在端子排 W2 和 U2 之间，应测得断路，按下 KMY 的触头架，万用表显示通路，重复以上步骤进行 W2—V2 和 U2—V2 之间的检测。

b. 控制电路检测（按使用晶体管时间继电器为例）。

将万用表笔跨接在 U11 和 V11 之间，应测得断路，按下 SB1 不放，应测得 KMY 线圈电阻，同时按下 KM△的触头架，应测得断路，放开 KM△的触头架，按下 SB2，应测得断路。

放开 SB1，按下 KM 的触头架，同时轻按 KMY 的触头架，应测得 KM 线圈电阻；放开 KMY 的触头架，应测得 KM 和 KM△线圈电阻的并联值，按下 SB2，应测得断路。

（3）交验。

学生提出申请，经指导教师检查同意后方可进行通电试运行。

（4）通电试运行。

① 空操作试验。

拆下电动机连线，调整好时间继电器的延时动作时间（一般为 5～10 s），闭合电源开关 QF，按下 SB1，KM 和 KM$_Y$ 吸合动作，5～10 s 后，KM$_Y$ 失电断开，KM△ 得电吸合动作；按下 SB2，接触器失电断开。

② 带负荷试运行。

断开电源开关 QF，连接好电动机接线，闭合 QF，做好随时切断电源停转的准备。

按下 SB1，观察电动机的启动情况。5～10 s 后，KM$_Y$ 失电断开，KM△ 得电吸合动作，电动机全压运行。

（5）出现故障后，若需带电检查，必须在指导教师现场监护的情况下进行。检修完毕后，如需要再次试运行，也应该在指导教师现场监护下进行。

（6）通电试运行完毕，停转，切断电源。先拆除三相电源线，再拆除电动机线。

4. 注意事项

（1）使用 Y-△ 降压启动控制的电动机，必须有 6 个出线端子，且定子绕组在 △ 接法时的额定电压等于三相电源的线电压。

（2）接线时，要保证电动机 △ 接法的正确性，即接触器主触头闭合时，应保证定子绕组的 U1 与 W2、V1 与 U2、W1 与 V2 相连接。

（3）接触器 KM$_Y$ 的进线必须从三相定子绕组的末端引入，若误将其首端引入，则在 KM$_Y$ 吸合时，会发生三相电源短路事故。

（4）控制板外部配线，必须按照要求一律装在导线通道内，使导线有适当的机械保护，以防止液体、铁屑和灰尘的侵入。

（5）通电校验前，应再次检查熔体规格及时间继电器、热继电器的各整定值是否符合要求。

（6）调整时间继电器的整定值。若启动时间过短，电动机的转速还未提起来就切换到运行，此时电动机的启动电流还很大，会造成线路电压波动；若启动时间过长，电动机不能及时从星形接法切换到三角形接法运行，此时的线电流不一定会超过热继电器的整定值，热继电器不会动作，但是电动机绕组的电流却已超过额定值，电动机会因低电压大电流导致发热烧毁。为了防止启动时间过短或过长，时间继电器的初步时间确定一般按电动机功率 1 千瓦 0.6～0.8 s 整定。在现场可用钳形电流表来观察电动机启动过程中的电流变化，当电流从刚启动时的最大值下降到不再下降时的时间，就是时间继电器的整定值。

（7）通电校验时，必须有指导教师在现场监护，应根据电路的控制要求独立进行校验，若出现故障也应自行排除。

5. 实训思考

（1）采用 Y-△ 降压启动控制的电动机共有几个出线端子？应怎样正确接线？

（2）在时间继电器自动控制的 Y-△ 降压启动线路中，接触器 KM 的常开触头起什么作用？为什么这样设计？

（3）接触器 KM 在主电路中的接线应注意什么问题？为什么？

实训十四　三相绕线转子异步电动机凸轮控制器控制线路的安装与检修

1．实训目的

（1）能够识读三相绕线转子异步电动机凸轮控制器控制线路的电路图，理解其工作原理，并自行设计绘制布置图和接线图。

（2）掌握凸轮控制器的接线方法，能够按照工艺要求正确安装三相绕线转子异步电动机凸轮控制器控制线路，正确完成接线、检测、试运行。

（3）能够根据故障现象，检修三相绕线转子异步电动机凸轮控制器控制线路。

2．实训器材

工具、仪表及器材

工具	验电笔、螺钉旋具、钢丝钳、尖嘴钳、斜口钳、剥线钳、电工刀等电工常用工具				
仪表	ZC25-3 型兆欧表（500 V，0～500 MΩ）、MG3-1 型钳形电流表、MF47 型万用表、CZ-636 转速表				
	代号	名称	型号	规格	数量
器材	M	三相绕线转子异步电动机	YZR-132MA-6	2.2 kW	1
	QS	组合开关	HZ10-25/3	380 V、25 A、三极	1
	FU1	螺旋式熔断器	RL1-60/25	500 V、60 A、配熔体 25 A	3
	FU2	螺旋式熔断器	RL1-15/2	500 V、15 A、配熔体 2 A	2
	KM	交流接触器	CJT1-20	20 A、线圈电压 380 V	1
	KA1、KA2	过电流继电器	JL14-11J	线圈额定电流 10 A、电压 380 V	2
	R	启动变阻器	2K1-12-6/1		3
	SA	凸轮控制器	KTJ1-50/2	50 A、380 V	1
	SB1、SB2	按钮开关	LA10-3H	保护式、380 V、5 A、钮数 3	2
	SQ1、SQ2	行程开关	LX19-212	380 V、5 A，内侧双轮	2
	XT	端子板	TD-1515	600 V、15 A、15 节	1
		控制板		600 mm×500 mm×20 mm	1
		主电路导线		BVR 1.5 mm² （黑色）	若干
		控制电路导线		BVR 1 mm² （红色）	若干
		按钮线		BVR 0.75 mm² （红色）	若干
		接地线		BVR 1.5 mm² （黄绿双色）	若干
		走线槽		25 mm×25 mm	若干
		紧固体及编码套管			若干
		针形及叉形轧头			若干
		金属软管			若干

3．实训过程

（1）安装布线。

① 配齐所用工具、仪表和器材，并检验电气元件质量。

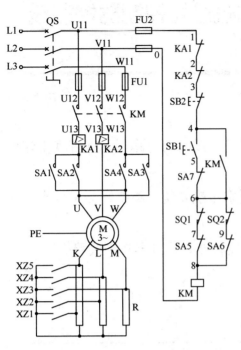

实训图20 三相绕线转子异步电动机
凸轮控制器控制线路

② 按照实训图 20 所示的电路图画出布置图，在控制板上安装除电动机、凸轮控制器、启动电阻和行程开关以外的电气元件，并贴上醒目的文字符号。

③ 在控制板外安装电动机、凸轮控制器、启动电阻和行程开关等电气元件。

④ 根据电路图在控制板上进行板前线槽布线和套编码套管。

a. 在安装凸轮控制器前，应转动其手轮，检查运动系统是否灵活，触头分合顺序是否与触头分合表相符，有无缺件等。

b. 凸轮控制器必须牢靠地安装在墙壁或支架上。

c. 在进行凸轮控制器接线时，要先了解其结构和各触头的作用，了解凸轮控制器内连接线的接线方式，然后按照如实训图20所示的电路图进行正确接线。接线后必须盖上灭弧罩。

⑤ 可靠连接电动机、凸轮控制器等各电气元件的保护接地线。

⑥ 连接电动机等控制板外部的导线。

（2）自检，交验，试运行。

通电试运行，前电流继电器的整定值应调整合适。通电试运行最好带负载进行，否则手轮在不同挡位时所测得的转速可能无明显差别。

启动操作时，手轮转动不能太快，应逐级启动，且级与级之间应经过一定的时间间隔（约1 s），以防电动机的冲击电流超过过电流继电器的动作值。

通电试运行的操作顺序如下。

① 将凸轮控制器的手轮置于"0"位。

② 闭合电源开关 QS。

③ 按下启动按钮 SB1 使 KM 吸合。

④ 将凸轮控制器的手轮依次转到正转"1"～"5"挡的位置并分别测量电动机的转速。

⑤ 将凸轮控制器的手轮从正转"5"挡逐渐恢复到"0"位。

⑥ 将凸轮控制器的手轮依次转到反转"1"～"5"挡的位置并分别测量电动机的转速。

⑦ 将凸轮控制器的手轮从反转"5"挡逐渐恢复到"0"位。

⑧ 按下停止按钮 SB2。

⑨ 切断电源开关 QS。

（3）检修。

在主电路或控制电路中，人为设置两处故障。自编检修步骤，经指导教师审查合格后，开始检修。检修的步骤及要求如下。

① 使用通电试验法观察故障现象。闭合电源开关 QS，按规定的顺序操作，注意观察电动机的运转情况、凸轮控制器的动作、各电气元件及线路的工作是否满足控制要求。操作过程中若发现异常现象，应立即断电检查。

② 根据观察到的故障现象，结合电路图和触头分合表分析故障范围，并在电路图上用虚线标出故障部位的最小范围。

③ 使用测量法准确迅速地找出故障点并采取正确的方法迅速排除故障。

④ 通电试运行，确认故障是否排除。

4．注意事项

当接触器 KM 线圈已通电吸合但凸轮控制器手柄处于"0"位时，主电路中只采用了凸轮控制器的两对触头进行控制，因此电动机不启动，但定子绕组已处于带电状态。

5．实训思考

（1）启动操作时，为什么手轮转动不能太快？

（2）通电试运行时，如果按下 SB1 后 KM 不动作，请分析故障原因并提出检修方法。

（3）通电试运行时，如果按下 SB1 后 KM 有动作，但是电动机不能启动，请分析故障原因并提出检修方法。

实训十五　电磁抱闸制动器断电制动控制线路的安装与检修

1．实训目的

（1）能够识读电磁抱闸制动器断电制动控制线路的电路图，理解其工作原理，并自行绘制布置图和接线图。

（2）能够按照工艺要求正确安装电磁抱闸制动器断电制动控制线路，完成接线、检测、试运行。

（3）能够根据故障现象，检修电磁抱闸制动器断电制动控制线路。

2．实训器材

工具、仪表及器材

工具	验电笔、螺钉旋具、钢丝钳、尖嘴钳、斜口钳、剥线钳、电工刀等电工常用工具				
仪表	ZC25-3 型兆欧表（500 V，0～500 MΩ）、MG3-1 型钳形电流表、MF47 型万用表				
器材	代号	名称	型号	规格	数量
	M	三相笼型异步电动机	Y112M-4	4 kW、380 V、8.8 A、△接法、1 440 r/min	1
	QF	低压断路器	DZ5-20/330	三极复式脱扣器、380 V、额定电流 20 A	1
	FU1	螺旋式熔断器	RL1-60/25	500 V、60 A、配熔体 25 A	3

续表

FU2	螺旋式熔断器	RL1-15/2	500 V、15 A、配熔体 2 A	2
KM	交流接触器	CJT1-20	20 A、线圈电压 380 V	1
FR	热继电器	JR36-20	三极、20 A、热元件 11 A、整定电流 8.8 A	1
SB1、SB2	按钮开关	LA4-3H	保护式、380 V、5 A、钮数 3	1
YB	电磁抱闸制动器	TJ2-200	配 MZD1-200 制动电磁铁	
XT	端子板	TD-1515	660 V、15 A、15 节	1
	控制板		500 mm×400 mm×20 mm	1
	主电路导线		BVR 1.5 mm² （黑色）	若干
	控制电路导线		BVR 1 mm² （红色）	若干
	按钮线		BVR 0.75 mm² （红色）	若干
	接地线		BVR 1.5 mm² （黄绿双色）	若干
	走线槽		25 mm×25 mm	若干
	紧固体及编码套管			若干
	针形及叉形轧头			若干
	金属软管			若干

3．实训过程

（1）安装布线。

① 配齐所用工具、仪表和器材，并检验电气元件质量。

② 根据如实训图 21 所示的电路图，自行绘制布置图和接线图。

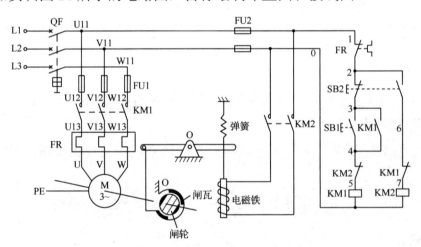

实训图 21　电磁抱闸制动器断电制动控制线路

③ 自行设计安装步骤和工艺要求，经指导教师审阅合格后，按照布置图在控制板上安装电气元件，并贴上醒目的文字符号。

④ 开始布线，布线工艺要求在前文已有叙述。

（2）电磁抱闸制动器的安装与调整。

① 电磁抱闸制动器必须与电动机一起安装在固定的底座或座墩上，其地脚螺栓必须拧紧，且必须有防松措施。电动机轴伸出端上的制动闸轮必须与闸瓦制动器的抱闸机构在同

一平面上，且轴心要一致。

② 电磁抱闸制动器安装后，必须在切断电源的情况下先进行粗调，然后在通电试运行时再进行微调。粗调时以断电状态下用外力转不动电动机转轴，而用外力将制动电磁铁吸合后，电动机转轴能自由转动为合格；微调时以在通电带负载运行状态下，电动机转动自如，闸瓦与闸轮不摩擦、不过热，断电时又能立即制动为合格。

（3）自检，交验，试运行。

4．注意事项

（1）电磁抱闸制动器主要由两部分组成：制动电磁铁和闸瓦制动器。

（2）断电制动型电磁抱闸制动器在起重机械上被广泛采用。当重物被吊到高处，线路突然发生故障断电时，电动机和电磁抱闸线圈同时断电，闸瓦立即抱住闸轮，使电动机迅速制动停转，避免发生重物突然自高处坠落的事故。另外，也可以利用这一方式将重物停留在空中的某个位置。

5．实训思考

（1）简述电磁抱闸制动器的主要结构，并画出其符号。

（2）断电制动型电磁抱闸制动器安装后如何调试才算合格？

（3）试运行时发现，电动机断电后不能立即制动，请分析故障原因并提出检修方法。

实训十六　单向启动反接制动控制线路的安装与检修

1．实训目的

（1）能够识读单向启动反接制动控制线路的电路图，理解其工作原理，并自行设计绘制布置图和接线图。

（2）掌握速度继电器的常开、常闭触头的测量方法；掌握速度继电器与电动机的连接方法；掌握速度继电器的接线方法。

（3）能够按照工艺要求正确安装、接线、检测、试运行。

（4）能够根据故障现象，检修单向启动反接制动控制线路。

2．实训器材

工具、仪表及器材

工具	验电笔、螺钉旋具、钢丝钳、尖嘴钳、斜口钳、剥线钳、电工刀等电工常用工具				
仪表	ZC25-3 型兆欧表（500 V，0～500 MΩ）、MG3-1 型钳形电流表、MF47 型万用表				
器材	代号	名称	型号	规格	数量
	M	三相笼型异步电动机	Y112M-4	4 kW、380 V、8.8 A、△接法、1 440 r/min	1
	QF	低压断路器	DZ5-20/330	三极复式脱扣器、380 V、额定电流 20 A	1
	FU1	螺旋式熔断器	RL1-60/25	500 V、60 A、配熔体 25 A	3

续表

FU2	螺旋式熔断器	RL1-15/4	500 V、15 A、配熔体 4 A	2
KM1、KM2	交流接触器	CJT1-20	20 A、线圈电压 380 V	2
FR	热继电器	JR36-20	三极、20 A、热元件 11 A、整定电流 8.8 A	1
KS	速度继电器	JY1		1
SB1、SB2	按钮开关	LA4-3H	保护式、380 V、5 A、钮数 3	1
XT	端子板	JD0-1020	380 V、10 A、20 节	1
	控制板		600 mm×500 mm×20 mm	1
	主电路导线		BVR 1.5 mm^2（黑色）	若干
	控制电路导线		BVR 1 mm^2（红色）	若干
	按钮线		BVR 0.75 mm^2（红色）	若干
	接地线		BVR 1.5 mm^2（黄绿双色）	若干
	走线槽		25 mm×25 mm	若干
	紧固体及编码套管			若干
	针形及叉形轧头			若干
	金属软管			若干

3. 实训过程

（1）安装布线。

① 配齐所用工具、仪表和器材，并检验电气元件质量。

② 根据实训图 22，自行设计安装步骤和工艺要求，经指导教师审阅合格后进行安装。

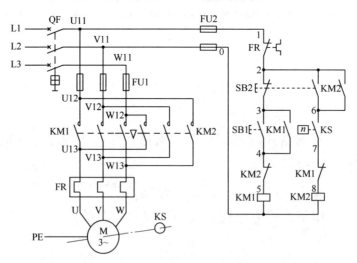

实训图 22　单向启动反接制动控制线路

③ 安装速度继电器前，要清楚其结构，辨明常开触头的接线端。

④ 安装时，将速度继电器的连接头与电动机转轴直接连接，并使两轴中心线重合。

（2）自检，交验，试运行。

试运行时，若需调节速度继电器的调整螺钉，必须先切断电源，调整方法如下。

① 将调整螺钉向下旋，弹性动触片弹性增大，速度较高时，速度继电器才动作。将调整螺钉向上旋，弹性动触片弹性减小，速度较低时，速度继电器立即动作。

② 调整好后必须将螺母锁紧，以防螺钉松动。

（3）检修。

在主电路或控制电路中，人为设置故障两处。

自编检修步骤，经指导教师审查合格后，开始检修。

4．注意事项

（1）本线路所用电动机功率小于 4.5 kW，反接制动时不需要串入限流电阻。

（2）速度继电器在安装接线时，应注意正反向的触头不能接错，否则不能起到反接制动时接通和断开反向电源的作用。

5．实训思考

有同学在实训时发现：电动机启动、运转都正常，但是按下反接制动按钮后，电动机断电后继续惯性运转，无制动作用，请分析出现这种情况的原因，并提出检修的办法。

实训十七 有变压器单相桥式整流单向启动能耗制动控制线路的安装与检修

1．实训目的

（1）能够识读有变压器单相桥式整流单向启动能耗制动控制线路的电路图，理解其工作原理，并自行绘制布置图和接线图。

（2）能够按照工艺要求正确安装、接线、检测、试运行。

（3）能够根据故障现象，检修有变压器单相桥式整流单向启动能耗制动控制线路。

2．实训器材

工具、仪表及器材

工具	验电笔、螺钉旋具、钢丝钳、尖嘴钳、斜口钳、剥线钳、电工刀等电工常用工具				
仪表	ZC25-3 型兆欧表（500 V，0～500 MΩ）、MG3-1 型钳形电流表、MF47 型万用表				
器材	代号	名称	型号	规格	数量
	M	三相笼型异步电动机	Y112M-4	4 kW、380 V、8.8 A、△接法、1 440 r/min	1
	QF	低压断路器	DZ5-20/330	三极复式脱扣器、380 V、额定电流 20 A	1
	FU1	螺旋式熔断器	RL1-60/25	500 V、60 A、配熔体 25 A	3
	FU2	螺旋式熔断器	RL1-15/4	500 V、15 A、配熔体 4 A	2
	KM1、KM2	交流接触器	CJ10-20	20 A、线圈电压 380 V	2
	FR	热继电器	JR36-20/3	三极、20 A、整定电流 8.8 A	1
	KT	时间继电器	JS7-2A	线圈电压 380 V	1
	SB1、SB2	按钮开关	LA10-3H	保护式、380 V、5 A、钮数 3	1
	VC	整流二极管	2CZ30	30 A、600 V	4

续表

TC	整流变压器	BK-50	50 V·A、380 V/36 V	1
R	电阻器	ZG11-75A	75 W	1
XT	端子板	JD0-1020	380 V、10 A、20 节	1
	控制板		600 mm×500 mm×20 mm	1
	主电路导线		BVR 1.5 mm² (黑色)	若干
	控制电路导线		BVR 1 mm² (红色)	若干
	按钮线		BVR 0.75 mm² (红色)	若干
	接地线		BVR 1.5 mm² (黄绿双色)	若干
	走线槽		25 mm×25 mm	若干
	紧固体及编码套管			若干
	针形及叉形轧头			若干
	金属软管			若干

3. 实训过程

（1）安装布线。

① 配齐所用工具、仪表和器材，并检验电气元件质量。

② 根据实训图23，自行设计安装步骤和工艺要求，经指导教师审阅合格后进行安装。

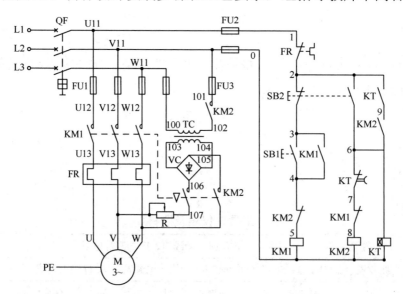

实训图23 有变压器单相桥式整流单向启动能耗制动控制线路

（2）自检，交验，试运行。

① 空操作试验。拆下电动机连线，调整好时间继电器的整定值（一般为 3～5 s），闭合电源开关 QF，按下 SB1，KM1 吸合动作；按下 SB2，KM1 失电断开，KM2 得电吸合动作，3～5 s 后，KM2 失电断开。

② 带负荷试运行。断开电源开关 QF，连接好电动机接线，闭合电源开关 QF，做好随时切断电源的准备。按下 SB1，观察电动机的启动情况；按下 SB2，KM1 断开，KM2 闭合，电动机迅速停转后，KM2 失电断开。

（3）检修。

在主电路或控制电路中，人为设置故障两处。

自编检修步骤，经指导教师审查合格后，开始检修。若需带电检修，必须有指导教师现场监护。

4．注意事项

（1）时间继电器的整定时间不要调得太长，以免制动时间过长引起定子绕组发热。

（2）整流二极管要配装散热器和固装散热器支架。

（3）制动电阻要安装在控制板外面。

（4）进行制动时，停止按钮 SB2 要按到底。

（5）通电试运行时，必须有指导教师在现场监护，应根据电路的控制要求独立进行校验，若出现故障也应自行排除。

5．实训思考

（1）简述有变压器单相桥式整流单向启动能耗制动控制线路的工作原理。

（2）能耗制动的优点是什么？缺点是什么？适用于什么场合？

（3）按下 SB2，KM2 不吸合，电动机不能制动，请分析故障原因及检查方法。

实训十八　时间继电器控制的双速电动机控制线路的安装与检修

1．实训目的

（1）能够识读时间继电器控制的双速电动机控制线路的电路图，理解其工作原理，并自行绘制布置图和接线图。

（2）掌握时间继电器控制的双速电动机控制线路的安装、接线、检测、试运行。

（3）能够根据故障现象，检修时间继电器控制的双速电动机控制线路。

2．实训器材

工具、仪表及器材

工具	验电笔、螺钉旋具、钢丝钳、尖嘴钳、斜口钳、剥线钳、电工刀等电工常用工具				
仪表	ZC25-3 型兆欧表（500 V，0～500 MΩ）、MG3-1 型钳形电流表、MF47 型万用表、CZ-636 转速表				
器材	代号	名称	型号	规格	数量
	M	三相笼型异步电动机	YD112M-4/2	3.3 kW/4 kW、380 V、7.4 A/8.6 A、△/YY 接法、1 440 r/min 或 2 890 r/min	1
	QF	低压断路器	DZ5-20/330	三极复式脱扣器、380 V、额定电流 20 A	1
	FU1	螺旋式熔断器	RL1-60/25	500 V、60 A、配熔体 25 A	3
	FU2	螺旋式熔断器	RL1-15/4	500 V、15 A、配熔体 4 A	2

续表

器材	KM1~KM3	交流接触器	CJ10-20	20 A、线圈电压 380 V	3
	FR1	热继电器	JR36-20/3	三极、20 A、整定电流 7.4 A	1
	FR2	热继电器	JR36-20/3	三极、20 A、整定电流 8.6 A	1
	KT	时间继电器	JS7-2A	线圈电压 380 V	1
	SB1~SB3	按钮	LA10-3H	保护式、380 V、5 A、钮数 3	3
	XT	端子板	JD0-1020	380 V、10 A、20 节	1
		控制板		600 mm×500 mm×20 mm	1
		主电路导线		BVR 1.5 mm² （黑色）	若干
		控制电路导线		BVR 1 mm² （红色）	若干
		按钮线		BVR 0.75 mm² （红色）	若干
		接地线		BVR 1.5 mm² （黄绿双色）	若干
		走线槽		25 mm×25 mm	若干
		紧固体及编码套管			若干
		针形及叉形轧头			若干
		金属软管			若干

3. 实训过程

（1）安装布线。

① 配齐所用工具、仪表和器材，并检验电气元件质量。

② 根据实训图 24，自行设计安装步骤和工艺要求，经指导教师审阅合格后进行安装。

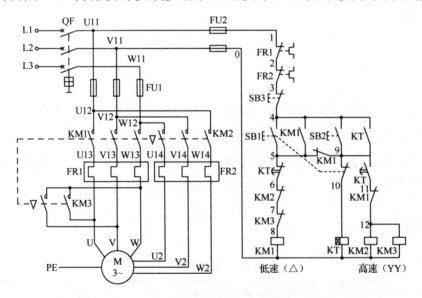

实训图 24　时间继电器控制的双速电动机控制线路

接线时，要注意主电路中接触器 KM1、KM2 在两种转速下电源相序的改变，不能接错，否则，两种转速下电动机的转向相反，换向时将产生很大的冲击电流。

注意控制双速电动机△接法的接触器 KM1 和 YY 接法的 KM2 的主触头不能对换接线，否则，不但无法实现双速控制要求，还会在 YY 运转时造成电源短路事故。

（2）自检，交验，试运行。

通电试运行前，复验一下电动机的接线是否正确，并测试绝缘电阻是否符合要求。

① 空操作试验。闭合电源开关 QF。

按下 SB1，KM1 应立即动作并保持吸合状态。

按下 SB3，KM1 断电释放。

按下 SB2，KT 和 KM1 应立即吸合动作，经过 KT 的整定时间，KM1 断电释放，KM2 和 KM3 同时吸合动作。

按下 SB3，KM2 和 KM3 同时释放。

② 带负荷试运行。切断电源后，连接电动机，装好接触器灭弧罩，闭合 QF 试运行。

电动机接△形低速试运行：按下 SB1，KM1 应立即吸合动作，电动机接△形低速试运行。

按下 SB3，KM1 释放，电动机停转。

电动机接 YY 形高速试运行：按下 SB2，KT 和 KM1 应立即吸合动作，电动机接△形低速启动；经过 KT 的整定时间，KT 延时闭合常开触头闭合，KM1 断电释放，KM2 和 KM3 同时吸合动作，电动机接 YY 形高速试运行。

按下 SB3，KM2 和 KM3 同时释放，电动机停转。

试运行时要注意观察电动机启动时的转向和运行声音，电动机运转过程中用转速表测量电动机的转速。若有异常则立即停转检查。

（3）检修。

在主电路或控制电路中，人为设置两处故障。

自编检修步骤，经指导教师审查合格后，开始检修。若需带电检修，必须有指导教师现场监护。

4．注意事项

（1）变极调速的基本原理：在电源频率不变的情况下，三相异步电动机的同步转速与它的极对数成反比。而三相异步电动机的极对数是由其定子绕组的接线方式决定的，因此，变换三相异步电动机定子绕组的接线方式，使其在不同的极对数下运行，同步转速便会随之改变，进而改变了电动机的转速。

（2）变极调速一般仅适用于三相笼型异步电动机。变极调速方法只能实现有级调速，不能实现无级调速。单绕组双速电动机、三速电动机是变极调速中常用的两种形式。

5．实训思考

现有一台双速电动机，请按照下述要求设计控制线路。

（1）分别用两个按钮操作电动机的高速启动与低速启动，用一个总停止按钮操作电动机停止。

（2）高速启动时，应先接成低速，然后经延时后再换接成高速。

（3）有短路保护和过载保护。

实训十九　并励直流电动机手动启动控制线路的安装与检修

1．实训目的

（1）能够识读并励直流电动机手动启动控制线路的电路图，理解其工作原理，并自行绘制布置图和接线图。

（2）能够按照工艺要求正确安装、接线、检测、试运行。

（3）能够根据故障现象，检修并励直流电动机手动启动控制线路。

2．实训器材

工具、仪表及器材

工具	验电笔、螺钉旋具、钢丝钳、尖嘴钳、斜口钳、剥线钳、活扳手、电工刀等电工常用工具				
仪表	ZC25-3 型兆欧表（500 V，0～500 MΩ）、MG20 型钳形电流表、MF47 型万用表、CZ-636 转速表				
器材	代号	名称	型号	规格	数量
	M	直流电动机	Z4-100-1	并励式、1.5 kW、160 V、955 r/min	1
	QF	断路器	DZ5-20/230	2 极、220 V、20 A、整定电流 13.4 A	1
	FU	熔断器	RL1-60/30	60 A、配熔体 30 A	2
	R_s	启动变阻器	BQ3	2/26 A、0/10 Ω、2.2 kW	1
	RP	可变电阻器	BC1-300	300 W、0～200 Ω	1
	XT	接线端子排	JD0-2520	380 V、25 A、20 节	1
		导线		BV1.5 mm²，BVR 1.5 mm²	若干
		控制板		500 mm×600 mm×20 mm	1

3．实训过程

（1）安装布线。

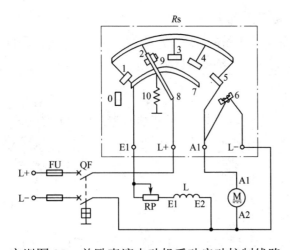

实训图 25　并励直流电动机手动启动控制线路

根据如实训图 25 所示的电路图，牢固安装各电气元件，并进行正确布线。

牢固安装各电气元件，并进行正确布线。电源开关及启动变阻器的安装位置要接近电动机和被拖动的机械，以便在控制时能看到电动机和被拖动的生产机械的运行情况。

（2）自检。

安装完毕的控制线路板必须经过认真检查以后，才允许通电试运行，以防止错接、漏接，造成不能正常工作或短路事故。

① 按电路图或接线图从电源端开始，逐段核对接线及接线端子处线号是否正确，有无漏接、错接之处；检查导线接点是否符合要求，压接是否牢固，同时注意接点接触应良好，以避免带负载运转时产生闪弧现象。

② 用万用表检查线路的通断情况，万用表选用倍率适当的电阻挡，并进行校零。

③ 检查安装质量，并进行绝缘电阻测量，用兆欧表检查线路的绝缘电阻的阻值应不得小于 1MΩ。

（3）检查无误后通电试运行。

通电试运行前，要认真检查励磁回路的接线，必须保证连接可靠，以防止电动机运行时出现因励磁回路断路失磁而引起"飞车"事故。

试运行操作顺序如下。

① 在闭合电源开关 QF 前，应将启动变阻器 R_s 的手轮置于最左端的"0"位，RP 的阻值调到零。

② 闭合电源开关 QF，慢慢转动启动变阻器 R_s 的手轮，使手轮从"0"位逐步转至"5"位，逐级切除启动电阻。在每切除一级电阻后要停留数秒钟，使用钳形电流表测量电枢电流，观察电流的变化情况，同时使用转速表测量转速并填入表 3 中。

表 3

手轮位置	1	2	3	4	5
转速（r/min）					

③ 调节可变电阻器 RP，在逐渐增大其阻值时，要注意测量电动机的转速，其转速不能超过电动机的弱磁转速 2 000 r/min，将测量结果填入表 4 中。

表 4

测量次数	1	2	3	4	5
转速（r/min）					

④ 停转时，切断电源开关 QF，将可变电阻器 RP 的阻值调到零，并检查启动变阻器 R_s 是否自动返回到起始位置。

4．注意事项

（1）变阻器安装在有剧烈震动或强烈颠簸，以及垂直方向倾斜 5° 以上的地方时，可能会引起失压保护的误动作。

（2）直流电源若采用单相桥式整流器供电，必须外接 15 mH 的电抗器。

（3）启动时，应使可变电阻器 RP 短接，使电动机在满磁情况下启动；启动变阻器 R_s 要逐级切换，不可越级切换或一扳到底。

（4）通电试运行时，必须有指导教师在现场监护。如遇异常情况，应立即切断电源。

5．实训思考

（1）简述 BQ3 型直流电动机启动变阻器的控制作用。

（2）通电试运行前，为什么要认真检查励磁回路的接线？为什么必须保证连接可靠？

（3）转动启动变阻器 R_s 的手轮，电动机不能启动，试分析故障原因及检修方法。

实训二十　并励直流电动机的正转和反转及能耗制动控制线路的安装与检修

1．实训目的

（1）能够识读并励直流电动机正转和反转及能耗制动控制线路的电路图，理解其工作原理，并自行绘制布置图和接线图。

（2）能够按照工艺要求正确安装、接线、检测、试运行。

（3）能够根据故障现象，检修并励直流电动机正转和反转及能耗制动控制线路。

2．实训器材

工具、仪表及器材

工具	验电笔、螺钉旋具、钢丝钳、尖嘴钳、斜口钳、剥线钳、活扳手、电工刀等电工常用工具				
仪表	ZC25-3 型兆欧表、MG20（或 MG21）型钳形电流表、MF47 型万用表、CZ-636 转速表				
器材	代号	名称	型号	规格	数量
	M	并励直流电动机	Z4-100-1	并励式、1.5 kW、160 V、955 r/min	1
	QF	低压断路器	DZ5-20/220	2 极、220 V、20 A、整定电流 1.1 A	1
	KM1～KM3	直流接触器	CZ0-40/20	2 常开 2 常闭、线圈功率 22 W	4
	KT	时间继电器	JS7-2A	线圈电压 220 V、延时范围为 0.4～60 s	2
	KA	欠电流继电器	JZ-3	0.75～1.70 W	1
	KV	欠电压继电器	JT4-A		1
	SB1～SB3	按钮开关	LA10-3H	保护式，按钮数 3	3
	R	启动变阻器		100 Ω、1.2 A	1
	RB	制动电阻器			1
	XT	端子板	JD0-1020	380 V、10 A、20 节	1
		导线		BVR 1.5 mm²	若干
		控制板		500 mm×400 mm×20 mm	1

3．实训过程

（1）安装并励直流电动机正转和反转控制线路。

① 配齐所用工具、仪表和器材，并检验电气元件质量。

② 根据如实训图 26 所示的电路图，绘制布置图，然后在控制板上合理布置和牢固安装各电气元件，并贴上醒目的文字符号。

牢固安装各电气元件，并进行正确布线。电源开关及启动变阻器的安装位置要接近电动机和被拖动的机械，以便在控制时能看到电动机和被拖动的生产机械的运行情况。

③ 在控制板上根据实训图 26 所示的电路图进行正确布线和套编码套管。

④ 安装直流电动机。

⑤ 连接控制板外部的导线。

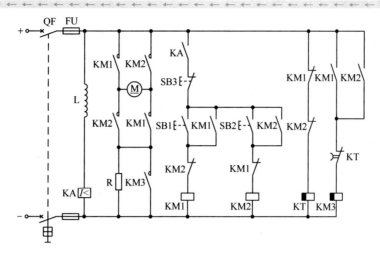

实训图26　并励直流电动机正转和反转控制线路

（2）自检。

安装完毕的控制线路板必须经过认真检查以后，才允许通电试运行，检查接线是否正确、牢靠，防止错接、漏接，特别是励磁绕组的接线；检查各电器动作是否正常，有无卡阻现象；检查欠电压继电器、时间继电器的整定值是否满足要求。

（3）检查无误后通电试运行。试运行的步骤如下。

① 将启动变阻器 R 的阻值调到最大位置，闭合电源开关 QF。

② 按下正转启动按钮 SB1，用钳形电流表测量电枢绕组和励磁绕组的电流，观察其大小的变化；同时观察并记下电动机的转向，待转速稳定后，使用转速表测其转速。

③ 按下 SB3 停转，并记录无制动停转所用时间 t_1；然后，按下反转启动按钮 SB2，使用钳形电流表测量电枢绕组和励磁绕组的电流，观察其大小的变化；同时观察并记录电动机的转向，与前次观察比较是否两者方向相反。若二者方向相同，则应切断电源并检查接触器 KM1、KM2 主触头的接线是否正确，改正之后重新通电试运行。

（4）安装并励直流电动机能耗制动控制线路。

① 按照如实训图 27 所示的电路图，安装并励直流电动机能耗制动控制线路。

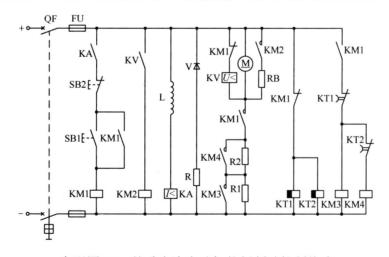

实训图27　并励直流电动机能耗制动控制线路

② 检查无误后通电试运行。试运行的操作步骤如下。

闭合电源开关 QF，按下启动按钮 SB1，待电动机启动转速稳定后，使用转速表测其转速；按下 SB2，电动机进行能耗制动，记下能耗制动所用的时间 t_2，并与无制动所用时间 t_1 比较，求出时间差 $\Delta t = t_1 - t_2$。

（5）故障检修。

① 在控制电路或主电路中，人为设置电气自然故障两处。

② 检修时，可以使用试验法来观察故障现象，使用逻辑分析法缩小故障范围并在电路图上用虚线标出故障部位的最小范围，使用测量法正确迅速地找出故障点，正确修复并迅速排除故障点，排除故障后通电试运行。若需带电检查，则必须在指导教师的现场监护下进行。

4. 注意事项

（1）直流欠电流继电器的吸合电流 $I_x=(0.3\sim0.65)I_N$；释放电流 I_F 的整定范围为 $I_F=(0.1\sim0.2)I_N$。欠电流继电器选用的主要参数是额定电流和释放电流；额定电流应不低于额定励磁电流，释放电流整定值应低于励磁电路正常工作范围内可能出现的最小励磁电流，一般取最小励磁电流的 85%。

（2）电动机从一种转向变为另一种转向时，必须先按下停止按钮 SB3，使电动机停转后，再按另一种转向的启动按钮。

（3）能耗制动的特点是维持直流电动机的励磁电源不变，切断正在运转的直流电动机电枢的电源，再接入一个外加制动电阻，组成回路，将惯性运转的机械动能变为热能消耗在电枢和制动电阻上，迫使电动机迅速停转。

制动电阻 R_B 的值，可按下式估算：

$$R_B = \frac{E_a}{I_N} - R_a \approx \frac{U_N}{I_N} - R_a$$

式中，I_N——电动机额定电流，单位为 A；

R_a——电动机电枢回路电阻，单位为 Ω；

U_N——电动机额定电压，单位为 V。

（4）对电动机无制动停转时间 t_1 和能耗制动停转时间 t_2 进行比较，保证电动机的转速在两种情况下基本相同时开始计时。

5. 实训思考

（1）简述并励直流电动机正转和反转控制线路的工作原理。

（2）简述并励直流电动机能耗制动控制线路的工作原理。

（3）在实训图 27 中，欠电压继电器 KV 的作用是什么？